SIMPLE LIFE
ENDURES LONELINESS

淡定的人生耐得住寂寞

李尚芳子 ◎ 主编

中国华侨出版社

图书在版编目（CIP）数据

淡定的人生耐得住寂寞/李尚芳子主编．—北京：
中国华侨出版社，2010.12
ISBN 978-7-5113-1124-5

Ⅰ.①淡…　Ⅱ.①李…　Ⅲ.①人生哲学－通俗读物
Ⅳ.①B821－49

中国版本图书馆CIP数据核字（2010）第260609号

● 淡定的人生耐得住寂寞

主　　编 /	李尚芳子
责任编辑 /	棠　静
责任校对 /	王京燕
装帧设计 /	天下书装
经　　销 /	新华书店
开　　本 /	710×1000 毫米 1/16　印张 /16.5　字数 /253 千字
印　　刷 /	北京忠信诚胶印厂
版　　次 /	2011年3月第1版　2011年3月第1次印刷
书　　号 /	ISBN 978-7-5113-1124-5
定　　价 /	28.00 元

中国华侨出版社　北京市朝阳区静安里26号通成达大厦3层
邮编：100028
法律顾问：陈鹰律师事务所
编辑部：（010）64443056　64443979
发行部：（010）64443051　传真：（010）64439708
网　　址：www.oveaschin.com
E－mail：oveaschin@sina.com

前言 Preface

唐代诗人王维用"行到水穷处,坐看云起时"诠释出一种随性随心的从容淡定。

宋代诗人苏轼用"一蓑烟雨任平生"诠释出了一种苍莽于世、豪放洒脱的无为淡定。

元代诗人蒋捷用"悲欢离合总无情,一任阶前,点滴到天明"诠释出了一种对世间万物、悲欢离合总难全的悟性淡定。

明代诗人唐寅用"半醒半醉日复日,花落花开年复年"诠释出了一种回归田野、不问世事的洒脱淡定。

清代诗人郑燮用"千磨万击还坚劲,任尔东西南北风"诠释出了一种临危不惧、心稳不偏的成熟淡定。

"淡定",从古至今似乎都带着它一贯的从容和优雅穿梭于各个朝代。当诗人用一种恬淡的胸襟来描绘它的外貌后,世人才发现这一首首经典诗词的字里行间,无一不浸透着一股仙风道骨般的洒脱,而这种洒脱便是一种坦然于世的彻悟。

或许朝代的更替带来了时代的改变,但是唯一不曾改变的依然是那种人淡如菊的精神。但凡拥有这样一种品格的人,能够浸润在风晨雨夕的每一时刻,能够面对庭前柳花,听得来自然最纯真的呼吸,感受得到自然跳动的稳健脉搏。他的心绝对不会被世间一切凡俗之事所侵扰,因为他已经拥有了一份澄明清澈，一份淡定从容，人生也定当不会寂寞。

著名作家张爱玲曾经说："生在这世上，没有一样感情不是千疮百孔的。人生在世上，还不就是那么一回事，归根到底，什么是真，什么是假？"的确，用一种平和淡定的心境去看待这个世界，那么人的心胸必然博大，而且当我们真正参悟透的那一刻，即便我们生命的前方涌现出了怎样的波涛，我们都能够镇定如常。

然而，人一生中想要追求的东西太多了。就如同是普希金童话中的那个老太婆，当上了女王之后还想让天底下所有的王都臣服于她的欲望魔杖。在这种无边无际的幻想和欲望面前，想要保持一颗平和之心是多么地重要。毕竟欲望像海水，总是越喝越渴的。

看那放弃仕途归园田居的陶渊明，简简单单的一首"智者乐山山如画，仁者乐水水无涯。从从容容一杯酒，平平淡淡一杯茶"以及"采菊东篱下，悠然见南山"的诗句，便在顷刻间为我们描绘出一幅闲云野鹤般雅致入境的水墨丹青画卷，那其中淡淡的幸福滋味也只有个中人才能真正地懂得。

在物欲横流的社会里，要保有一颗淡定的心，实在难能可贵。这样的人，能够从艰难困苦、操劳忙碌之中给自己寻出一份闲暇，滋养自己。这样的人，在自己的世界里会活得非常精彩，非常陶醉。

所谓超越纷繁万象，独与天地精神相行往来，这些，皆非平和淡定者而不可为也。为此，平和淡定不仅是一种应对生活的大智慧，更是一种超然的精神境界。

目录 contents

第一章
DiYiZhang
牵着你的手去看细水长流

关于爱情,有时候只要你说一句:"我愿意。"这淡淡的三个字,却道出了爱情的坚定和温暖。千山万水爱情虽然轰轰烈烈,但是细水长流爱情却更加让人感动和坚实。它能经得起流年的腐蚀,经得起岁月的洗涤,它让双方的心中有了一份坦然和对未来的信心。

1. 爱情等于500棵树 /2
2. 生命的感动 /4
3. 41℃的爱 /6
4. 爱情存折 /9
5. 海拔5000米的爱情 /11
6. 艳遇 /14
7. 红木椅上的爱情 /18
8. 20份快件里的秘密 /21
9. 6分男人的10分爱情 /26

第二章
DiErZhang
耐得住寂寞,守得住繁华

"宠辱不惊,看庭前花开花落;去留无意,望天上云卷云舒。"因为耐得住寂寞,才能守得住繁华;因为耐得住寂寞,所以才能获得了幸福。淡定的人,一定是最坚强、最温柔、最有魅力的人!

1. 魂断佛罗伦萨 /32
2. 等待,为了不能重逢的人 /35
3. 叔叔的越南恋人 /39
4. 将一切寂寞的岁月叫做青春 /41
5. 给菜多加了把盐 /43
6. 感情田园的稻草人 /45
7. 跟着爱情回家 /47
8. 等待千年 /50
9. 女人,耐得住寂寞方为"妖" /52

第 三 章
DiSanZhang
慢一点,让灵魂跟得上你的脚步

水倒的太满会溢出来,弓拉的太开会折断,过多的让自己奔波在欲望的高速路上,会让自己的心灵无比的疲惫不堪。淡定的看待生活中的一切,放慢自己的脚步,学会把自己从沉重的欲望枷锁中解救出来,让灵魂跟得上你的步伐!

1. 让灵魂跟上脚步 /56
2. 向往是一种距离 /58
3. 停下来,闻闻花香 /60
4. 故乡的麦子 /62
5. 山中岁月 /64
6. 乡村生活之漫谈 /65
7. 住多久才算是家 /68

第 四 章
DiSiZhang

真水无香，真味是淡

静水流深，平静的水平面，给人以平静的的感觉；真水无香，无味的真水，给人以平淡的感觉。这是一种修养，一种气度，一种格局。这些人，往往能在收获时沉静中思考，在失去时从容面对，一句"不以物喜，不以己悲"把他们的思想推到了至高的境界。

1. 有事没事喊一声 /74
2. 爱情石灰墙 /75
3. 爱是一双鞋 /82
4. 如果真爱 /84
5. 吹口哨的女人 /89
6. 细节里的珍惜 /94
7. 我不离开你，像岛屿在海洋里 /96
8. 爱情的滋味 /101
9. 乱世里的红豆情歌 /104

第 五 章
DiWuZhang

笑看风雨，坦然度过心灵的寒冬

在这个纷杂喧嚣、物欲横流的社会，一个人要想挣脱各个方面的困扰的确不易。如果你要过的洒脱过的幸福，你必须保持心灵深处的那一份淡定。唯有如此，才能使自己心平气和地去感受和接纳万千滋味的人生。

1. 爱情守望者 /108
2. 台风中的一碗米线 /112
3. 苦痛者的天籁 /114

4. 饭在锅里 /117

5. 摔倒的原因 /119

6. 300美元的价值 /121

7. 学会坚强 /123

8. 豆腐心 /126

第 六 章
DiLiuZhang

守护生命中似淡实浓的真情

世间中很多人不知道什么样的爱情是最美的。是至死不渝的爱情,是执子之手与子偕老的爱情,还是曾经轰轰烈烈,经历过风风雨雨,最终走到一起的爱情?一路走过,看过那么多人经历爱情,路过爱情,享受爱情,逃避爱情。才发现,有一种爱经不起等待,有一种爱经不起伤害。

1. 我欠娘一件红嫁衣 /130

2. 父亲的红烧肉 /133

3. 继母的账本 /134

4. 老杨头和他女儿 /138

5. 只给过父亲一把剃须刀 /142

6. 母亲,我怎么让你等了那么久 /144

7. 一生有个对不起的人 /148

8. 只是你不知道,其实我也很爱你 /152

第 七 章
DiQiZhang

得之我幸,失之我命

爱不是用来折磨的,恨也只能让自己痛苦!不必为流逝的爱情耿耿于怀。因为你再怎么不甘它也是失去了。因为深深爱过,所以心会痛。因为痛过,所以刻骨铭心。因为刻骨铭心所以无法忘记。那就把它深埋在心底吧,时间会将一切淡化,若干年之后再回头那些疼痛就已不如当初那般不可触摸!

1. 我不能一直站在你身边唱悲伤的歌 /158
2. 爱情就是彼此温暖,永不相弃 /162
3. 战火中的华尔兹 /166
4. 死了都要爱 /169
5. 一张爱情存折 /172
6. 没在青春美貌时遇见 /175
7. 只要爱着,就是幸福的 /177
8. 人生若只如初见 /182

第八章
DiBaZhang

诱惑向左,幸福向右

欲望像海水,总是越喝越渴的,诱惑像罂粟,总是一条不归路。有的人一生中想要追求的东西太多。要知道在无边无际的诱惑和欲望面前,想要保持一颗平和之心是多么的重要。

1. 流年似水,水如流年 /186
2. 婚姻合不合适脚知道 /188
3. 197根白发 /190
4. 惜取眼前人 /192
5. 十粒花生米的爱情 /196
6. 桂花丛中的爱情 /198
7. 只能爱你七分 /204
8. 一盘生葱的爱情 /207

第九章
DiJiuZhang

放下会让你的心灵刹那间开满鲜花

折磨内心的是自己,让包袱永随心间的是自己,让自己放下的还是自己。别在犹豫别在徘徊,失去始终是失去了,当一切已成定局时,不要一直沉溺于过去,一往直前的追逐。懂得放下:是内心的一种解脱;懂得放下:是生活又一次新的开始;懂得放下:是一次获得新生事物的开始。

1. 有一种永远,是永不再见 /212
2. 有一种幸福叫成全 /215
3. 美丽烟火与黑白默片 /219
4. 薄荷的青春 /224
5. 当爱已成往事 /226
6. 一个"二手"女人最好的底牌 /230

第十章
DiShiZhang

随心随缘,做一棵淡定从容的心安草

人生在世不如意事十之八九,谁都难免被寂寞所困,若能够学会用淡定的心态去面对生命中的凡人琐事,你就会走出寂寞的泥沼!淡定就是你对名利荣辱的淡然,就是你对爱恨情仇的超脱,就是你对世态人情的看破。当一个人把寂寞当作人生常态的认知,怀着一份淡定从容的心态去面对一切,那么生命的绿洲就不会被寂寞的沙漠去吞噬了。

1. 菩提树下的红尘恋 /236
2. 清茶女人 /238
3. 一切都是最好的安排 /240
4. 修剪欲望 /243
5. 简单生活 /245
6. 低调的爱 /248

第 一 章
Chapter1

牵着你的手去看细水长流

关于爱情,有时候只要你说一句:"我愿意。"这淡淡的三个字,却道出了爱情的坚定和温暖。千山万水爱情虽然轰轰烈烈,但是细水长流爱情却更加让人感动和坚实。它能经得起流年的腐蚀,经得起岁月的洗涤,它让双方的心中有了一份坦然和对未来的信心。

SIMPLE LIFE ENDURES LONELINESS
淡定的人生耐得住寂寞

1. 爱情等于 500 棵树

她嫁给他的时候他已经 50 岁了，一个 50 岁的男人还不结婚是不正常的。她比他小 20 岁，30 岁的她如花一样，虽说要开败了，可还美丽着。家乡的人都以为她傍上了大款，只有她知道他到底是个怎样的男人。

他只是个普通的男人，黑，丑，一口的黄牙。媒人当初说的时候可没这么说，只说是个过日子的男人，就因为当年成分高耽搁了，一直没找上媳妇，那阵没找上媳妇的都去山区找，有四川的，有承德的，有湖南的……几千块钱就带个媳妇来。男人也托人带媳妇来，就是这个死了丈夫的女人。媒人说男人富着呢，改革开放后靠手艺吃饭，小日子殷实着呢。女人因为当时想急切地逃离那个家庭，她问都没问是什么手艺就过来了。过来后才知道原来他的手艺是在外面风吹雨淋地修鞋，再加上男人长得困难点，这让她有种上当的感觉。回去，已经没有退路了，婆家的人叫她丧门星，说是她克死了丈夫。其实不是，是她丈夫喝多了酒和人赌博打架被打死了。从结婚那天起，她就没过过一天好日子，前夫喝醉了酒就要打她，她生了女儿婆婆要骂她，在贫困的山区她是没有任何地位的。她认为这就是她的命，她在又嫁之后才知道男女之间居然还有一种叫爱情的东西。

结婚之后男人很宠她，隔三差五给她买些小玩意来，一盒粉饼，一支口红，几串荔枝……长到 30 岁，她从来没有使过口红，更不用说吃荔枝，她觉得自己比杨贵妃还要幸福。吃荔枝的时候男人却不吃，只是傻傻地看着她吃。她让他："你也吃。"他说："我不爱吃那东西，看你吃我就高兴着呢。"后来她偶尔上街，一问吓了一跳，荔枝竟然 20 元一斤。她一下子就泪湿了，他怎么可能不爱吃荔枝？他是舍不得吃呀。她更加疼他，晚上回来做好热乎乎的晚饭等他，早晨总是早早地起来给他做饭。冬天的时候

第一章 牵着你的手去看细水长流

男人在街上冻一天都冻透了，女人就把男人的脚放到自己怀中暖着，直到男人身体不再僵硬为止。男人也很知足，说是上辈子修来的福才会娶上她，自己为什么到50岁还没结婚？等她呐。说得女人心花怒放的。

女人在家清闲了一年，男人不在家的时候她觉得时间过得真慢，也无聊。看着男人那么累她心疼，男人说活儿越来越多，他都忙活不过来。女人说，给我买台机器吧，我和你一块修鞋去。男人不许，说能挣下钱养她，可女人认真偏要去。于是街上总能看见一对老夫少妻在修鞋，两个人紧挨着，有修鞋的两个人就修，没有就有说有笑地聊天。冬天的时候刮大风，街上人越来越少，他们两个在大风中说着什么乐事。女人的手都冻裂了，耳朵也冻得青一块紫一块的，这时男人买来一块烤红薯。红薯散发着诱人的香味，男人剥开，用嘴吹着，却没吃，他把红薯送到女人嘴边，女人幸福地吃了一口，又吹了吹，让男人吃。他们你一口我一口地吃着，好像享受一顿美食，好像吃着爱情的盛餐。

有一天，男人对女人说，总有一天我要走在你前面。女人就哭了，说，那我和你一起去。男人说，那我会生气的。男人说，咱们现在的钱还不多，我们再挣几年，给你养老应该没有问题。还有，我给你在一块地里种了500棵树，等有一天我去了你也不能动了，那500棵树也长大了，我相信那500棵树就能养活你了！

女人扑到男人怀里就哭了。500棵树，那只是500棵树吗？这一辈子没有人这么替她想过，男人甚至给她想到了老年，她觉得这辈子真是值了。现在城里人都兴种什么夫妻树、同心树、爱情树，她的男人给她种的树要比那些树珍贵一万倍！

两年后，他们有了个儿子，儿子的名字极通俗，叫幸福。

（虹莲）

人生感悟

有人说，世界上再美好旖旎的风景，到头来都将抵不过生活中细水长流的点点温情。那种淡定下来的感情，是铭刻在人类灵魂最深处的一种眷恋，等到日暮归晚时，依旧能够温暖整个身心。

SIMPLE LIFE ENDURES LONELINESS
淡定的人生耐得住寂寞

2. 生命的感动

作为医生，天天和病人打交道，看惯生老病死，已经很少有事情让我感动了。

那天，我接诊了一个患乳腺癌的患者，50多岁，因为发现得晚，病情已到晚期，并且肺部已有转移，手术已没有任何意义。在我看来，这样的病人花钱看病已没有什么用处，在有生之年多吃点、喝点才是正经。我的意见已对病人的丈夫明确过了，看得出他是那么地伤心和失落，当时他那种失望的神情简直让我自责。

现代人都在提倡病人有病情的知情权，我正在考虑怎样和病人交代病情。那女人的丈夫走进来，还顺便掩上了门。男人很恭敬的样子，有点笨嘴拙舌，他对我絮絮叨叨地说了许多的话。最后我终于听明白了，他请求我不要将病情的严重性告诉他的妻子。因为她还不知道，只以为是乳腺上长了一个小瘤子，割掉就没事了。

这并不奇怪，许多病人家属都有这样的要求，他们怕得病的人禁不起打击而失去生活的信心。事实上也是这样，临床上，许多癌症病人的死亡并不是因为疾病本身的恶化和发展，而是因为知道病情以后的病人失去活下去的信心，这样会加速病人的死亡。

我自然答应了他的请求，同时对他说手术已无多大意义，他还可以节省一笔手术费，可以用这笔钱让他的妻子吃些好的，或者玩得开心些。我还对他建议说我有一个好朋友在旅行社，如果他愿意，他可以带他妻子去香港玩一圈，我可以和我朋友说给他们最优惠的价钱。

出乎我意料，他却坚决地要求手术一定要做，但是只要切除乳腺上那个小肿瘤就可以了，他说他知道那样对他妻子的病情并无帮助，但是可以让他的妻子放心，让她认为她真的只是得了一个小小的病，并不是什么大病。看得出他很爱他的妻子，他很坚决，我只有答应为他们安排手术。

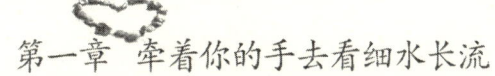
第一章 牵着你的手去看细水长流

同一天下午,我正在办公,一个面容平静的女人推门而入,是那个女患者。我注意观察了她一下,她实在是一个不起眼的女人,衣着朴素,长相平庸,很瘦也很老了,从各方面说都是个平常人家的平常女人,表面上看不出有什么魅力,但是我知道她的男人深爱着她。

她的话不多,但很直接也很有条理,这让我知道她是个很理性的女人。她的意思大致有三条:第一,她说,她早已知道她的病情,因为她很早以前在村里当过赤脚医生,她已在家看过相关方面的书,知道自己得了那种不好的病,而且已经很严重。第二,她让我不要将实际病情告诉她的丈夫,她说,她这一生都是她照顾他,老了也不想让他过分担心。第三,她要求手术,但是只要切除她乳腺上的小肿瘤就可以了,做做样子可以安慰她的丈夫,以为她真的只得了小小的病。

女人条理清晰地说着,我已经呆住了。我想不到一对夫妻在不同的时间对我做了同样的要求。

在某一时刻,我还以为她是故意来试探虚实要向我了解病情的。但很快我就知道我错了,她是真的知道自己到底得了什么病。我只有用好言好语告诉她,实际上她的病情并没她想象的那么严重,只要做完手术就可以痊愈了。她却平静地笑着打断我的话,她说,谢谢你,医生,我的病我知道,我只要求你对他保密。

我正不知如何是好的时候,女人的丈夫推门进来了,看到女人后一脸惶恐的样子。女人见了他,却首先开口说:"你来得正好。你看,我刚刚问了医生,医生说,我这只是一个小小的纤维瘤,做了小手术切掉就没事了,就像10年前我的表姐长的那个一样。她现在好好的呢!"女人一脸灿烂的笑,看不出任何假装的痕迹。男人也很开心的样子:"就是嘛,手术切掉就没事了,我们走吧,别耽误医生工作了。"女人就起身让男人搀扶着走了出去,临出门的时候,女人还特意回过头来对我说了声"谢谢"。

两人开心的样子仿佛真的是她只患了一个小毛病,而不是让人谈之色变的"癌"。那一刻,望着他们两张苍老但却有着孩童般无邪笑容的脸,还有他们已略显佝偻的背影,我内心忽然充满了感动。看惯了人世间的生老病死,我以为我早已麻木了,但此刻我却为这对老夫妻所感动着,为他们相濡以沫的感情。我有着要为他们做些什么的冲动,而我又能做些什么呢?

SIMPLE LIFE ENDURES LONELINESS
淡定的人生耐得住寂寞

我依从了他们的意见，事实上我已无从选择。手术很小，我也只是做了我所能做的。

事后，他们很快出了院。出院的时候，那个丈夫又来到我的诊室，红着脸问我是不是去香港旅游真的可以优惠许多。他说他要带他的妻子去香港玩，看看灯红酒绿的世界，他说他的妻子跟着他没享过什么福，他想让她在有生之年里能快快乐乐地生活，但钱不多，请我帮忙看能不能更优惠些。我当然义不容辞，我找我那当导游的朋友给了他最优惠的价格，并托我那朋友沿途对他们多加照顾。

后来我听朋友说，这对老夫妻是他所见过的最恩爱的一对老人，也是香港之游最开心的一对。最后，他给了我一盘录像带，是那对老夫妻的香港之游。他们说很感谢我，知道我很关心他们，所以特意录了像让我知道现在他们是多么地快乐。

（佚名）

> **人生感悟**
>
> 即便探寻幸福的路程坎坷艰辛，但是只要我们能够心怀激情，那么前路就是温馨浪漫的。爱情之所以为爱情，是两个人能够相濡以沫而共度一生，哪怕直至最后独自一人，却还能在曾经依稀的余温中淡定微笑到最后。

3. 41℃的爱

城市的繁华，在他的眼里，始终距离自己很遥远。4 年前，因为生活所迫，他毅然放弃了梦圆大学的机会，独自来到城里打工。

他在一家搬运公司做搬运工，那是一项又脏又累的体力活，但是他一点儿都不嫌弃。因为每月 1000 余元的收入，使他可以替母亲分担一点儿忧愁。母亲这一辈子很不容易，父亲患骨病不能下地已有 10 多年了，另外他

第一章 牵着你的手去看细水长流

还有一个弟弟正在大学读书。

公司里没营生的时候，他的那些同事或凑在一起打扑克，或一起到海边游玩。而他总是想方设法再到外面去找一些短工做，因为生活不允许他偷懒。

那是一个很偶然的机会，他认识了她。那天晚上，他跟随一名送酒的老板到某酒吧卸车。她就在那家酒吧做服务员，一个很清秀的女孩。当时，有一个喝醉酒的客人起身去纠缠她，而她像一只受惊的兔子一样四处躲闪。他很气愤，挺身而出，上前跟那个身材肥胖的醉酒客人理论。

结果，随客人而来的几个男子对他大打出手。当她躲在一旁用手机报警的时候，他已是遍体鳞伤。

下班之后，她做的第一件事，就是匆匆赶去医院探望他。然而只住了几天，他便一瘸一拐地出了院。她问他为什么提前出院，他苦涩地一笑，然后告诉她，医院不是他这种人可以待的地方。

她听后，神情愧疚地看着他，眼睛里就泛起了泪花。

半年后，他俩住在了一起，是她先提出来的。她说，这样就可以把节省下来的房租寄给他在大学读书的弟弟。闲暇的时候，他会抽出几个小时来，陪她一起去逛超市。但是，他们大多时候就像两个参观"博物馆"的客人一样，出来的时候，仍然两手空空。超市的女保安用诧异的目光注视着他俩，俩人尴尬地相互一笑，继而就像做贼一样笑着逃离了。

只有到海边游玩的时候，他俩才是无拘无束的，一边嬉笑着，一边追打着。然后，跑到游客稀少的海滩上捡贝壳。她捡了很多漂亮的贝壳，收藏在床头的一个纸盒里。

他经常内疚地对她说，如果有了钱，一定将她遭遇的尴尬用惊喜补偿回来。她听了，就静静地笑，然后指着那些漂亮的贝壳，幸福地告诉他，她感觉自己已经很富足了。她甚至还跟他开玩笑说，在很久以前，贝壳就是最宝贵的财富啊！如果换作现在，她的这些贝壳或许能够买到一座美丽的玫瑰庄园呢！

这个时候，他就会苦涩地笑笑，而后，说她傻。

又一天下午，他像先前一样陪她去超市。经过珠宝专柜时，她驻足了一会儿。原来，一对年轻的情侣正在购买一枚昂贵的蓝宝石订婚戒指。男的小心翼翼地为女的试戴，女的则深情地看着对方，脸上溢满了幸福。

SIMPLE LIFE ENDURES LONELINESS
淡定的人生耐得住寂寞

从超市里出来，他认真地告诉她，他也要亲手为她戴上一枚订婚的宝石戒指，哪怕是一枚最便宜的也行。

她就笑着告诉他，一枚最便宜的宝石戒指也要2000多元呀。然后，她就撒谎说自己并不是很喜欢宝石戒指，她只是因为喜欢那个女孩的样子，才盯着人家看。

但是，她已经从他的眼睛看到了他的心思。俩人默默地走了一会儿，她使劲地挽住了他的胳膊，怂恿他说，她小时候最喜欢用青草的叶儿编织戒指了。她现在就可以教他编织草戒指，只要他能够编织出一只令她感到满意的戒指来，她就会答应他的求婚。然而，他学了一个晚上，也没有编织出一枚令他自己感到满意的。

那是一个闷热的中午，她接到他的一个同事打来的电话：一个小时前，他因为严重中暑，晕倒在地，已被送入医院抢救！她像疯了似的，打的直奔医院而去。

原来，他所在公司老板的一个朋友刚开了一个大型手机店。为了扩大宣传，店方临时雇了十几个年轻力壮的小伙，钻入充气的塑料模偶里面，在烈日炎炎的广场上表演，招揽顾客。店方也担心他们身体吃不消，就采取轮班的方式，每人只在广场上表演4个小时，酬金是100元。

而他却再三向店方请求，由他一人承担两班。经理见他身材比较结实，就默许了。这样，他一天就会有200元的收入。30℃以上的高温，在广场上站一会儿，就热得人头晕眼花，更不用说钻进密不透风的塑料充气模偶里面了……

她见到他的时候，他已经清醒过来，只是脸色腊黄，身体显得很虚弱。一名护士告诉她，他刚才的体温很吓人，竟高达41℃，应该让他多休息一些日子。她声音哽咽地埋怨他，不该拿自己的身体开玩笑。

他却遗憾地告诉她，如果能够将剩下的几天坚持下来，再添上几个钱，他就可以为她买一枚戒指了。蓦然，她明白过来，忍不住哭了。

她紧紧地抱住他说，她现在不稀罕戒指，以后也不会喜欢。她现在只想知道，当一个人高烧41℃时，身体会有多痛苦？

听后，他平静地笑了，然后轻声告诉她，41℃就是他爱她的温度！

（红桃Q）

第一章 牵着你的手去看细水长流

人生感悟

36.5℃是人体的恒温，那么爱情呢？其实，爱情的温度是深埋彼此心底最深的温度，盛装在我们每个人柔软的心底。当身体已经容纳不下爱情高温的负荷，这个时候的爱情便已至沸腾，这才是最真实的流露。

4. 爱情存折

伊丽娜和伊万经过多年相恋终于结婚了。在婚礼快要结束的时候，伊丽娜的妈妈送给女儿一个刚刚开户的储蓄存折，上面还有1000卢布的存款。

妈妈说："伊丽娜，拿着这个存折，这是我送给你们的结婚礼物，把它作为你们婚姻生活的记录本。当你们的新生活有了什么快乐或值得纪念的事情时，你们就存进一些钱，并把这些事情记录下来。值得纪念的事情越多，你们存进的钱也就越多。我已经替你们存下了第一笔钱来纪念今天。若干年后，当你们回首往事时，就可以知道你们曾经多么幸福了。"

回家后，伊丽娜和伊万分享着母亲的这份礼物。他们认为这是个非常好的主意，而且盼望着什么时候能存入他们的第二笔存款。没多久，他们就存入了第二笔存款，原因很简单，伊万送给伊丽娜一支口红，这足以让给予者和受赠者感到幸福。

后来的记录依次是：

2月7日：100卢布，结婚后伊丽娜第一次过生日，两人享受了烛光晚餐。

2月14日：200卢布，情人节一起看电影。

2月28日：100卢布，家里增加了一位新成员，一只白色的牧羊犬。

3月1日：300卢布，伊丽娜因为工作努力涨了工资。

Simple Life Endures Loneliness

淡定的人生耐得住寂寞

3月20日：200卢布，婚后第一次旅行，目的地是美丽的巴厘岛。

4月15日：2000卢布，伊丽娜怀孕了。

6月1日：1000卢布，伊万晋升为部门主管。

……

10年过去了，他们的生活逐渐失去了最初的甜蜜，他们开始为谁应该多做一些家务、谁该花更多的时间照顾孩子等生活琐事争吵不休。渐渐地，伊丽娜和伊万之间的谈话越来越少。他们都很不理解自己当初为什么会和这个世界上最讨厌的人结婚，整个家庭也面临着解体的危险。

有一天，伊丽娜回到父母家，她对母亲说："妈妈，我再也无法忍受这样的生活了。我和伊万商量过了，我们打算下周就去办理离婚手续。真难以想象，当初那么多人追求我，我居然选择嫁给了这个可恶的家伙！"伊丽娜的妈妈说："是的，我的女儿，这并不是一件大不了的事情。如果你不能忍受，就照你想做的去做吧。但在此之前还需要做一件事情，还记得在你们婚礼上我给你们的那个存折吗？取出所有的钱，然后全部花掉。你们不需要为这段糟糕的婚姻留下任何纪念。"

伊丽娜觉得妈妈的话很有道理，于是她立刻赶到银行准备取出所有的钱。人很多，伊丽娜只好排队等候。她一边等，一边看着存折记录，以前所有的快乐记忆都浮现在她的脑海里：第一次过生日、巴厘岛之旅、有了孩子、当上了主管、一家人去别墅休假、生病时伊万对自己悉心的照顾……不知不觉间，伊丽娜的眼睛里已经满是泪水。她没有继续排队，而是悄悄地离开了。

伊丽娜到家后把存折交给了伊万，让他在离婚之前花掉这些钱。第二天，伊万把存折还给了伊丽娜。伊丽娜打开存折，发现里面非但没少钱，反而多了一笔5000卢布的新存款，后面附着一段话："直到今天我才发现我是多么爱你，你又给了我多少幸福。"接着，伊丽娜和伊万相拥而泣，然后他们把存折放回了保险箱。

你知道在他们退休的时候，他们的存折上存了多少钱吗？大家不必问，因为我们相信相对于他们生命中的那么多幸福岁月，那些钱已经不值一提了。

（弗拉基米尔）

第一章 牵着你的手去看细水长流

人生感悟

> 恋爱中的幸福点滴是建立美满婚姻的直通车,而生活中的甜蜜琐碎更是婚姻得以圆满的最大保障。或许你会因为婚姻步入现实变得不再梦幻而沮丧,两个人也会因此而生出许多隔阂,但是这些其实都是生活中的爱情积蓄,也是平淡婚姻中的真谛。

5. 海拔5000米的爱情

在去青藏高原的路上,我认识了一位姑娘,她准备到安多兵站去看男朋友。姑娘告诉我,她在海南一家杂志社当编辑,和男朋友是在网上认识的。男朋友的网名叫昆仑鹰,是安多兵站的一个副连长。

"当我听到他跟我说的那句话时,我就下决心要去看看他。他说为了让妈妈、朋友以及更多的人能吸上足够的氧气,他愿意在青藏线扎下根。就是这句话,让我的眼睛湿了一夜。我就想见到他,嫁给他。"

多么纯真的姑娘。可是,生活能浪漫如诗吗?

车子一进昆仑山口,我就开始头疼胸闷,难受极了。姑娘如孩子一般,一边大口喘息一边欢快地说:"多么美的山!你看,山上有那么多的雪。你看,藏羚羊!"

"你想过没有,万一他不是你想象中那个样子呢?我经常在线上跑,看到的官兵们一个个不是脸上烙着高原红,就是眉毛脱落了,头发掉了。再有,你必须长期忍受两地分居。"我认真地劝她。

"我知道高原军人的妻子和孩子很苦,可是我爱他。爱情一定能战胜一切困难。他很优秀,跟他在一起聊天,我感到特别快乐。"

车过二道梁后,我头痛欲裂,带队的干部说是氧气稀少的原因。姑娘看上去也支持不住了,干部劝她:"吸点儿氧吧。"

"我不吸。他肯定也吸不到氧,还是给他留着吧。"

Simple Life Endures Loneliness
淡定的人生耐得住寂寞

"他们那儿有，你吸吧。"

姑娘这才勉强吸了一点。

终于到了唐古拉，站在海拔5300米的高处，看着挺立的高原兵雕像，姑娘用手抚摸了半天。

这里真是天路呀，我从来没有见过这么长的路。一路上单调极了，除了几辆车，几乎没有人烟，没有树，没有花，没有绿色。

快到安多兵站了，我说："给你男朋友打个电话，让他在大门口接你。"

"我要给他一个惊喜，我要随着车轮一步步接近他，接近我的爱情。我要让天路上的石头作证，我要让黄羊作证。真的，我的爱情一定能感动他。"姑娘脸上是圣洁的光芒。

晚上，我们到了安多。站长安排我们住下后，我悄悄让带队干部把姑娘心目中的昆仑鹰叫来。我告诉姑娘，如果那个人让你失望，你就装作是和我们一起来采访的，然后坐飞机返回。我笑着说："就等于旅行了一次。"

姑娘想了想，摇头："这样不好。"

"婚姻毕竟是一辈子的大事。再说，网上的很多事情都是骗人的。"不知为什么，我忽然盼望这次见面最好以彼此失望收场。这么漂亮的姑娘，真不应该跟缺氧、雪山、高原病连在一起。

小伙子来了，带队的干部向他介绍我们："这是记者，想跟你了解了解情况。"

小伙子给我的第一印象是人比较踏实，长相也还说得过去，可能是少氧的缘故，他的嘴唇青紫干裂。

我问小伙子有什么爱好，他说："喜欢上网。"

"有对象吗？"我看了姑娘一眼，我想她一定比我还心急。

"就算有吧。"

"这是什么意思？"

"因为我偷偷地想念她，可能她并不知道。"

"你是怎么认识她的？"

"在网上，她是个编辑。"

转天一大早，我多方面打听小伙子的情况，他确实很优秀。我放心了，建议姑娘和小伙子相处一段时间再说。

第一章 牵着你的手去看细水长流

一周后，姑娘告诉我，她准备结婚了。我吃了一惊："你应该征求一下父母的意见，毕竟你和他才正式认识一周呀。"

"我凭着直觉，还有以前在网上的相互了解，确定他是我最爱的人。我的假期快结束了，我要回去了，这一走，少说一年不会再见面。真正的爱情，不是靠认识时间的长短来衡量的。"姑娘的眼睛明亮如泉。

"你觉得他怎么样？"

"他比我想象的还要好。也许他很普通，工资、学历、工作条件都不如我，可是他身上有一种好的品质，那就是责任。"

"能具体讲讲吗？"

姑娘笑着，娓娓道来："我住到了他的宿舍，宿舍里真干净呀。窗台上养着花，一盆兰花，非常绿，没有一点灰尘。在高原上，要让它成活很难。可是，他竟然把它养得这么好。种花的土特别细，是他精心筛选过的。屋子里挂满了一幅幅照片，全是高原景色，每一张都让我心醉。最让我动心的是，桌上有一封他给妈妈写的信，还没有写完——

'妈妈，儿子在很高很高的山上给你写信，感到心里非常踏实，因为儿子正在为妈妈拦住风雪。

'妈妈，儿子不能在你面前尽孝，唯一能做的就是给你寄点钱，让你能生活得舒坦一些。妈妈，如果有合适的伯伯，请你成个家，也算有个照应。儿子离你太远了，纵有爱意万千，也难把一杯热茶递到你手中。

'妈妈，现在有一个姑娘，我非常非常爱她，可是，我不知道能不能让她幸福……'"

姑娘说："你知道我为什么下决心和他结婚吗？他站岗回来后，我正在睡觉。等我醒来时，看见他一个人坐在小桌前专心地包着水饺，他包得非常专心。一个个水饺，组成了一个大大的'爱'字。锅里冒着缕缕热气，等着水饺下锅。我轻轻走到他跟前，他说：'知道你爱吃饺子。尝尝，看合不合口味？'我大口大口吃着，他哄我说：'慢点儿……吃完了，再好好睡一觉，明天跟着车下山。我不值得你这样做，一生有你这一趟探望，我知足了。你要是我的妹妹，我也不会让你嫁给一个高原兵的，真的。'我静静地注视着他，他的双眸里闪烁着一种无法形容的温情。我从来没有见过一个男人拥有那么纯洁的眼神，那眼神让我下决心把自己的一生交给他。"

Simple Life Endures Loneliness
淡定的人生耐得住寂寞

  姑娘结婚3天后，和我一起返回。小伙子紧紧地拉着姑娘的手，送了一程又一程，直至送到了唐古拉。姑娘把他推下车催他回去，他说了一句"你一路小心"，就再也说不出话来，然后慢慢转过头去……

  看着两个人恋恋不舍的情景，我不再认为爱情只属于传说。

（清丽）

> **人生感悟**
>
>   越为平淡的爱情，越能看清其内里的光芒。也许你的爱情没有想象中的轰轰烈烈，也没有像常人一样平稳安定，你的爱情就仿若荆棘丛中的一条小路，绵延艰辛而且悠长。但是，正是这苦中带乐的滋味，却让你比常人最先懂得"甜"的滋味。

6. 艳遇

  10年前，有个年轻姑娘只身一人去了西藏，她在西藏跑了近3个月，几乎看遍了所有的高原美景，但离开西藏时，却带着一丝遗憾。因为藏在她心底的一个愿望没能实现。那就是，与一个西藏军人相遇，然后相爱，再然后，嫁给他。

  不知是否因为出身在军人家庭，她从小就有很浓的军人情结。曾经有过一次当兵的机会，她错过了，于是退一步想，那就嫁给军人做军嫂吧。身边的女友知道后跟她开玩笑说，我们这个小地方可实现不了你的理想，你要嫁，就到西藏去找一个吧。她马上说，去就去，你们以为我不敢吗？她就真的一个人进藏了。

  西藏归来，见她仍是只身一人，家人和朋友都劝她不要再固执了，要实现那样的理想，不是有点儿搞笑吗？再说年龄也不小了，赶紧找个对象结婚吧。可她就是不甘心。不甘心。于是3年后，2000年的春天，她又一个人进藏了。

第一章 牵着你的手去看细水长流

也许是她的执著感动了月下老人，在拉萨车站，她遇见了一个年轻军官。年轻军官其貌不扬，黑黑瘦瘦的，是个中尉。他们上了同一趟车，坐在了同一排座位上。路上，她打开窗户想看风景，中尉不让她开，她赌气非要开。两个人就打起了拉锯战，几个回合之后，她妥协了。因为她开始头疼了，难受得不行。中尉说，看看，这就是你不听话的结果。这是西藏，不是你们老家，春天的风不能吹，你肯定是感冒了。她没力气还嘴了。中尉就拿药给她吃，拿水给她喝，还让她穿暖和了蒙上脑袋睡觉，一路上照顾着她。

他们就这么熟悉了。或者说，就这么遇上了。她30岁，他27岁。

到了县城，中尉还要继续往下走，直到边境，他们就分手了。分手时，彼此感到了不舍，于是互留了姓名和电话，表示要继续联系。

可是，当她回到内地，想与他联系时，却怎么也联系不上。她无数次地给他打电话，却一次也没打通过。因为他留的是部队电话，首先接通军线总机就很不容易，再转接到他所在的部队，再转接到他所在的连队，实在是关山重重啊。在尝试过若干次后，她终于放弃了。

而他，一次也没给她打过电话。虽然为了等他的电话，她从此没再换过手机号，而且一天24小时开着。但她的手机也从来没响起过来自高原的铃声。

一晃又是3年。这3年，也不断有人给她介绍对象，也不断有小伙子求爱，可她始终是单身一人。她还在等。她不甘心。

3年后的4月1日这天，她的手机突然响起了，铃声清脆，来自高原。她终于接到了他的电话。他说，你还记得我吗？她说，怎么不记得？他说，我也忘不了你。她问，那为什么这么长时间才来电话？他说，我没法给你打电话。今天我们部队的光缆终于开通了，终于可以直拨长途电话了，我第一个电话就是打给你的。她不说话了。他问，这几年你想过我吗？她答，经常想。他问，那你喜欢我吗？她答，3年前就喜欢了。他问，那可以嫁给我吗？她笑了，半开玩笑地说，可以啊，你到这里来嘛。他沉吟了一会儿说，好的，你给我4天时间，4月5日，我准时到。

她把他的话告诉了女友。女友说，你别忘了今天是愚人节！他肯定在逗你呢。他在西藏边防，多远啊，怎么可能因为你的一句话就跑到这里

SIMPLE LIFE ENDURES LONELINESS
淡定的人生耐得住寂寞

来？再说，你们3年没见了啊。她一想，也是。但隐约的，还是在期待。

4月5日这天，铃声再次想起。他在电话里说，我在车站，你过来接我吧。她去了，见到了这个3年前在西藏偶遇的男人。她说，你真的来啦？我朋友说那天是愚人节，还担心你是开玩笑呢。他说，我们解放军不过愚人节。

她就把他带回了家。家人和朋友都大吃一惊，你真的要嫁给这个只见过一次的男人吗？你真的要嫁给这个在千里之外戍守边关的人吗？她说，他说话算话，我也要说话算话。

最后父亲发了话。父亲说，当兵的，我看可以。

他们就这样结婚了。

他30岁，她33岁。

几乎所有人都不看好他们的婚姻，不看好这路上撞到的婚姻。但他们生活得非常幸福。这种幸福一直延续到4年后的今天。

今天上午我在办公室见到了她。其实3年前我就见过她。那时我去她所在的小城做文学讲座，她来听课。课后她曾找过我，说想跟我聊聊自己的故事。可当时时间太紧了，我没能顾上。于是，这个美丽的爱情故事就推迟了3年才来到我身边。

当然，比之3年前，故事有了新的内容：他们有了一个来之不易的女儿。婚后很长时间她都没有孩子。为了怀上孩子，她专门跑到西藏探亲，一住一年，可还是没有。部队领导也替他们着急，让她丈夫回内地来住，一边养身体一边休假，一待半年，还是没有。去医院检查，也没查出什么问题。虽然没影响彼此感情，多少有些遗憾。后来，丈夫因为身体不好，从西藏调回了内地，就调到了她所在的城市的军分区。也许是因为心情放松了？也许是因为离开了高原？她忽然就怀上了孩子。这一年，她已经35岁。

怀孕后她反应非常厉害，呕吐，浮肿，最后住进了医院，每天靠输液维持生命。医生告诉她，她的身体不宜生孩子，有生命危险，最好尽快流产。但她舍不得，她说她丈夫太想要个孩子了，她一定要为他生一个。丈夫也劝她拿掉，她还是不肯。一天天地熬，终于坚持到了孩子出生。幸运的是，孩子非常健康，是个漂亮的女孩儿。但她却因此得了严重的产后综

第一章 牵着你的手去看细水长流

合征,住了大半年的医院。出院后也一直在家养病,无法上班,也出不了门,孩子都是姐姐帮她带的。直到最近才好一些。

她坐在我对面,浅浅地笑着,给我讲她这10年的经历,讲她的梦想,她的邂逅,她的他,还有,她的孩子。

她忽然说,今天就是我女儿一周岁的生日呢,就是今天,9月17日。一想到这个我觉得很幸福。我现在最大的愿望,就是我们一家三口都健健康康的,守在一起过日子。

不知什么时候,我的眼里有了泪水。我不知说什么好,只能在心里默默地为他们祈福。他们有充足的理由幸福,因为他们有那么美好的相遇,那么长久的等待,那么坚定的结合。

她急着去为女儿买礼物,我只好送她走。在电梯门口,当我与她道别时,忽然想起了不久前看的一出话剧,名字叫《艳遇》,讲的是现代人的办公室恋情以及婚外恋、三角恋之类。看的时候我就想,这算什么艳遇呢?以后我一定要写个真正的艳遇。

没想到这个真正的艳遇,突然就出现了。

他们在世界最高处,最寒冷处,最寂寞处,有了一次温暖的美丽的刻骨铭心的相遇。这样的相遇,难道不该命名为艳遇吗?

我想,没有比他们更当之无愧的了。

(裘山山)

人生感悟

你可曾也遇见过这样一场"金风玉露一相逢,便胜却人间无数"的"艳遇"?人生就像一条长河,我们就像是其中大大小小孤立向前行驶的帆船。如果在现实的河流中找到了与自己同航向的船只,就请好好地珍惜这来之不易的福分,找一个爱的人,在无垠的长河中度过一辈子,哪怕是暴风骤雨来临,也会临危不惧。

SIMPLE LIFE ENDURES LONELINESS
淡定的人生耐得住寂寞

7. 红木椅上的爱情

外公有一把红木椅子，他经常端坐在上面，两只手平放在光滑的扶手上。一道阳光此时伏在他的脚边，又慢慢地爬到了他的身上。

站在一旁与他说话的是我的外婆，她总是和颜悦色，挂着一脸传统妇女温婉的笑容。她给外公沏了茶，然后就站在他的身旁，扇着扇子。从表面上看，她是在为自己扇扇子，但那些风儿却朝着外公吹去。

椅子是外公的父亲传下的。母亲说，外公是家里的独子，他的爷爷原是一名外省人，带着力气四处游走，靠打短工维持生计。有一次他在村里与人摔跤，赢了三亩水田，就在这里扎下根来。到了外公的父亲手里，那三亩水田已被料理得像一个庄园。

外公10岁那年，他的父亲从镇上带回了这把椅子和一个女孩。外公很高兴，因为终于有了玩伴。他骑在这个听话的童养媳身上，把她当做一匹马，还折了柳条抽她的屁股。那时候，他的父亲就坐在椅子上，"咕噜咕噜"地吸着水烟。当父亲有事起身时，那椅子就发出幽幽的光来，显得很神圣。外公想，坐在椅子上可能比骑马更舒服。

有一天，他趁父亲不在家，爬上椅子，并在上面睡了一觉。正在码头洗衣的那个女孩，远远地看到从镇上返回的船，便扔下洗衣盆奔回屋里，把外公叫醒。她用围裙把椅子擦了好几遍，想把外公留在上面的体温擦去。就像演戏似的，这样惊险的情节发生了很多次。但是很快，外公就用不着担心那突然而至的咳嗽声了。在他与那个渐渐丰满的女孩成亲后，父亲把椅子让给了他，还有那把锃亮的水烟筒，以及插满稻禾、正在抽穗的三亩水田。

很多年后，外公把他的父亲埋在水田旁，并在周围搭了豆架和瓜棚。春夏季节，架子上爬满鲜亮的黄花，蝴蝶从很远的地方飞来，像阳光的碎片落在上面。那时候，我的外婆包着一块蓝色的头巾，提着盛满酒食的篮

第一章 牵着你的手去看细水长流

子,在田埂上行走。她总是先闻到扑鼻的花香,然后看见满头大汗的外公。母亲说,外公是个脾气很坏的人,但在5月的豆架下,他会采一朵花插在外婆的耳旁。

当月亮像湿漉漉的兽爬到屋后时,外公拖泥带水地回来了。他把自己的身体往椅子上一摆,就不再动弹了,好像被那椅子紧紧地抱住一般。

外婆端了洗脚盆蹲在椅子旁,她知道外公很辛苦,回到家里就不能再让他受累了。母亲不止一次地说,外公洗完脚后,就把水盆"哗"地踢翻。孩子们躲在门后,不明白他为什么要这样做。

转眼到了某一年的夏天,一队日本兵开进了村庄。他们叽里呱啦地说着话,把村民们赶到晒谷场上,然后在屋顶上架起了机枪。

外公和外婆也在人群中,用自己的身体护着小孩。当那个队长模样的日本人举起军刀时,外公用眼睛看着外婆,这时外婆也默默地看着他。他们的目光里并没有悲伤,只有那些黄花像约好似的一齐怒放。

但是,直到太阳偏西,等得有些不耐烦的村民仍然没有听到枪响。那队日本兵埋怨着突然出了毛病的机枪,离开了。

日子恢复了平静,洗脚水又一次次被踢翻在地。

母亲说,有一次外公嫌洗脚水太烫,竟连盆带水砸在外婆身上。

第二天夜里,当他再次坐在椅子上等着洗脚时,那个温顺的女人却没有出来。

外公在方圆几十里的好几个村子寻找,他甚至问遍了河道上来往的船只,还在星光下的一棵树旁问过天,但那个美丽的童养媳却踪影全无。

整整半年,外公在椅子上坐下又站起,站起又坐下。田地里落满了雪。

那些黄花再次开放的时候,一个货郎挑着担来到村里。他对外公说,好像在同里镇的街上,看到过外公描述的女人,许多次在摊前买豆腐和鱼。

外公赶到同里,在镇上的豆腐摊前守了3天,终于见到了我的外婆。

外婆在一户国民党军官的家里做保姆,女主人十分喜欢这个勤劳、和善的女子,与她姐妹相称,不舍得放她走。那军官也在堂前的吊灯下严厉呵斥外公,就差没把手枪拔出来。

外公拖着沮丧的影子,踏着夜路,空手而归。

SIMPLE LIFE ENDURES LONELINESS
淡定的人生耐得住寂寞

但他并不死心，又一次跑到镇上。他提着满满一篮鲜嫩的黄花，跪在门槛前恳求外婆。这一招非常管用，外婆收拾了一番，跟着外公回村了。

母亲说，从同里到村上的 30 多里地，外公把他的女人背在身上，一刻也没舍得放下。我相信，外婆在那时一定想起了当年自己被当做马骑的情景，她一定折下路旁的芦荻，在外公的头上敲着。而到了村口，她一定像敏感的鹿，迅速地跳下，以免坏了男人的形象。

几天之后，解放军渡过了长江。外公因为三亩水田，被定了上中农的成分，离反动的富农只差了一点儿。自那时起，他就少言寡语，在椅子上一坐就是半天，灰暗的皱纹逐渐爬上了他的脸。

"大跃进"的时候，外公在垄上支起了锅灶，给炼钢铁的社员煮粥。开饭的铃儿一响，那帮饿得眼睛发绿的人一窝蜂涌来，把他挤推得人仰马翻，那锅粥不偏不倚倒在了他的身上。

母亲说，在那些性命攸关的夜晚，外婆用嘴吸出了外公伤口里的脓；又用身子焐暖了被窝，再让外公躺进去。

外公养伤的那段时间椅子就空着，即使落满了灰尘，也没有人敢靠近。

待我记事以后，那把椅子被搬到了枇杷树下。月明星稀的晚上，外公常在树下乘凉。有时我想在椅子上坐一下，他就用豁了口的蒲扇拍我的头，又张开缺了牙的嘴巴呵呵地笑。

这时外婆就会走过来，像摘星星那样，摘了枇杷，哄我去别处玩。

我心有不甘地回头望去，总是看到外婆剥好了枇杷，送到外公面前，说："老头子，尝一尝。"

我上大学以后，有一次舅舅来信，说外公受伤了。信上说，那天下午他在豆架下割草，看到有黄蜂飞来，便用镰刀去砍，没想到砍伤了自己的手背。其实伤口并不要紧，但外公觉得这是死前的征兆。

那年秋天，有洗脚水端来的一个傍晚，外公坐在椅子上，永远地睡着了。

那时候，椅子的扶手已经断裂。

我那爱好木工活的父亲拿来了工具，想要把它修好，却被外婆阻止了。

第一章 牵着你的手去看细水长流

　　天气晴好的日子里，外婆喜欢把椅子搬到院子中央，坐在上面缝衣或拣豆。当椅子发出"嘎嘎"的声响时，她就笑。

　　如果那把椅子空放在太阳下，那么外婆一定是去了屋后的豆架下，在那里静静地看黄色的花儿。

　　她会想起那个遥远的5月，曾经有一朵花儿在自己的耳旁开放；也会想起那个远去的男人，曾经跪在门槛前，把花儿举过了头顶。

　　乡邻们都知道，我的外婆是虔诚的基督教徒。一个人的时候，她就坐在椅子上，望着门前的流水，跟上帝说一会儿话。

　　后来她的耳朵有点背，我就买了助听器去探望老人，临走时把一些钱塞进她的衣兜。但据说，她把那些钱拿到了镇上的礼拜堂，捐做慈善。

　　今年春天，当花儿吐蕊、蝴蝶飞来之时，我94岁的外婆离开了这个世界。在她的枕头下，还压着我最后一次给她而她还没来得及捐出的钱。

　　前些天，舅舅打电话来，说那把椅子无缘无故地散架了。

　　我想，外公和外婆一定在上帝那里领到了三亩水田，他们重新搭起了豆架，正坐在那把红木椅子上，等着花儿爬上来。

（程尚）

人生感悟

　　所谓"执子之手，与子偕老"，当你爱一个人时，就会不由自主地去心疼一个人；而心疼一个人，你就会愿意为对方付出而无怨无悔。当你真正学会读懂彼此时，那么不管世事如何变幻，爱已经深藏在你心底了。

8. 20份快件里的秘密

　　马原发现林小素时，她至少已经在他面前站了半个小时。他看着马路发呆，她看着他发呆。

SIMPLE LIFE ENDURES LONELINESS
淡定的人生耐得住寂寞

他发现她是从脚开始的,他看见一个个白皙玲珑的脚趾,花骨朵一样装在两只高跟凉鞋里,一个脚趾动了一下,另一个又动了一下,动作轻微,生怕惊醒什么。然后,马原埋在两只膝盖中间的脸,缓缓抬起来,他的目光像慢镜头一样往上移动着。她是个身材单薄的女孩子,眉眼也是极淡的。

马原忽然很想哭。他说:"林小素,我的公司要完蛋了。"她淡淡地说:"我知道。"他说:"林小素,若拉把我抛弃了。"她依旧淡淡地说:"我知道。"马原被激怒了。她知道,她知道,这个笨蛋,她其实什么都不知道。

她不知道,他的合伙人携款潜逃,他的快递公司濒临破产。他的房子,他的车,都给人家抵了债。一夜之间,钻石王老五的神话,稀里哗啦碎成一地玻璃渣。她不知道,他倒了三次公交车来接若拉下班,看到的却是若拉偎在一位富态男子的臂弯里,极尽撒娇耍嗲之能事。在车水马龙的闹市街头,他感到头晕恶心、脊背发凉。他不得不用双手抱住头,缓缓蹲下身去,一米八的大男人,蜷缩成一只小小的毛虫。

那些伤痛,林小素哪里会懂?想想她的智商吧,这些年她一直像个尾巴一样黏在若拉身边,一个女人如果不傻,怎么会甘心做衬托别人的绿叶?马原大步向前走时,林小素不得不小跑起来,后来索性脱了凉鞋,赤着脚一跳一跳地追着马原跑。

林小素开始走进马原的生活。她是个口拙的女孩,那些安慰的话,翻来覆去就那么几句。她说:"马原,一切都会好起来的,一切都是有希望的……"

不管马原怎么想,林小素真的很乐观。马原新租的房子,面北,看不见阳光。马原说自己掉进了地狱,林小素却说,她可以把地狱变成天堂。她给他买来色调明亮的窗帘、桌布和床单,上面都画着太阳和花朵,充满世俗烟火的温暖。挂窗帘时,林小素快乐得像一只鸟,嘴里哼着一首老掉牙的歌:我们的祖国是花园,花园里花朵真鲜艳。一番布置后,黑乎乎的屋子就亮起来了,林小素站在窗台上,说了句很有诗意的话,这里多像童话中的小木屋啊。

然后,林小素就在"小木屋"里给马原包水饺,煮青菜肉丝面。林小

第一章 牵着你的手去看细水长流

素手艺不错，关键是她了解马原的胃口。她知道他最爱吃鲅鱼馅水饺，忌食大蒜和洋葱，还知道他煮肉丝面时只能放菠菜而不能放油菜。马原问她怎么知道的，林小素红了脸说，以前你说过，我就记下了。林小素脸红的样子很可爱。马原想起了徐志摩的诗：最是那一低头的温柔，像一朵水莲花不胜凉风的娇羞。他想，林小素其实也是好看的，以后如果有机会——

但很快，马原就知道自己没机会了，因为林小素爱上一个名叫"林爱远"的男人。

那天，林小素把一个文件袋交到马原手里，羞涩地说："我想快递一份信件。"马原看了看文件袋上的收件人名字，问她，是给一个男人的情书吧？林小素没出息地低下头，不说话，那就是默认了。马原心里有些不是滋味，他把文件袋扔到一边，酸酸地说："傻瓜才会快递情书，我不给你送。"林小素生气地说："你怎么可以这样对待客户？细节决定成败，你懂不懂？"然后，她放下10块钱，转身离开。

马原看着那个文件袋，呆了半天。前两天，他还愁眉苦脸地跟林小素说，没有业务，我真的要放弃了。现在，业务就摆在自己面前。虽然它数额很小，虽然它是林小素的情书，但他就可以对它置之不理吗？不可以，只要公司还在，他就不可以拒绝客户。

最后，马原决定亲自去送。他必须亲自去送，因为他已经沦落成光杆司令了。

恋爱中的林小素变得爱打扮了，买了新的衣裙，总要问马原好看吗，好看吗？马原忍不住就想打击她。林小素穿了复古式的连衣裙，马原便说，不是每个人都可以扮赫本。林小素换了碎花的小旗袍，马原便说，你以为你是张曼玉吗？尽管备受马原打击，有了爱情的林小素还是漂亮了很多，身材日益圆润，皮肤吹弹可破，眼神娇媚得能滴出水来。

只是，将近两个月过去了，她每隔三天就给那个名叫林爱远的男人快递一份情书，却不见那个男人送给她什么。马原看着林小素，忽然有些心疼。这个眉眼寡淡的女孩，他曾经忽略了她好几年，然后在十几天的单独相处中，他又喜欢上了她，再然后，知道她爱着别人，他满怀醋意却依然希望她幸福。可是，她能幸福吗？

有个秘密已经在马原心里压了很久。其实，在他第五次去送快件的时

SIMPLE LIFE ENDURES LONELINESS
淡定的人生耐得住寂寞

候，就发现那个叫林爱远的男人家里多了一个风情万种的女人。本来，前四次，马原对林爱远的印象还不错，那是个笑容干净的男子，穿黑衬衣，每次都对他说"辛苦了"。马原酸酸地想，林小素的眼光还是不错的。可是，谁曾想，半路又杀出一个女人来。

很多次，马原想告诉林小素真相，但每次都是话到唇边又咽下去了，他实在不忍心打破她的美梦。

就在公司出事的第62天，那个携款潜逃的家伙在广东落网了。马原激动得红了眼圈，这样的喜悦他首先要跟林小素分享。他在电话里大呼小叫："抓住了，抓住了，你说得对，一切都会好起来的，一切都是有希望的。"林小素听明白马原的意思后，比他还激动，她在电话那端哭出了声，一边哭一边说："这下好了，这下好了。"

林小素的哭声让马原的心软得一塌糊涂。他想起她赤着脚在马路上追着他奔跑，想起她为他挂窗帘时快乐地哼着歌，想起她把鲅鱼刺一根一根挑出来再为他包水饺，然后，他想起了那个深情款款的词语——相依为命。滚滚红尘，找个相依为命的人多么不容易。马原想，这次，一定要告诉林小素真相。

然而，面对林小素那双认真固执的眼睛时，马原却不忍了。犹豫半天，他才没头没脑地说："你别再给他写信了，勉强不来的。"林小素低下头，窘迫地看着一沓毫无内容的餐巾纸说："其实，林爱远——"马原忙给她夹菜，并打断她说："不提伤心事了，我知道你是个好女孩。"

马原的话立竿见影。之后，林小素再也没给林爱远寄过快件，从一段恋情中抽身而出，她并没有伤筋动骨死去活来，而是像往常一样，哼着老掉牙的歌，给马原包水饺、煮面条，没心没肺地快乐着。林小素快乐，马原便也跟着快乐。他想，一生一世，能和一个平凡快乐的女孩过平凡快乐的生活，其实挺好。

于是，在热气腾腾的厨房，马原对系着白围裙的林小素说："我喜欢你。"林小素愣了片刻，然后用沾了白面的双手捂住脸，哭了。马原尴尬地往外退，他说："你别哭，不愿意就算了。"就在马原要退回卧室时，林小素哭着追过来，泪水和着面粉横一道竖一道，将她的脸涂得像只花脸猫，她说："我愿意啊，我愿意。"

第一章 牵着你的手去看细水长流

有过一段同甘共苦的岁月，本以为接下来的一切会一帆风顺，但问题还是出现了。

那天晚上，马原应酬到半夜才回家。一进屋，却发现林小素正满眼柔情地凝视着一堆文件袋，那上面赫然写着一个熟悉的名字——林爱远。看着手忙脚乱的林小素，马原说，不用藏，旧情复发是件好事啊。林小素涨红了脸说，不是的，不是的。马原不听解释，掀了桌子离家而去。

马原在朋友家过了一夜，第二天一开机，林小素的短信就源源不断涌进来。她说，我叫林小素，你叫马原，"原"和"远"是谐音，傻瓜，你有没有想到，"林爱远"就是林小素爱马原的意思？

她说，当初，你绝望地告诉我再没有业务，你就真的垮掉了。我想，必须让你振作起来，可是，我能快递什么呢？想了一夜，我决定把自己偷偷写给你的那些信寄出去。你不知道，我已经喜欢你好几年，为了多看你几眼，我才不惜在若拉身边充当绿叶。我想，就算你永远看不到，只要有机会让那些信经过你的手，也不枉我写它们一回了。信件快递到一个同学家里，跟他说好了以后再拿回来，我怎么舍得丢弃它们呢……还有，你不知道，听见你说喜欢我时，我有多激动。

马原回到家里时，林小素正在一跳一跳地擦地，好似早把昨晚的不愉快忘了。马原从背后环住她的腰，眼睛湿漉漉地说："林小素，我们结婚吧。"

（静女棋书）

人生感悟

在你的人生中，真正爱你的人会是谁？如果你的生命中出现了一个能为你痴心等待，并且无怨无悔付出一生的人，那么请你一定要抓紧对方的手。爱情有时候不需要所谓的山盟海誓，只是需要一个在你困苦、迷惑时却依旧能够微笑着站在你背后的人。

SIMPLE LIFE ENDURES LONELINESS
淡定的人生耐得住寂寞

9. 6分男人的10分爱情

一

第一次见国小宝，夏小玫只给了他6分，当然，总分是10分。

他是她的新邻居，穿大裤衩，人字拖，踢踢踏踏地出门倒垃圾，正遇上夏小玫出门，咧嘴冲她笑笑，出门呀？

夏小玫扫了他一眼，极其冷漠，像高傲的白天鹅对一只癞蛤蟆的态度。他长得一般就算了，身材一般也没啥，可还穿得这样邋邋懒散，这简直是一个男人致命的硬伤。给6分，顶多证明他是男人罢了，夏小玫愤愤地想。

夏小玫一向不屑于与这样粗俗的男人交往，她的身边，哪一个不是精致优雅的10分男人。而吉晨，更是她千挑万选的极品男人，有品位有情调，有才华有才情，摆在哪里都璀璨耀眼。她是白领，他是金领，两个人在一起就是珠联璧合，强强联手。

平日约会，不是去有格调的酒吧，就是去听一场优雅的音乐会。每一餐都不能糊弄，法国菜、泰国菜？还是日本料理？吉晨娴熟地点菜，妥帖而周全，夏小玫像趴在蜜糖罐上一样，日日都甜腻腻的。

哪个女人不幻想自己有一场无比盛大的爱情？而吉晨正符合了她对爱情的所有幻想。只是，眼下有个难题，准婆婆要见未来媳妇，而据吉晨说，他妈对媳妇的标准是：上得厅堂，下得厨房。这上厅堂简单，可这下厨房就着实难为了夏小玫。

小时候，家里宠着惯着，她没机会下厨房学做饭。工作后，更是没有心思去学烹饪。她对家务活来说，就是一文盲。好在房间有家政打扫，她也没有觉得不妥。只是眼下要做几个像样的菜出来，夏小玫只觉得，心急火燎呀。

第一章 牵着你的手去看细水长流

二

买了菜米油盐酱醋和食谱，夏小玫决心要给未来婆婆一个满分印象。她一直是追求完美的女子，她不许自己有半点儿差错，何况，这关乎她的终身。

当油噼里啪啦爆着的时候，她的大脑也"嗡"一声就跟着炸了。先放什么，后放什么？她站在一米开外，左突右闪地朝锅里丢菜，生怕滚烫的油溅在皮肤上。更要命的是，她竟然找不到锅铲了。她赶紧关了火，捂着胸口，稍作平息。

她想了想，决定去她不怎么"芳"的芳邻家借个锅铲。可是敲开门后，她有些嗫嚅。其实是有些不好意思，上次她对他的态度太不好，这次他说不定也会给她一个白眼。邻居倒是大度，赶紧去拿了来，并且热情地问，还需要借什么？

他还是穿着大裤衩，这次还别了个花围裙，夏小玫撇撇嘴，很不以为然的模样。再朝他的桌上看了看，她立刻就呆住了，是山笋炖鸽、火腿蒸豆腐、荷叶煎饺。这是典型的徽菜，夏小玫虽然不擅厨艺，但对八大菜系都颇有些心得。徽菜虽然不如川菜那么普及，但徽菜却是菜系里最为讲究的，不管是选材还是做工，都要非常地精细，旧时可是大户人家才能吃得上的。而这个穿大裤衩的男人竟然会做徽菜，这让夏小玫跌破了眼镜。

人不可貌相呀！

夏小玫赶紧屈尊降贵，要拜邻居为师，跟他学几道徽菜。夏小玫想过了，老人家一定会喜欢吃这样清淡别致的徽菜，那时博得老人家的欢心，还不小菜一碟？

后来知道了，这邻居名为国小宝，是安徽人，家里开餐馆的，现在是上海一家贸易公司的小主管。

夏小玫啧啧地撇嘴，看不出来，真是看不出来呀，你竟然还是个小白领？你那名字配你的大裤衩，真是绝呀！

三

几句玩笑过后，夏小玫决心和国小宝和睦相处。

国小宝本着助人为快乐之本的原则，开始教夏小玫做徽菜，并贡献出从安徽老家带的几样野菜。他很熟练地切呀剁呀，青葱红椒白笋，炝拌、

SIMPLE LIFE ENDURES LONELINESS
淡定的人生耐得住寂寞

蒸煮、炖闷，夏小玫突然觉得，这系着围裙做菜的男人原来还是挺可爱的。

轮到她上场了，她却做不到这样从容，油烟一冒，她就像被踩了尾巴的蜥蜴，四处乱躲，转过身的时候，竟然撞进了国小宝的怀里。夏小玫赶紧闪开，她身上的衣服可贵着呢，别被国小宝身上的味道呛脏了。

后来，不知怎的，国小宝就握住夏小玫的长发，大约是他看她的长发老是滑来滑去，很挡事吧！不过他确实很有耐心。虽然一边说着她笨，但还是不厌其烦地说着要领。

菜还是没有学会做，于是夏小玫决心把见未来婆婆的时间延后。吉晨取笑她，是不是紧张？夏小玫撒娇在贴在他胸口，怎么会？是想要做到更好。

闻着吉晨身上淡淡的古龙香水，夏小玫想起了国小宝。国小宝是油烟的男人，庸俗散漫，而古龙水男人却是温暖舒适的。

四

几日后，关于吉晨的绯闻像黄蜂一样蛰住了夏小玫。有同事说女老板和吉晨在单独约会。公司有规定，同事之间是不能恋爱的，何况吉晨还是公司的领导层，所以夏小玫和他的关系一直都是隐蔽着。

他们早已打算好，再过些日子，夏小玫就辞职，吉晨安排她到朋友的公司去。日子看上去是顺风顺水的，但吉晨和女老板的绯闻却传得有鼻子有眼的，夏小玫在茶水间听了来，心里百转千回。

她不习惯于去质问吉晨，只是在晚餐的时候，轻描淡写地问了下。

吉晨说，怎么会呢？只是纯粹的工作。你不是俗气的女人，不要听那些闲话。

夏小玫稳下心来，她不想让她苦心缔造的完美爱情有什么意外。只是后来她真的看见，吉晨和女老板一前一后地从酒店出来，上了同一辆车。她这才知道，什么是滴水成冰。她用手机拨打吉晨的电话，他挂了，她再拨。

她变成一个咄咄逼人的女人，吉晨终于接了，只说在工作，就关了电话。夏小玫看着他们绝尘而去，像个泼妇一样，脱了鞋就砸了过去。

原来所谓的完美男人，也不过是一颗烟雾弹罢了。

第一章 牵着你的手去看细水长流

夏小玫是在小区门口遇见国小宝的。他提着一袋水果，看见她，像见了鬼，你咋了？被煮了？他还有心情开玩笑，夏小玫吧嗒吧嗒地哭出了声。

国小宝只好拦腰抱起夏小玫，她扔鞋的时候忘了捡回来了。一手搂着国小宝，一手抱着国小宝的水果，听着他不停地说，你真胖呀，胖得跟企鹅似的。

她的心，突然就温暖了起来。

五

其实这个6分男人也不错。虽然说话大大咧咧，虽然最爱穿大裤衩、人字拖晃来荡去，虽然喜欢喊楼下的北京犬做老婆。还有，对谁都能唠半天嗑，对谁都咧着嘴笑，下班回家就是美美地做饭，一看就是没有事业心，但是他做的菜确实挺好。

他做好了饭，会在阳台上扯着喉咙喊，美女，开饭了！

夏小玫就欢天喜地跑过去，像一只等着喂食的狗狗。可她一点儿也不鄙夷自己欢喜的心情，有汤水有美食，至少可以让失恋的心情不那么明显。

他和她会为了最后一块豆腐抢得不可开交，会为了谁喝最后一口汤，剪刀石头布闹腾半天，也会在吃饱喝足后四仰八叉地躺在沙发上打饱嗝。

当然，夏小玫还被威逼利诱着去收拾和打扫。她随意地扎着头发，系着围裙，一边发牢骚一边拿拖布蹭国小宝的脚。透过镜子看去，没有化妆、没有穿职业装的夏小玫跟个大妈似的，可她的脸色却很红润。

有种很俗气的快乐，让夏小玫很欢喜。

国小宝甚至送了大裤衩给夏小玫当礼物。她穿着它和国小宝去逛菜市场，国小宝对着卖菜的大婶说，瞧，我们两口子多般配呀！

夏小玫拿脚踹他，拿把青菜打他，可是心里却美美的。

六

吉晨捧着大束的百合来找夏小玫，正看见她穿着棉布裙打着饱嗝满足地从隔壁房间里出来。他的脸顿时就绿了，说，夏小玫，这个周末去我家吧，见过我妈后，我们就把婚期定下来。

他说，夏小玫，我爱你！

他还是和从前一样，镇静，利落，不会解释也不会道歉，连"我爱

SIMPLE LIFE ENDURES LONELINESS
淡定的人生耐得住寂寞

你"也可以说得不疾不徐，很酷的样子。

这在以前，夏小玫多欢喜呀。一个完美男人的爱情，于她来说，像做梦一样。可是现在，她突然觉得，他连同他的爱情并不是完美的，他是一个有野心、有事业心的人，所以他能给她的爱，永远不可能是10分。

吉晨看了一眼在一边的国小宝，有些鄙夷地说，你的品位真是越来越俗了！丢了个西瓜不至于去捡个芝麻吧！

夏小玫终于很不淑女地吼了一声：滚！

七

辞职后，夏小玫就失业了。

她拖着箱子准备出门旅行，国小宝在身后追出来，抱着她的箱子撒泼。他说你咋这么不负责呢？这么快就把我抛弃了！

什么乱七八糟的。不过夏小玫还是听明白了，这个6分男人爱上她了。当然，她一点儿也不意外，她只是想出去整理一下心情，好好地想想和这个6分男人的关系。

夏小玫没办法，只好把国小宝带上了。

他们去的地方是国小宝的老家，安徽。夏小玫心里有些紧张，这是不是去见未来婆婆呀，可她还是"下不得厨房"呀！

国小宝在夏小玫的脸上拧一把，我妈对未来媳妇的唯一要求是：我爱她，她爱我！

夏小玫的心里，暖得像春天。她知道，她爱的不是一个完美的人，但她一定要学会完美地去爱一个人。

因为，这个人，给了她满分的爱情。

（梅吉）

人生感悟

爱情有时候像个顽皮的孩子，很多时候都是悄然而至而我们却不自知。其实，能够为自己守住一份平淡的生活，你就已经站在了幸福的边缘。事实上能够跟相爱的人一同分享生活的幸福，不仅是一种恩赐，也是件非常快乐的事情。

第二章
Chapter2

———— 耐得住寂寞，守得住繁华 ————

"宠辱不惊，看庭前花开花落；去留无意，望天上云卷云舒。"因为耐得住寂寞，才能守得住繁华；因为耐得住寂寞，所以才能获得了幸福。淡定的人，一定是最坚强、最温柔、最有魅力的人！

SIMPLE LIFE ENDURES LONELINESS
淡定的人生耐得住寂寞

1. 魂断佛罗伦萨

有些相遇是命中注定的，有些寂寞是难以言说的。

就像她和他的相遇。在春天，在佛罗伦萨。几百年了，佛罗伦萨就像一个成熟的女人，越到中年越有魅力了。

她找不到自己暂住的那个旅店了——她只记得它们有着神秘的火焰一般的哥特式的长窗，非常美，非常奢侈的那种红，涂满了整个墙和屋顶。

恰在这时，她遇到了他。

她用中文说着那个地址，很显然，她把对方当成了中国人。很显然，他不是，因为他那张清秀的脸写满了茫然。

哦，是个韩国人。

于是，她换了发涩的英语，表达着她的迷路。他微笑，露出韩国男子特有的优雅，伸出手来，拉她上了他坐的出租车。20分钟之后，她看到了她的旅店，那个几个世纪以前翡冷翠明亮而旖旎的花纹爬在铁艺的窗上。

第二天，她没想到他来找她。

他略带羞涩，邀请她去喝咖啡，那是一家唤作佛洛瑞安的咖啡馆。他说，从前王尔德和很多历史名人常常来这里喝咖啡呢，在欧洲，能够保留住这种古旧就是最美的文化遗产，侍者会以王尔德曾经坐过的这张椅子而自豪。

她想：这是她的艳遇呢！还好，对面的男子长得不错，英俊潇洒，而且看起来极有修养。她将在佛罗伦萨待一个礼拜，这7天里，她愿意和他一起分享这份快乐。

他们说了彼此的名字，她说的是自己的网名，柳叶眉，真名她是不会告诉他的。而且他说，我叫郑在明。她想，韩国叫郑在明的同名男人应该不少吧。

接下来的几天，他们一起游了圣母花大教堂——那是所有来佛罗伦萨的人必游之地，这里被拿破仑称作"欧洲最美的客厅"，他们坐在那里听人们祈祷。

第二章 耐得住寂寞，守得住繁华

再后来，他们一起游了梅迪奇·里卡尔第宫、韦奇奥宫、乔托钟楼、乌菲兹美术馆……

坐在上百年历史的老咖啡店的软座上，一边享受小弦乐团演奏的同时，喝着 20 欧元一杯的"上等而昂贵"的咖啡。此生，大概是最后一次来佛罗伦萨了，为什么不拼却一醉？为什么不任性地活着呢？

到最后一天，他看着她的眼睛说："我喜欢你，跟我回韩国吧。"

她亦有一点点心动，但认定这只不过是艳遇而已。所以，她笑着拒绝，而且很抒情地说："我们做朋友吧，来个佛罗伦萨之约，每年的 5 月，我们来佛罗伦萨住一个礼拜，旧梦重温，就算老朋友聚会，怎么样？"

"真的吗？"他问。

那一刻，她觉得是真的。分手时，两个人紧紧地拥抱在一起，也有一点伤感。此去经年，那种寂寞和绝望只有自己最清楚，世界上有一种心动是绝望的那种心动，只有自己最清楚多么绝望。

她那时马上就要结婚了，是怕婚后再也没有如此浪漫的心情来佛罗伦萨。

他告诉她，波伏娃和萨特经常会来佛罗伦萨相会的。她微微笑了一下，她不是波伏娃，他也不是萨特。而她只不过是一个凡俗的女子，在佛罗伦萨做了一场春闺美梦而已。

上了飞机，她还向他挥着手，想着明年 5 月 10 日，我在佛罗伦萨等你。

以为这不过是一场偶然邂逅，以为只是一时的冲动说说而已，生活哪里能像这个礼拜一样地精彩和富有诗意。

他曾经用蹩脚的意大利语为她唱《我的太阳》，而她穿行于那些大街小巷，在乔托钟楼的一声叹息，她不是他的太阳。

回国后她很快结婚生子，过起了忙碌而踏实的生活。6 年之后，孩子上了学，她成了有钱有闲的女子。

她想起了佛罗伦萨的 5 月之约。

6 年前的佛罗伦萨，她轻易说出的话，仿佛一分钟也不能再等，看看日子，却早已经过了 5 月，是 6 月了，马上又笑自己，怎么可能？年轻时说的约定，只是任性又无意的约定，怎么会去践行呢？

SIMPLE LIFE ENDURES LONELINESS
淡定的人生耐得住寂寞

6月就6月吧。

6年多过去，却仍然是那个佛罗伦萨，更朴素也更华丽，更古老也更怀旧，连那祖传小店的胖老板娘都没有变。

她恋旧，所以，选择了原来的那家旅店。

那老板娘嚷起来，天啊，怎么可能是你？柳叶眉，你终于来了。

她惊住了——纵然这个老板娘记性好，也好不到记得她的名字和她并不出众的长相吧？

老板娘几乎是扑过来的：你来晚了，他刚刚走。

谁？谁刚刚走？

郑在明。他每年5月10日都会来，住上一个礼拜，看一场歌剧，去咖啡馆坐一坐，等你。可是，你从不曾来过……

那一刻，她由脚底升起一股寒流，无比的冷，冷到浑身颤抖——他居然把随口说出的诺言当真了，也怪自己太轻率了。

感觉眼睛有些涩，为自己轻易许下诺言却没有践行，为自己的年轻，也为他真的来过，从韩国到佛罗伦萨，不算近，但他却真的每年都来，只为了等她。

除了他叫郑在明，她居然没有他的其他任何联系方式。

她有预感，明年的5月，他一定会来佛罗伦萨的，无论有天大的事，她也要来佛罗伦萨！

这是整整一年的等待，为了等待这年的5月，她觉得自己都老了。没有人知道她的这个秘密，那是她一个人的佛罗伦萨。

这次，是她先来。她买了几款巴黎流行的春装，最新款，价格不菲。7年之后，她已经30多岁了。

镜子里，是一个风韵犹存的少妇，红唇像燃烧的玫瑰。她不是等待自己的情人，她是在等待一个约定。她已经失约了7年，不能再失约了。但他却没来。他居然没有来。

整整一个礼拜，她留恋在他和她曾经一起游过的那些旧地，想不出他不来的理由，也许寂寞和绝望了，所以，也结婚了；所以，也许和她一样，终于想过一些正常人的生活了。

临走那天，老板娘喊住她：柳叶眉，电话，你的电话。

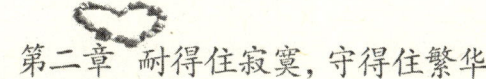
第二章 耐得住寂寞，守得住繁华

她的心狂跳着扑下楼：是他，真的是他！

不，不是他。是他的妹妹。

那个女子说："我哥让我给佛罗伦萨打个电话，也许有个女子在那里等他。"

"你哥呢？"

"刚去世了，从去年冬天那会儿就一直病着，一直想来佛罗伦萨，但身体已经不允许了……"晕！太像电影、太像一个故事了，居然都不像真的。她恍惚间上楼，看着那些红色的长窗，像极了燃烧的玫瑰，一跳一跳的，在心里，在梦里。

原来，这世上有一种爱情是无法言说、无法忘怀的，哪怕短暂到仅仅7日，或许，恰是一生不能忘记的花朵——虽然开在谷底无人知晓，虽然过几天可能就开败了，可是只有它们自己最清楚，它们曾努力地开过。

她明白，以后每年的5月，她必来佛罗伦萨——在花开的季节，她将穿行于那些大街小巷，在前尘旧事中，追忆一场风花雪月的美好记忆。

（佚名）

人生感悟

> 如果当初能够在寂寞中学会思考，如果能够以冷静的态度来对待时间的流逝，那么也就不会造成如今难以忘怀的创伤。有时候人是需要理智、淡定的，焦躁只能给你带来更多的遗憾，而且还会让你脆弱的心灵痛彻心扉。

2. 等待，为了不能重逢的人

1943年，突尼斯会战，以盟军的胜利告捷。5月13日，10万德军、15万意军被俘，只有600余人从海上逃走。经过32个月的拉锯战，北非战事终于结束。北非的胜利，畅通了地中海航道，为盟军下一步通过西西

SIMPLE LIFE ENDURES LONELINESS
淡定的人生耐得住寂寞

里岛重返欧洲创造了条件。1943年7月5日，数千只舰船组成的庞大舰队，突然出现在辽阔的地中海上。舰队之上，成群的飞机掠过湛蓝天空，盟国发动的西西里战役拉开了帷幕……

蓝箭头、红箭头、白飞机、黄飞机以及白色的小线条，马赛克制成的巨大地图，将60多年前的那一切勾画出来。这地图在墙上，这墙围着盟军"二战"阵亡士兵在北非的纪念馆。地图之后，几百米长的墙上，密密麻麻地刻着阵亡士兵的名字。

"我有一个哥哥，死于二战。"伊妮德说。伊妮德71岁了。一周前，她从美国来突尼斯度假。我们偶然相识。"虽然他是我的亲哥哥。但我对他真的没有什么印象，只是记忆中一个模糊的影子。他赶赴战场那年，我只有7岁。"望着修剪整齐的树丛后，那青草地上一排排洁白的十字架，伊妮德说，"我父母尚在时，还会常常提到他，为他祈祷。他们去世后，虽然我心里还是有这么个哥哥，但是，我不对任何人说起他。我怕伤害我嫂子。"

伊妮德向左，望了眼烈士墙："他们的名字，该是和英武、荣誉连在一起的。但是，也不尽然。"

亚历克参军去了

伊妮德的哥哥亚历克是镇上的帅小伙，深受姑娘们青睐。一次郊游中，深爱他的布兰奇委身于他。亚历克只是一时被布兰奇的美貌迷惑，却并不爱她，但布兰奇怀孕了。未婚先孕却又无人嫁，在当时的美国是死路一条。21岁的亚历克被迫娶了19岁的布兰奇。婚后琐碎的生活使布兰奇的美貌蒙灰了，她邋遢、粗俗。亚历克无法忍受，几次逃跑，但布兰奇总会把他找回来。

美国参战了，亚历克应征入伍。布兰奇把孩子塞给婆婆，也准备参军，但她没有被选上。在玛丽亚广场，她哭泣着看着心爱的人和镇上的小伙子们一起离开。那是她最后一次见他。

美军在"二战"中死了40万人，漫长的等待之后，她终于等来了战争胜利的消息。可是，她等的人，始终没有踪影。没有接到阵亡通知的她不由得想到了这点：他残废了，没有了自理能力。他太过要强，因而不能依附于一个他不爱的女人？他一不能靠荣誉过活，二不能满足微薄的救济金所支撑的简单生活。他受不了时，一定会回到她身边的，她想。

布兰奇的等待一再落空

一年又一年，她的等待一次次落空，终于不再有希望。她终于想到了最可怕的可能：他活着，毫发未损，却离开了她，和另一个女人开始了新生活。抑或独自一人？战争已经结束，生活回到了常轨，回到了他想逃离她的从前。

婆婆都来劝她改嫁时，她还是那么毅然地摇头。"她相信他还活在世上。她要等着与他重逢的那天，他携妻带女，而她，独自把他们的孩子抚养成人。她要亲眼看到从他脸上流下悔恨的泪水。她为这不能实现的相逢等了40年。"

"我们中国有句话叫：痴情女子负心郎。"我说，此刻，我和伊妮德漫步在烈士墙下的砾石小路上，"国民党撤退时，很多家庭被拆散了。半个世纪，不能相见。等到终于能相见的时候，大多男人，已在台湾重建家庭，娶妻生子。而多数女人，还在漫漫的等待里孤身一人。"

伊妮德叹了口气，我们差不多已走到了那烈士墙的尽头。

亚历克，亚历克，我想，我在字母Y下开始寻找这个名字。我的眼光停住了，我看到了亚历克的名字。如果我只知道伊妮德有个叫亚历克的哥哥，不知道这个故事，我会脱口喊"你哥哥在这儿"。现在，我不敢贸然了。我问："你哥哥是哪年出生的？"我估计那可能是亚历克，因为，我已经看到了伊妮德的出生地在上面。那也该是亚历克的。

我的心狂跳起来。我不知道这对于伊妮德来说，是个什么样的消息。我实在是太激动了，以至于忘记了她还没有回答我的问题。

我回过劲来，发现她不在身边。刚才走在我右边的她，此刻瘫靠在身后的树上。"我们可能找到了你哥哥。"我说，"你看不清吧。我念给你。"伊妮德已经泣不成声，半晌，她说："我看到了。那正是，正是我哥哥。"然后，她走上前去，轻轻抚摸那墙上的名字。

布兰奇永远不会知道真相了

虽然知道那是她的亲哥哥，但我眼前，却是母亲寻儿或祖母寻孙的感

SIMPLE LIFE ENDURES LONELINESS
淡定的人生耐得住寂寞

觉。是啊，那逝去的，已留在了时光之河中。十年生死两茫茫，只剩下这苍老的手指所抚摸的大理石上那冰凉的名字。

"我万万想不到的是，我竟然在这里，这么远的地方，找到了我的哥哥。写信、打电话、到前线去，我们什么办法都用了，我们各方寻找了20年，早不抱希望了。而那时，布兰奇还在等待。"

"我们中国有句话叫苍天不负有心人。"我说，"虽然亚历克已不在了，但这样的结果，没准布兰奇更能接受吧。"

"可是，布兰奇，早已经不在了。她永远不可能知道这个她终生等待的结局了。"

1945年8月15日，盟军最高统帅麦克阿瑟用5支笔签完字，把第五支小红笔送给麦克阿瑟夫人。随后，美、中、英等国代表依次签字。史册载上了这一笔：日本战败投降。第二次世界大战宣告结束。"二战"终于结束了，士兵们终于可以回家了。而这世上，有多少个男人，再回不去他们女人的身边，哪怕是一个他不爱的女人。

第三天，伊妮德给我打来电话："我把在这里找到哥哥的事，告诉给大使。你猜大使说什么？"

"大使说：'不可能。我们美国政府，是负责任的，会把每个士兵的下落都通知他家人。'"

"他们的工作会做得那么没有纰漏？美军牺牲得最少，可那也是40万人啊。"我说。

"还有一种可能，"我说，"布兰奇太爱自己的丈夫了，不能接受他已经不在的现实。她自己撕掉了死亡通知书。"

（佚名）

人生感悟

自古多情相思苦，如若我们在岁月的沉积中留住一份相思，那么就必定能够在希望中守得一番美丽。也许这份美丽最后只能落在我们无法释怀的相思之情中，但是能够在淡淡的岁月中给自己留有一份憧憬，那么也会给自己的心灵守得一份安定。

第二章 耐得住寂寞，守得住繁华

3. 叔叔的越南恋人

1962年，在辽东大山深处种地的叔叔光荣入伍。三年后，叔叔参加了抗美援越战争。

在一场遭遇战中，中方一名营长和北越游击队的一名负责人被俘。师部紧急命令，从全营选出10名战士组成小分队，执行营救任务。叔叔是其中之一。

小分队施展调虎离山之计，这边抽调5名战士配合游击队去打军车，吸引敌人，另一边实施救援。带路的一名姑娘主动要求加入小分队，因为她就是村里人，地形熟悉。女孩叫黎彩草，能说一口广西口音的汉语。

因解救行动成功，叔叔受到嘉奖，被批准回家探亲。

考虑到黎彩草家已被敌机炸毁，部队想让她到广西边境住下，等战争结束再送她回家。可是黎彩草不断打听叔叔的下落，引起营长的怀疑。团长明确指示：告诉她，她找的人已经退伍，立即把黎彩草交给越南方面；通知这小子归队听候审查。得知叔叔已经退伍，黎彩草只是一个人发呆，后来，在一个雨夜消失了。

叔叔归队后，受到严厉的审查：和黎彩草在4天里讲过什么？做过什么？是否泄露了军事机密？叔叔全用摇头作答。审查不了了之，不过，本来要被任命的班长职务泡汤了。

不久，发生了一件震惊全国的大事。一次战斗结束后，部队返回途中，叔叔策动一位姓傅的战友与他结伴离队，在深夜摸进黎彩草所在的村庄。美军早已撤离，村子是一片废墟，他们攀上后面的高山。叔叔疯了似的朝山上喊："阿草——阿草——"几十年后，傅叔叔告诉我："真是奇迹啊，你叔叔真把阿草给喊出来了。原来，她和村子里幸存的人躲在山洞里。"在瓢泼大雨中，叔叔和阿草紧紧地抱在一起。阿草大声地说："我晓得你会来的，你是中国男人。"

SIMPLE LIFE ENDURES LONELINESS
淡定的人生耐得住寂寞

两人躲在一棵大树下，依偎着，谈了整整一夜，基本上是阿草说，叔叔听。言语一向很少的叔叔只重复着一句话："打完仗，我就来娶你。"

天渐渐亮了，在傅叔叔的催促下，两人依依惜别。阿草送给叔叔一只红木雕的小猪。这只木雕陪伴了叔叔一生。

归途充满凶险，在通过第三道封锁线时，他们和一群"越南人"不期而遇，当发出的暗号不被理会时，他们一下子警觉了，是敌人！战斗打响了，他们把集束手榴弹掷向敌人的卡车，两辆卡车发出天崩地裂的巨响，随即燃起冲天大火。两人随后从一道断崖溜下，消失在浓浓的夜色中。离队两天半后，两人重新归队，立即被秘密缴械关押。

通过对两人的审讯，加上游击队提供的情报，部队摸清了全部情况：叔叔离队的目的是去见黎彩草，战士傅某系受鼓动而随从；黎彩草，年方19岁，本人及家庭历史清白，父母、爷爷全部在敌机轰炸中丧生；归途中遭遇的是南越部队，他们从美军军火库中运回的两车地雷被全部炸毁，敌军死亡8人。

部队当即决定，上述情况，作为一级机密仅在小范围内通报，对外要统一口径：他们在执行秘密任务。叔叔和傅叔叔退役，叔叔暂不安排工作，听候进一步处理。

1966年年底，叔叔退伍回家，享受的待遇十分古怪：未分配单位，却每月能到邮局领15元钱。叔叔每天下地干活，有时十天半月也不说一句话。

次年秋天，叔叔说，他要外出一趟。这一去，近3个月才回来，人瘦瘦的，精神极差。40年后，我通过叔叔夹在《毛泽东选集》中的一张写着地址的纸条，找到了黎彩草在广西东兴市江平镇的姑妈家。老人早已去世，她的儿子也已是白发苍苍："哦，你问阿草的事啊？苦命啊，和一个当兵的好上了，听说解放军往回撤，就来找那当兵的，路上让地雷炸死了。那当兵的后来找到我家，晓得这事后，在院子里坐着，好几天不吃不喝。一天晚上走了，我妈发现一张有阿草的合影照片不见了，肯定是他拿去了，痴啊！"

叔叔半年后成亲，婶婶是邻县的一个漂亮姑娘。

叔叔终其一生，都没有忘记黎彩草。奇怪的是，婶婶从来没有因此而有过不快。堂妹告诉我："她从来不让我动爸爸那个锁着红木小猪的木箱，

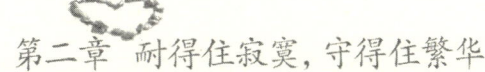

还说，一个死去多年的女人他还这么记挂着，啥叫男人？这就是男人。"

堂妹大学毕业后，婶婶硬拉着一家人到广西旅游。到了广西，婶婶找到旅行社，为叔叔一个人办了越南七日游。婶婶让堂妹把叔叔推上车，7天后叔叔归来，婶婶什么也没问，一如往常。

(陈晓农)

人生感悟

等待就是一个人将自己的痴心捧出，用以忍受时间的煎熬。也许这份爱曾经是那么真实并且刻骨铭心地存在过，但是当你选择用寂寞完成一次短暂的小憩，抖落满身的尘埃后，不妨给自己留下一份洒脱，等待来年春天的下一场花季。

4. 将一切寂寞的岁月叫做青春

接到淳电话的时候，我正在给那个总说我无理取闹的男友发短信。我说尽了好话，只希望他能回一句，告诉我，好，我们结婚。可他还是习惯性地关了机，再不理会我任何的乞求。淳似乎没听出我发抖的嗓音，很直接地便告诉我："安，我逃了婚，想到你那边安安静静地复习考研。你帮我先租个房子吧。"我愣了好大一会儿，才回道："为什么？你不是比我还渴望结婚的吗？"淳笑："那是以前，现在不是这么想了，以后再跟你细聊吧。"

这样一个消息，很突兀，我来不及细想，只是知道，我心心念念着的东西被淳给毫不犹豫地抛弃掉了。我又一次被淳给落在了后面。

淳是我大学时的好友，但在她找了男友后，便渐渐地不再黏在一块儿。毕业的时候我拉淳考研，她很坚决地给拒绝了，她说她打算和男友回自己的城市，等工作一稳定下来，便结婚，而后生一大堆的孩子。我当时笑她重色轻友，她亦笑劝我别把自己读成了老姑娘，小心没人来娶。之后

SIMPLE LIFE ENDURES LONELINESS
淡定的人生耐得住寂寞

两个人便很少见面，等我找了男友之后，更是连电话都懒得打，偶尔联系起来，都会互相笑骂一阵忘恩负义，而后在对方的新变化里，反思一下自己是不是被落在了后面。但还是会把许多东西给隐瞒住，尤其是我。

已是28岁的大龄女子，工作却是刚刚上路，每每被领导批，并不会像比自己小许多的同事那样，面不改色地说一大堆好话来恭维领导。爱情上呢，更是惶恐，有些恨自己嫁不出去，拼命地讨好男友，希望哪一天他说把我娶回去，这样便可以将一颗心安置下来，哪怕没有房子也好。但他却一直模棱两可，说等他的事业再上一个台阶，或是将首付的钱挣够。我其实很明白他这是托词，他在我的爱里，慢慢地胆怯，进而烦乱，厌恶。他不怎么喜欢我，我知道，但却是舍不得放手，怕他走了，这一点点的爱也没人肯给。这样的自己，自然没有精力来关注淳，只知道她比自己幸福，男友对她近乎宠爱，已经买好了房子，只等着将她迎娶进门。

见到淳的时候，她却是满脸的轻松和释然，又给我一个很青春、很妩媚的笑，眼角的细纹，已与我一样鲜明。不知道为什么，见到这样精神昂扬的淳，惊讶之外，我竟有略略的失望和嫉妒。两个人皆是直接，我说为什么要逃婚，你不爱他了吗？淳便大笑：爱和逃婚为什么一定要划等号呢？而且我还不老呢！这么早结婚简直是一种浪费，我想换种方式，再过两年校园生活。我看着对面眉飞色舞的淳，忍不住抹了抹她眼角的皱纹，打击道：这么多褶子，还说不老。小心再读，他等不及不肯来娶你了。淳又大笑：那就再找一个嘛，离了他我照样可以活得很好啊。我苦笑着摇头："淳，我们已经28岁，折腾不起了。"

淳向来是不理会别人的劝说的，我也只好作罢，等着事实来给她一个残酷的教训。几个月后淳如愿考上研究生，但也同时收到男友的"最后通牒"：要么读研分手，要么回来安心结婚工作。淳像她当初拒绝掉我拉她考研一样，很坚决地留下来读书。我轻声问她：为了你所谓的新的生活方式，将一份5年的爱情丢掉，值吗？淳想了许久，眼睛亮亮地低声吐出一句：值。

这期间我继续对男友"死缠烂打"，希望他能给我这份三年多的爱情一个归宿。我求了又求，他烦了又烦，终于扔下一句"分手"，辞职离开了我。我哭着找淳，淳没说一句话，只是温柔地拍着我的脊背，任我趴在她的肩头，将她的衣服弄湿揉皱。那几天淳帮我请了假，陪我逛街，看电

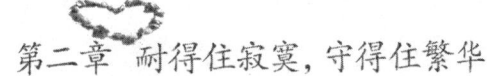

影，吃零食，评点过往的帅哥，就像几年前我们有大把挥霍不完的青春的时候。这样的时光，对我们已是奢侈又陌生，我始终无法像淳，完全恢复到如往昔一样的单纯和无忧。那种对自己年龄的恐惧和青春已经走远的慌乱，一下下地敲击着我，让我在这种少而又少的美好时光和喜悦里，惴惴不安，度日如年。

开始上班的时候，淳发短信给我，说，安，如果爱情事业和家庭，在50多岁的时候会如约而至，那么28岁，在你的眼里，又会是怎样？我会说："当然是青春正好，可以安然地享受和追寻想要的东西。"淳回道："既然如此，那你为什么还要惶恐？爱情，总会来找你的。你现在所需要做的，是安然地享受它来临前的时光，就像享受悄然而至的青春。"

我保存着这句话，直到一年后，我终于找到自己的真爱，而淳，亦寻到一个耐心地等她享受完30岁之前无忧青春的男人。

在爱情没有到来的时候，原来我们可以安然地将一切寂寞的岁月叫做青春。

（艾美丽）

人生感悟

青春本就如同一件绚烂华衣，伴着我们最稚嫩的流光岁月艳美开去。当我们敛去曾经的稚嫩后，剩下的就是陈留下来的成熟韵味。在往后这份平淡岁月的磨砺中，我们能够默守一生，如溪水般沉寂到老。

5. 给菜多加了把盐

男人有了外遇，男人感觉对不起女人，每次回到家，就像个做错事的孩子，抢着做家务。以前，男人是不做家务的，什么家务都是女人的。现在不同了，既然做错了事，就要想办法弥补自己的过错，男人就主动去做

SIMPLE LIFE ENDURES LONELINESS

淡定的人生耐得住寂寞

饭。这让女人吃惊不小，以前男人也做饭，那是他们刚结婚的时候。结婚以后不久，男人就不再做饭了。这些活女人全揽了。男人就说，很久没下厨房了，想找回以前的感觉。

男人还是依旧和他的情人约会，情人是男人单位的一个女孩。刚开始，女孩子没有想和男人结婚的意思，只是为了寻找点激情。有时候爱情就像蹚水，越蹚水越深，慢慢地女孩感觉蹚进深水了，女孩就有了想和男人结婚的打算。女孩说我们结婚吧！男人吃惊不小，男人知道，结婚可不是一件简单的事情，要和女孩结婚，就要和妻子离婚。妻子对他太好了，也没做什么对不起自己的事，所以，男人很为难。

女孩认为只要能够达到目的，可以不择手段。女孩就给男人出点子，什么先写个情书放男人口袋，让女人洗衣服的时候发现，让女人和男人争吵，让女人先提出来离婚。但结果出乎了他们的预料，女人根本不看男人的东西，拿出来就放桌上了。

接下来，他们又出了很多点子，但都不见效。

点子还是男人自己想出来的。折磨女人，男人折磨女人的办法其实很简单，就是做饭的时候，往菜里多加一把盐，看女人怎么吃下去，这样女人就会和自己争吵，只要一吵架就好办了，离婚往往都是从吵架开始的。这天做饭，男人真的往菜里多加了一大把盐，但结果女人吃得很平静，也没抱怨什么。男人忍不住了，就问：我做菜好吃吗？女人点了点头。男人很尴尬地笑了笑。

这个办法又失败了。男人多次都故意往菜里多加盐，但女人总是很平静地吃下去。当然男人自己不吃，他借口说在外面吃饱了或者不喜欢吃那道菜。

这天男人突发奇想，何不去捉弄一下自己的情人，逗她玩玩？男人就把菜装进一个袋子拿单位去。

第二天，中午吃饭的时候，男人把菜放到女孩面前说，我给你炒了个菜。女孩子就拿起筷子先尝了一口，忽然生气地把菜吐了出来，大声责问男人，你什么意思？你想干什么？这是人吃的菜吗？你自己吃，你给我吃下去，看你怎么吃！

男人说，怎么了怎么了。吃就吃。男人把菜拿过来，尝了尝，好咸啊!像海水一样,男人想吐出来。

女孩子说,你给我全都吃下去,你不吃不是男人。男人气得站起来,大叫一声,你给我滚!这个时候,男人忽然想到了女人,想到了女人吃饭的情景,心想女人一定很委屈,她是把苦放心里,不愿意说。

这天晚上,男人回到家,为女人做了几道她最喜欢吃的菜,放盐时,男人都亲自尝了,不咸不淡正好。吃饭的时候,男人问女人,今天的饭菜还合口吧?女人就笑了笑。男人却哭了,说以后我天天给你做最合口的饭!

(佚名)

人生感悟

能够在平淡婚姻之中找寻到快乐的人,一定是个幸福快乐的人。更何况人生中,总会有那么一些寂寞时光,人的欲望也是无穷尽的。如果不能够满足现有的生活,那么婚外情也只不过是饮鸩止渴。

6. 感情田园的稻草人

女人还记得男人给她讲稻草人的故事——稻草人穿着色彩艳丽的衣裙,忠心耿耿地守护着金灿灿的乡间田园。

那时候,他们还在读大学。校园的草坪上,她依着他的肩膀,想象着稻草人虚张声势地驱赶馋嘴的麻雀,偷偷地笑。

男人从乡村来到城市,不停地打拼,终于扎下了根。生活艰难,她为男人、为他们的家,付出了太多太多。男人每天穿着藏蓝色的西装,打着银灰色的领带,去见各种各样的客户。男人奔向成功,是在他们婚后的第五个年头。可是,女人突然发现了蛛丝马迹。

女人知道,男人偷偷买过一套高档女装。那天,男人和一位很时尚的女孩走在一起,女孩是他公司的职员。当时,女人正和女伴坐在一扇窗子后面喝茶,女伴说,看,你老公!女人发现,男人的手上搭着那套高档女

SIMPLE LIFE ENDURES LONELINESS
淡定的人生耐得住寂寞

装。女人却对女伴说，你看错了，不是他！女人极力为男人辩护，但谎言就像一把锋利的刀子，把她的心划开一道口子。

男人去外地出差，回来后鬼鬼祟祟。夜里，女人忍不住翻看男人的皮包，翻出了一枚宝石戒指，价值不菲，闪着光泽，刺得女人的眼睛发痛。

早晨，女人问男人，你有什么礼物要送给我吗？男人变了表情，样子很慌乱，有，当然有……他急急地从旅行包里掏出一条披肩。他说，我专门为你买的，咱们这里没有。男人躲闪着她的眼睛，女人心冷如冰。她曾经在附近超市见过这样的披肩，几十块钱而已。

女人不想揭穿男人，但她要挽救他们的爱情：她给他挑选最好的剃须刀；陪他看味同嚼蜡的足球赛；经常往他的公司打电话，装作不经意间地打听他的行踪；抢先接听家里的每一个电话，然后柔声呼唤他；为他烧可口的饭菜，然后在吃饭的时候笑着问他，今天你过得好不好，是一个人，还是……她甚至当着男人的面，虚伪地夸那个女孩很清纯、很可爱。说这些话时，她盯着男人的脸，试图从男人的脸上读到些什么。她或许真的读到了，或许没有。

女人觉得自己变成了一个穿着艳丽衣裙的稻草人，露着狰狞夸张的表情，守护着感情田园，虚张声势地驱赶着看不见的来敌。多年的感情竟然要靠驱赶和恫吓来维系，她认为她和他的爱情，实在可怜。她不知道，自己这种夸张的表演还能坚持多久。

那天，男人回来得很早。男人说，知道今天是什么日子吗？女人摇头。男人说，结婚5周年纪念日啊。女人愣了愣，这么重要的日子她竟然忘了。男人说，今天我终于可以兑现一个承诺了。

男人掏出一张皱巴巴的纸片，捧给女人——"8年内，为你买最漂亮的房子和汽车，买最昂贵的衣裙和戒指。"

女人想起来了，大学时的一天，男人为她写下了这样一句话。她以为是玩笑，随后丢弃了纸片，纸片却被男人重新拣起。女人没想到，男人把一句根本算不上承诺的话一直保存到现在。

男人说，房子和汽车，我们刚刚有；现在，让我兑现后两样。男人打开了衣柜，女人惊喜地发现，她曾经见过的那套高档时装不知什么时候挂在了这里。随后,男人让女人闭上眼睛,女人感觉到,一枚小巧的戒指套上了她的手指。

男人对女人说,其实爱情并不需要昂贵的物件来粉饰,但是爱人之间的承诺,都是无价的,都需要兑现。男人还说,两个月前我就准备好了,想在今天给你一个惊喜。男人说完,红了脸,搓着手,像一位正值初恋的男生。

那夜,女人自责到极点,她认为自己有些过分了。原本宁静的感情田园,她却硬生生虚构出入侵者,然后开始进行一场虚假的保卫战。敏感和猜疑,让女人差点失去自己的幸福。

其实,金灿灿的感情田园,并不需要虚张声势的稻草人。需要的,只是两位农夫,一起耕作。从青丝,到白头。

(佚名)

人生感悟

人生可以不甘寂寞,但是一定要学会忍耐寂寞。或许你想要改善人生,但是也须知,人生的改造也不会是一朝一夕的事情,请不妨从忍耐开始,甚至从忍受寂寞开始。因为,只有这样你才能事有所成,终有所救。

7. 跟着爱情回家

她知道他有了外遇,但还是对他好。是一如既往的那些个好:他的那份早餐永远是他喜欢的金灿灿的小米粥,电视的开机频道永远都是他习惯的中央五套,在床上轻咳时纸巾永远都在他最适手的那个位置……

过于体贴或者过于平淡都是一种不正常,所以,她一直面如止水。

顺其自然。她知道自己只有这样。无论那个女人是谁,最终有权决定的,都是他。

那天晚上,他和她各偎一个被筒,她把自己这边的床头灯扭暗,他把

SIMPLE LIFE ENDURES LONELINESS
淡定的人生耐得住寂寞

自己这边的床头灯扭亮。她坐起来，预感到关键的时刻已经兵临城下。

"我的一个朋友爱上了一个姑娘，想和他的妻子离婚。如果，我是说如果，"男人说，"如果你是那个妻子，你会同意离婚吗？"

"他不爱他的妻子了？""是。""一点儿都不爱了？""应该是。"男人犹豫着，"或许。"

她的心揪痛。傻瓜都知道，这个"如果"是个铁锤，一下子，一下子，要把他们的家击碎。

"我会离婚。"她平静地说。

男人沉默。有些吃惊。没想到这么简单。要知道这么简单，他就把如果去掉了。然而少顷，他心里又不舒服起来。她为什么会这么干脆？难道也是有什么情况？

"为什么？"他终于还是问了出来。

"纠缠一个不爱自己的人没有意义。"

"一丝挽留的念头都没有么？"

"心走了，留个躯壳干什么？再说，他若想留，就不会提出离婚。"

"孩子呢？你要吗？"

"当然。"女人说，"好事做到底，不给人家添麻烦。再说也不放心。都说有后娘就有后爹，那还是让孩子跟着亲娘保险些。"

"那他是不是能常回来看孩子？"

"当然。他永远是孩子的爸爸。这不会变。"

男人的愧疚越来越浓厚。

"其实，如果，"他又说"如果"了，"如果对方不是个未婚姑娘的话，他是不会想去为她负责的。"

"是啊，想当初，他之所以和妻子结婚，大约也是因为妻子是个未婚姑娘。"她笑，"现在，他已经把未婚姑娘变成了已婚老婆，自然该轮到去负责别的未婚姑娘了。"

"那姑娘说她只有他，没有他她活不了。"

"有道理。一个为爱情伤心的姑娘是活不下去的。至于那个女人，只要有孩子，母亲守着孩子相依为命地活下去，肯定没问题。"

男人沉默。

第二章 耐得住寂寞，守得住繁华

"母亲和孩子也不一定按照这种格局活下去的。"良久，他又说，"生活还有其他的可能性。"

"当然。她还可以再找。""对，对对。"

"运气不错的话，可以找个 40 多岁的。如果运气不太好，可以找个五六十岁的。"

"你怎么这么说?"他仿佛自己受了侮辱。

"你想要我怎么说?"她笑，"难道一个离婚女人还能找个和她年龄差不多的男人不成? 有数据统计，再婚夫妇年龄差距在 3 岁之内的比率，只占 5％。全世界的人都知道，因为男人越娶越年轻，所以女人越嫁越老翁。若是男人不爱找年轻的，你那朋友怎么会离婚找一个姑娘呢?"

"不是因为年轻。"他道，"是因为爱情。"

"爱情? 他和妻子当初也有爱情吧?"

"那只是当初。现在，爱情死了。"

"他的爱情再生性这么强，用不了死这个字，太大。不伤及肉和骨，蜕皮这个词就足够形容了。"

"那她的爱情呢?"他隐忍着她的讥讽。

"她的爱情根本就没必要提。"女人说，"他若顾及她的爱情，就不会想离婚。"

男人沉默。

"话说回来，无论现在的爱情如何，只要有过爱情，知道爱情曾经是多么美好，我就已经很满足了。"女人说，"所以，我谢谢你。"

"谢我干什么?"男人有些惶恐，"不过，不过是假设。"

"即使不是假设，我的答案也不会变。"女人说，"我会带着我没办法蜕皮的爱情活下去，尽可能找一个岁数大点儿的人品好的男人，把自己和孩子以后的生活安排妥当。我要吸取一切教训，争取成为下任丈夫爱情史上的最后一次运动。"女人微笑，"在做过首任丈夫的首任妻子之后，又成为末任丈夫的末任妻子，这感觉一定很奇特。"

"你不能这么想! 你不能这么对待自己!"

"为什么?"

"因为你是我的妻子。"他把她拉到怀里，"我心疼你。"

SIMPLE LIFE ENDURES LONELINESS
淡定的人生耐得住寂寞

"心疼不是爱情。"她幽幽道。

"心疼——疼惜——爱惜——爱情。"他在手心里画着,玩起了"开心辞典"中的词语转换游戏,"当然是爱情。"她的泪,顺着笑纹,刷地落了下来。

(佚名)

> **人生感悟**
>
> 我们总是会在婚姻这条道路上被前方不知所措的迷障所困扰,很多人都被自己所营造出的平淡枯燥所打败,深陷寂寞。其实爱情本来就不是婚姻的主题,如若你不能在婚姻这条路上耐守住承诺,那么你的婚姻也会随着你的爱情无疾而终。

8. 等待千年

有一个女孩每天向佛祖祈祷,希望有一天能再见到心目中的俊美男人。她的诚心打动了佛祖,佛祖显灵了,佛祖说:"你想再见到踏青时那个惊鸿一瞥的俊美男人吗?"女孩说:"是的!我只想再看到他一眼!"佛祖提醒说:"你要放弃现在的一切,包括爱你的家人、亲友和幸福的生活!"女孩说:"我能放弃!"佛祖说:"你还必须修炼500年道行,才可以见他一面,你不后悔?"女孩说:"我不后悔!"

女孩变成了一块大石头,躺在荒郊野外。多年的风吹雨晒,苦不堪言,但是女孩都觉得没有什么。难受的是这500年没有见到一个人,看不见一点希望,这让她快崩溃了。最后一年有个采石队来了,看中了她的巨大坚实,把她变成了一块巨大的条石,运进了城里。他们正在建一座桥,于是,女孩变成了桥的护栏。就在石桥建成的第一天,女孩看见了那个等了500年的俊美男人。他行色匆匆,像有什么急事,很快地从石桥中间走过了。当然,他不会发觉有一块护栏上的石头正目不转睛地望着他,男人又一次消失了。

第二章 耐得住寂寞，守得住繁华

再次出现的是佛祖，佛祖说："你满意了吗？"

女孩说："不！为什么我只是桥的护栏，如果我被铺在桥的正中间，我就能亲自用身体碰到他了，我就能爱抚他一下！"

佛祖说："你想爱抚他一下？那你还得再修炼500年！"女孩说："我情愿！"佛祖说："你吃了这么多的苦，你不后悔？"

女孩说："从来不后悔！"

女孩又变成了一棵大树，立在一条人来人往的官道上，每天都有很多人经过女孩身边。她每天都在仔细观望，但这更难受，因为无数次满怀希望地看着每个人，但又无数次地失望。要不是有前500年的修炼，相信女孩早已崩溃了！日子一天天地过去了，女孩的心逐渐平静了下来，她知道不到最后一天，他是不会出现的。又是一个500年！最后一天女孩知道他会来的，但她心中竟然波澜不惊，不再激动了。

还是穿着他最喜欢的白色长衫，脸还是那么地俊美，女孩痴痴地望着他。这一次，他没有急匆匆地走过，因为天气太热了，他注意到路边有一棵大树，那浓密的树荫很诱人，休息一下吧，他这样想。他走到大树跟前，望着树根，微微地闭上了双眼，他躺下睡着了。女孩抚摸到了他，他就偎依在女孩的身边！但是她无法告诉他这千年的相思，她只有尽力用树荫为他挡住更多的阳光和燥热。

人世间自有真情在！千年的柔情等待！

男人只是小睡了一会儿，因为他还有要事要办。他站起身来，拍拍白色长衫上的灰尘，又稍微抚摸了一下大树的树干。大概是为了感谢大树给他带来的清凉吧，然后他头也不回地走了！就在他消失于女孩视线外那一刻，佛祖又出现了。

佛祖说："你是不是还想做他的终身伴侣？那你还得修炼！"

女孩平静地打断了佛祖的话："我是想这样，但现在不必了。这已经很好了，爱他，但并不一定要做他的妻子！"

女孩接着说："他现在的妻子也像我这样受过苦吗？"佛祖微微地点点头。女孩也微微地点头："我也能做得到，但现在不必了。"

就在这一时刻，女孩发现佛祖微微地叹了一口气，女孩有几分诧异："佛祖也有未了的心事？"

SIMPLE LIFE ENDURES LONELINESS
淡定的人生耐得住寂寞

佛祖的脸上绽开了笑容:"这样很好,有个男孩可以少等 1000 年了。他为了能够见你一眼,已经修炼了 2000 年了。"

(许诚谊)

> **人生感悟**
>
> 爱不是单方面的索取,也不是一味的占有。爱是一种肚量,是一种忍耐。独守一份清静,在匆忙时间的流逝中品味一份落寞,或许你就能在这漫不经心的闲暇中,真正地悟出人生的真谛。

9. 女人,耐得住寂寞方为"妖"

做女人就要有做妖精的能力,要永远优秀,坚强,执著。

世界上有很多女子,但凡经历了大大小小的一些事,后来,不是沦为了怨妇,便是修炼成了人见人爱的"妖精"。

做怨妇的话,也许能赚来些许同情和关注的目光,以及陪上一点隔靴搔痒式的无关痛痒的泪水,其实这是很讨人嫌的。还不如做"妖精",人见人爱,多好。

经过求学,求嫁,女人到了 30 岁以后就开始有些松懈了。举个例子说,不那么爱学习了,对工作不那么有上进心了,更有甚者,不那么为悦己者精雕细琢自己的容颜了。

人前,眼神空洞,言语粗俗,想当年也是读过席慕蓉的情诗、琼瑶阿姨的言情小说的。现在,麻将整宿地搓,却不舍得买好一点的眼霜,眼角的褶子像田埂一样,笑起来,都能夹死一只苍蝇。也不爱运动了,腰上脂肪开始无情地堆积,一圈圈箍在宽松的衣衫下,在人丛里流窜,像卖走私轮胎的一样。最爱在人前絮叨,男人如何地爱在外面寻欢作乐,死也不肯早回家,把怨妇演得惟妙惟肖。

想想书里的那些妖精,哪一个不是漂漂亮亮的?什么柳叶眉、樱桃小

第二章 耐得住寂寞，守得住繁华

口、水蛇腰的。蒲松龄笔下的小妖精能诗文、善调侃；吴承恩笔下的女妖，能耍枪弄棒，法力无边，云里雾里，连无所不能的孙大圣都敢冒犯。传说中，那白娘子也是法术无边，敢兴风作浪，写下好一段人间传奇缘呢！用老师的话来说，十八般武艺总得精一两样吧？有多少恶习总该抛弃了吧？待从头再来，重拾旧山河。像以前那样弄弄脂粉，调调素琴，再读些书籍，考些证书，偶尔穿一身运动服，容颜有了，风雅有了，活力有了，知性有了，那做"妖精"的资格有了，何愁八方豪杰之士不来投奔你的石榴裙下！

做妖精，当然是要耐得住寂寞的，君不见那些鼎鼎有名的大妖精都是待在深山老林里修炼的吗？她们在那里独自寂寞着，苦修法力，求仙问道。而你见过有几个妖精是成群结对、结伴而行的？道行深的多半就一个人，自己是自己王国里的绝对主角，纵然还有几个伴在身边，也不过是充当杂碎角色、打打下手而已。你看，金庸大师笔下的那些守在古墓里、悬崖边上的女子，都是妖精一样的女子，有资质、有技术，四两拨千斤，横扫江湖。可是仿佛又志不在江湖，只有在寂寞里自我修炼，才能登峰造极。

都说女人是耐不住寂寞的动物，当你感到无所事事的时候，你会孤单、恐慌、彷徨，你会狐疑，你会觉得从他那里得到的爱不够多，不够真实，除了工作之外，你会过得很落魄。觉得自己越来越没有魅力……可是，当你的生活是那么有节奏，那么闲里有忙、淡而有味的时候，你就是生活的主角，疑的应该是他而非你，你可以主宰约见的时间，而非无助地等待，男人需要自己的事业，女人需要自我的独立，还有内在独特的生活方式。因此，你具备了恒久美的资本，不必害怕那个男人不够忠诚，他不忠诚的代价是让你拥有了一次选择美好的机会，而这个机会一直在等你。

寂寞的时候，做一些有意义的事情，适当培养自己一种独特的生活方式，绝对不要找钱的借口，那不需要太多的钱，我们自己有能力或者会有能力做到。寂寞的时候，哪怕去琴行学一段时间陌生的乐器，胡乱弹钢琴、弹弹古筝。不要把男人当做你生活的全部，万一有一天男人没了，内在美才是最真实的，恒久不变地属于自己。就像那些明星般，50岁了一样

SIMPLE LIFE ENDURES LONELINESS
淡定的人生耐得住寂寞

光彩照人！有它，你怕什么？

　　我们不需要多么光华四射，但必须独具风韵，独立独特。发现生活中美好的东西，用心去体味，感受每一滴美的元素，珍惜生命中与生俱来的美，感激那些赋予你生命、帮助过你、支持过你的人。

（许冬林）

人生感悟

　　有一句名言说得好："如果你想出人头地，你要耐得住寂寞。"寂寞是一种境界，对于女人来说，坚守住了那份寂寞，也就守护住了自己的幸福。或许当这份淡然的心境随着时间的钟摆而沉淀下来后，你才发现，原来围城中也是会有幸福的。

第三章
Chapter3

—— 慢一点，让灵魂跟得上你的脚步 ——

　　水倒的太满会溢出来，弓拉的太开会折断，过多的让自己奔波在欲望的高速路上，会让自己的心灵无比的疲惫不堪。淡定的看待生活中的一切，放慢自己的脚步，学会把自己从沉重的欲望枷锁中解救出来，让灵魂跟得上你的步伐！

SIMPLE LIFE ENDURES LONELINESS
淡定的人生耐得住寂寞

1. 让灵魂跟上脚步

每个月我的工作地点就像一个飞行记录：上午在上海，下午在武汉，第二天可能在广州。有人曾经问我，这么忙碌，内心是否很痛苦？一点儿都不。为了平衡这样忙碌而不知晨昏的岁月，我选择给自己安排一些"NO BUSINESS DAY（非工作日）"。在那些时候，没有商业氛围，给自己心灵一个释放的机会。

我们通常都很忙，但是忙可以分为两种：一种是焦虑的忙碌，一种是充实的忙碌。区分两者的显著标志是，前者晚上会因为焦虑而彻夜难眠，后者忙虽忙，但是一沾枕头就能睡着。按照这个标志来看，前者心急如焚，后者的忙碌却是幸福无比。

为什么会有这么显著的差异？我想原因在于，前者的忙碌是被迫的，而后者的忙碌往往是源于自愿。在《高效能人士的七个习惯》里，我们把任务分为四个象限，紧急，重要，既紧急又重要，既不紧急又不重要。后者的优势在于，他主导了自己的时间安排，主动把时间用在自己认为紧急而重要的事情上，而前者总是被别人或者形势推着走，自然痛苦非凡。

而前者和后者关键的区别点在于："WHAT TO DO（做什么）"和"WANT TO DO（想做什么）"。当你做自己想做的事情的时候，是你在管理公司，反之，就是你被公司推着走。比如盖茨，尽管他非常忙碌，但还是会有空儿去打乒乓球，还是会每年划出时间去夏威夷第五大道度假。我们每个人都该想清楚，什么是我想做的事情。如果你每天被必须去做的事情所困扰，那必然是非常痛苦的。

但是必须去做的事情必然存在，这个时候就需要放权，需要权衡，需要让别人来做。只有这样才能最终去做你想做的事情，维持各方面的平衡。

平衡需要修炼，很难迅速达到。我曾经连续工作55个小时，不眠不

第三章 慢一点，让灵魂跟得上你的脚步

休。当我从工程师变为管理者之后，这样的工作习惯还是改变不过来，每天给自己压迫得很紧，最后失去了平衡。后来我找到了一个办法，就是去找到周末的感觉。唐骏经常找一群人打篮球，而我的办法是和太太一起看电影，让自己沉浸在剧情中。

充实的忙碌之下，心态的平衡还很重要。所谓心态的平衡，就是不能太激进或者太放松，不能过于玩物丧志，也不能过于强横专断。如果你现在很忙，那你一定要给自己找一个闲下来的时间。让自己在忙碌和休闲之间平衡调节，这就很符合我们古代的智慧。一件事情总有正反两面，在商场上有着商业成功的追逐和竞争，同时也有合作和融合。这两点是共通的。

另一个平衡就是生活和工作的平衡。比如说，我一般晚上7点下班，回家以后，9点开始收邮件，继续处理公司的事情。我的选择就是在不妨碍生活的前提下安排充分的工作时间。我觉得用在工作和生活上的时间并不需要分得那么清楚，实际上你也无法把工作和生活分开。管理就是平衡的艺术。关键是你能看清硬币两面的区别，从中找到方向，并且努力促进，最终实现自己的理想。

去年，在一个只要20分钟就可以散步整整一圈的小岛上，我和家人住了7天。这个小岛椰林棕影，水清沙白。我们很喜欢这里的寄居蟹和水上飞机。这个小岛和它周围群岛所属的国家，叫做马尔代夫。

有时候，夕阳落下，是为了另一个升起；停一停，是为了让灵魂能够跟上脚步。

然后，出发。

（刘润）

人生感悟

在茫茫的人生道路上偶尔停下来歇歇，不仅是一种享受，而且还是一种智慧。偶尔停下来拍拍身上的尘土，倒倒鞋里的沙砾，望望湛蓝的天空，听听山间的鸟鸣，才能用一个轻松快乐的心态去更好地迎接下一段美丽人生！

S<small>IMPLE LIFE</small> E<small>NDURES LONELINESS</small>
淡定的人生耐得住寂寞

2. 向往是一种距离

人世间，许多事，只有一直向往着才是最美好的。这美妙，就在于它不真实的一面，一旦实现便要大打折扣。如果真的让它实现了，最好只有一天、一夜、一会儿，或是短短的一瞬，真的不能再长了。

很多年前就向往，有一天能在幽静美妙的乡村建一座房，或在辽阔的大海边上有一处住所。远离城镇，过一种无忧无虑、简单而如神仙般的日子。

这些年，城里人越来越多地接近了这种向往，不少人真的就到山里、到海边买一处农家小院，过着没有喧嚣、自自在在的生活。夏天山水潺潺，秋天漫山红叶；五月樱花，七月杏子，十月满山海棠，真乃世外桃源、人间仙境也！

星期天，我们驱车百里，来到一座幽静的山乡小村，看望一位在这里买房的朋友。一路上，我们被山泉、鸟鸣、枫树及奇静的大山所深深吸引。每到一处，都会让我们感慨得"哇"地叫出声来。山村景色的美丽，真是无法用言语形容。大家都说，将来有钱，一定也要在这里买一座小院，过天堂的日子！

一天的兴奋过去，大家开始为吃水的困难发愁，为供电的不稳而抱怨，为山路的难走和没有液化气做饭而感到不便。晚上，电视信号被四面的大山遮挡住，只能看到模模糊糊的三个台。而村子里竟然没有一盏路灯，整个山村黑得伸手不见五指。上厕所还要打着手电筒。夜晚，寒风透过门窗，冻得我们直哆嗦。我们不能不想，如果病了怎么办，如果发生紧急情况，谁又来帮助我们？

次日早上，大家都有一种总算熬过来的感觉，匆匆收拾行装。朋友挽留大家再住一天，哪怕半天。说山里的空气多好啊！可谁也没有再想留下来的意思。大家纷纷跳上车，一溜烟地离开了大山。就这样，我们多少年的向往，在一夜之间被打碎了。

许多年前，我曾对寺庙里的生活有一种神秘的憧憬。偶尔会想，如果有一

第三章 慢一点，让灵魂跟得上你的脚步

天,我做了一个僧人,当了和尚,该是怎么样的? 一定是轻闲的,没有欲望的佛界生活。那时做人没有压力,生活简简单单。这想法,竟然也成了一种向往。

一次去福建,大家被意外安排住进了寺庙,就住在僧人的房间里。我们因离佛祖如此之近而兴奋得欢呼。我们不但可以沾上佛的灵光,还可以直接体验佛的生活。

庙里是斋饭,素得很。大家说,早该清清肠胃了。吃了一天,到了晚上,大家却都因肚里缺乏油水,悄悄跑到庙外去买肉食。

庙在山上,上来下去,要走 200 多个台阶。起初,大家都为有如此锻炼的机会而高兴。但次日,大家便望而却步,累得一步都不想走了。开始大家还对和尚们的念经感兴趣,甚至学着和他们一起打坐。只半天,大家便觉得索然无味。

在庙里住了两天,如此仙境,大家却觉得够了,闹着要早点出去,说最好搬到闹市区,晚上逛逛街景,愿意就一起喝点小酒,别再当僧人了! 一夜的寺庙生活,反而让我破了戒,完完全全地回到了现实中。

二十来岁的时候,曾在心里悄悄爱上了一位电影明星,于是一直暗恋着。她长得天仙模样,剧照被我贴得满墙都是,天天与她朝夕相处。那个年月,和我这般大的男孩儿,没有不认识她的,都说她是天下最美的。因此,许多人也像我一样暗恋着她,心想,这辈子要是能娶上这么一个老婆,给她当牛做马都是造化!

谁想,10 年后,我因写作也混进了文艺圈,在一次下乡活动中,与这位女名星巧遇,5 天坐车,都是和她挨着的一个座位。开始我激动不已,谁曾想,她一开口,便透出了粗浅和不懂事。那一瞬,她破坏了在我心里 10 年的印象。像是一切都完了一样,有什么东西一下就倒塌了。想起自己 10 年来的苦恋,真是感到好笑。

天下许多事,你都可以尽情地去向往,向往给你带来的无穷美妙其实已经足够了。不要为向往的没有实现而遗憾,实现了,也许更遗憾。

人世间,许多事,只有一直向往着才是最美好的。这美妙,就是在于它不真实的一面,一旦实现便要大打折扣。如果真的让它实现了,最好只有一天、一夜、一会儿,或是短短的一瞬,真的不能再长了。

去乡村居住,最好不要超过 24 小时。走进大山,最好天黑前就出来。

SIMPLE LIFE ENDURES LONELINESS
淡定的人生耐得住寂寞

你心中的美女，最好永远只挂在你对面的墙上。

向往是一段距离。没有了这段距离，也就没有了向往的美妙。没有了这段距离，也就散尽了我们与向往之间的那段缘分。对于向往，我们真的不能离得太近！

（星竹）

> **人生感悟**
>
> 向往的距离太近，则事倍功半；太远，则活的太过坚信。为此，如果我们想要在真实的每一天中好好地度过，就必须得明白这个世界和我们自身所间隔的距离。跋涉其实也要看远近，切勿向往的重点还未到达，就匆匆迷失在生活的道路上。

3. 停下来，闻闻花香

妻子好养花，也善养花。从结婚之初租房子，到后来有了自己的房子，再到后来搬房子，家中唯一未缺过的就是那些花花草草了。虽说都是一些平常的品种，少有昂贵的花木，什么兰花、月季、杜鹃、栀子、菊花，等等等等，还有许多我都叫不上名字的，但总被她侍弄得生机勃勃，绿意盎然，满屋的芬芳。一年四季，此谢彼长，总能看到一些含苞待放的、舒眉怒放的各色鲜花。虽每居高楼，却惹得阳台上鸟雀光临、蜂蝶旋舞。家中每次有客人来，都不免要称赞一番，这时妻子的眉眼就像那些盛开的鲜花一样，春色荡漾，得意之情就顺着脸颊流淌下来。

我对这些就从来都不感兴趣，从来都漠不关心。一回到家除了忙点必要的家务外，就是看电视、上网，有时候宁愿坐着发呆也不会为那些花花草草而动心，去拾掇拾掇并洒点水。有时妻子叫我："老公，来闻一闻看这朵花香不香？"我就将鼻子凑过去敷衍："还行。"妻子就会骂："没感觉的白痴，不懂生活的家伙！"而我总是无言以对，一笑置之。

第三章 慢一点，让灵魂跟得上你的脚步

后来妻子就不断地以妻子的名义向我发号施令："去给花浇点水"、"去弄点新土回来给花盆加点土"。我虽不情愿，但总会去的。有时候我们去郊外，见到什么可养的或花或草的像野菊花之类的，也总是小心地弄回来，要是碰到好点的，妻子的心情会陡然高兴起来，乐得屁颠屁颠的，不亚于捡到一个金元宝。

后来，我将电脑室搬到阳台的一隅，这满窗的春色总是在不经意间映入我的眼帘，疲劳的视觉在这花容中也倍感轻松起来。就像久在沙漠里行走的人突然遇到一片春色独揽的草地，那种兴奋、那种神清气爽，心都为之颤动、迷乱了。也正是这种颤动和迷乱让我重新审视起自己来，让我突然感到羞愧难当。一直以来我疲于奔命苦苦追求生活的美好，其实真正的美不就在这些枝枝叶叶间吗？我怎么一直对它们视而不见、置若罔闻呢？

于是我开始对这些花花草草以从未有过的热情去欣赏、抚慰。总是让滞留在电脑荧屏和键盘间的思绪不时地停下来，去看看这些纯净无邪的姿态，去闻闻那独特自然的芬芳。让它们的平和、宁静和恬淡去冲淡我浮躁、驿动的心；让它们的纯真、灵动和洁净来感染我世俗、慵懒的灵魂。它们或像深沉睿智的老人，静谧而豁达；或像柴门含羞的少女，那么自然，透着原始的天真的静美。没有荣誉与宠辱，没有奢靡与繁华，只是静静地、静静地开放着，释放着属于自己的那一季的花香。

想着想着，就感觉整个阳台就像一个大大的果盘，通过这些花花草草把太阳和月亮的光华贪婪地积蓄和收揽，凝结成满枝满叶的芬芳，然后供我在键盘上有一下没一下地敲打，忘却了世事的苍凉，现实的繁华。

正想着，猛回头，妻子已伫立在身后，如七月的牡丹，绽放着欣慰的笑。

（边缘部落）

人生感悟

疲于奔命在苦苦追求美好生活的道路上，你又是否注意过路边那些灿烂美丽的风景呢？其实，人间最真实的美丽是藏匿在这些恬淡静寂之中的。不妨让自己静下来缓解一下心灵上的疲惫吧，这样再次起程，你的步伐会更加有力。

SIMPLE LIFE ENDURES LONELINESS
淡定的人生耐得住寂寞

4. 故乡的麦子

要离开故乡了，临走时母亲给我装了几双她亲手刺绣的鞋垫。父亲站在门口似乎欲言又止，木讷地思量着什么。父母亲执意要送我到车站，被我拦住了。我说家离车站这么近，你们歇着，我很快就到了。别离如针，我怕这针扎在父母脆弱的心上，让和儿子享受短暂相聚欢愉的他们心里生疼。

告别了父母，到了车站，就在我上车门的那一刻，我听到身后有人在喊我，扭头一看，是父亲，他气喘吁吁地向我挥手。由于患有骨质增生，腿脚不灵便的他连走带跑地扑向即将发动的汽车，手里攥着一个小小的蓝布包。嘴里喊着，等等，等等！把这个带上。

我停下来，父亲蹒跚着赶过来，把布包塞到我手里。他说：这把麦子你带着吧。我愣住了，以为听觉错误，赶紧问：带什么？父亲说：一把我亲手种的麦子。我感到有些好笑，我在城里工作，又不种庄稼，这么远的路，带一把不起眼的麦子干啥？

父亲似乎看透了我的心思，缓缓地说，想家的时候，可以拿出来看看，闻闻麦子的味道，心里也会舒坦些。父亲的举动，让我觉得有种不可理喻的愚拙。

车里的乘客都上齐了，司机不耐烦地按着喇叭催促着我赶紧上车。我把麦子装进包里，对父亲说：阿大，你回去吧。你们不要担心，我到南方后会给你们常打电话的。

两天后我回到了南方的家里，打开包裹，随手就把那包麦子扔在了阳台上。

时间久了，我也忘记了那包带着土腥的麦子。

或许是远离家乡的缘故，每到节假日，我总会莫名地感伤。尽管自己工作生活的环境比起高原的环境好多了，我总觉得心里缺少些什么。有段时间，由于俗世的牵绊，我的状态不是很好，困顿的时候常常给家里打电话。每次通完电话，父亲总要问他给我的麦子是否放好了，并提醒我把麦

第三章 慢一点，让灵魂跟得上你的脚步

子拿出来经常晒晒，不要生霉。

有次通完电话，想起父亲的念叨，就从阳台上拿出那包麦子，在灯光下铺开。金黄的麦粒一粒一粒，仿佛一颗颗来自远方的眼睛，慈爱地盯着我。这黄，让我想起了父母亲土地一样的容颜，想起了故乡的大地上那些埋头躬耕的人们。我捡起几颗麦子放在鼻子下嗅了嗅，土腥里和着淡淡的麦香，是太阳的味道，土地的味道，也是父母的味道，有一种说不出的感觉。

顿时，我有想流泪的冲动，是感伤，亦是幸福。蜗居城市，我还能拥有一把来自故乡的麦子。

每一粒麦子里栖居着故乡。一粒粒麦子就是故乡的版图，弯曲的河流在这版图上不知疲倦地追随着时光奔向远方，像极了我们的父辈一天天走向岁月深处。风一天天吹着，顺着季节的脉络，吹熟了我们的庄稼，吹老了我们的村庄，吹老了村庄里生息的人们。一茬又一茬的庄稼种了又收，一辈又一辈的人走了又回。四季的册页里，庄稼是最重要的篇章，为这些庄稼忘我付出的人们还在村庄，而他们的后辈一个个离开村庄，奔赴远方，在城市的屋檐下改变命运的走向。

每一粒麦子里栖居着一颗柔软的心，每一颗心里静静流淌着一条河流。你顺着河流的走向，用有限的力量改变无垠的时空，那河流的源头有那么几行热泪为你而淌。当暂时的荣光迷离你的双眼，当城市的灯火映照你忘我的身影，当喧嚣的声响湮没你的乡音，就请你叩拜你盘中的麦子、蔬菜、谷物吧。

谁也无法还原从前，而一粒麦子就能让你轻易回到从前。想必，我在泥土地上生存了67年的父亲赠给再也回不到从前的儿子一包粮食，就是让他审视一把麦子的时候，不要忘记感念故乡大地的恩德吧。

（马国福）

人生感悟

在生活的路上，我们总是为生计马不停蹄地奔波。可是即便如此，我们也不可太过于急功近利，以免让心灵沾满尘世的倦怠。其实，人生的每一处驿站，都是我们用以调节自己心灵的最好栖息之地，请适时地放下你厚重的盔甲，让灵魂得到停歇。

SIMPLE LIFE ENDURES LONELINESS
淡定的人生耐得住寂寞

5. 山中岁月

山中岁月清贫，寂寞。山中方一日，世上已千年。

山中最热闹的是花期，春有迎春，夏有山茶，秋有菊花，冬有腊梅，一年四季山中都有花开花落，清香四溢。山色空濛之中，细细的流水在山涧奔跑，跳跃，若千古风琴之音。梅李桃樱从春的舞台伸出头，漫山遍野；青松翠柏，奔腾古枝，宛若一幅天地交融的山水画，美不胜收。处于其中，有如处于仙境一般。

我嫁在山中。以前，养尊处优惯了，肩不能挑，手不能提，手无缚鸡之力。第一次走陡峭的山路，比刚上小学的小孩还笨，几乎是手足并用，爱人在前面拉，我在后面爬，丢尽了颜面。虽是累赘，他不曾给我锦衣玉食，农活重活却不叫我做一把，让我成了一个名义上的山里人。

山中的村庄，星罗棋布，大多依林而居，竹林掩映。早晨，炊烟袅袅，晨鸡齐鸣，百雀喧闹；中午，呼唤孩子、丈夫、老婆吃饭的声音此起彼伏；晚上，家家户户星星点点的灯光，如天上的街灯亮了，神秘无穷。

山中缺民办老师，我托关系做了一名幼儿老师。我的学校离家不远，也就三里左右。学校是我租来的楼房，两间教室20个学生，一天到晚与学生相伴，其乐其烦，唯用心领会方知其中滋味。山里的孩子，都肯吃苦，一个个从小都学会了坚强。最远的学生从家到学校有八九里之遥，每天往返都是步行，也就是说这些孩子每天要走十几里山路，而且长年累月风雨无阻。从这些孩子身上，我读懂了一种力量，叫感动！

山里，远离城市的喧嚣，一切靠自立更生。蔬菜自己种，鸡鸭自己养。邻居教我挖地种菜，带我上山砍柴，叫我识别花草树木、山珍药材。可无论怎样教我，我的榆木脑瓜总是记不住，因为山中百草树木太多，所以我常闹笑话。一次，我砍了一大担柴火回家，本指望老公夸奖一番，没想到老公看到柴火后，大惊失色。原来我砍的那一担柴全是漆树，是一种有剧毒的树，闻其味，就有可能中毒，山中就有一些人中毒身亡而无药可解。我吓得抱着老公大哭一场，还好，上帝救了我。

第三章 慢一点，让灵魂跟得上你的脚步

　　山中还有一种柴火叫"黄金"，黄金全身都散发着浓郁的清香。叶子常被山里人摘下，做豆浆时放一些，酿好的豆浆其香无比。黄金修直洁白，做柴烧火力特旺，我上山砍柴就喜欢砍黄金。真是一担黄金一担梦，我不要黄金千担，只要几百克就足够了。每年冬天，黄金砍了一担又一担，家中却还是节余一点点，不曾大富大贵。

　　住在山中，左看是山，右看是山，抬头见山，低头还是山，怎么也没有"横看成岭侧成峰"的那种诗人情怀和想象。山中实在太穷了，穷得好多大叔大婶交不起孩子的学费，穷得让山里人出来了就不想回去了，穷得只留下了老人、妇女和孩子。山里人时常说：山里要想富，除非石头变成金。可见，山里人对山已失去了希望和寄托。

　　后来，我也无奈地离开了山村，来到了城市打工。去年潜山有关部门已将象山猪头尖一带进行了规划，要搞旅游开发，我家就在其中。我想：等规划成功了，我就回家去，搞一个绿色食品专卖店，再搞一个具有山里特色的小饭店，做一个名副其实的小老板，那时，我可能真有黄金万缕了。

　　山中岁月，寄托了我太多的梦。

（陈云娥）

人生感悟

　　当周遭一切浮华褪尽，找寻心底的那片祥和，我们这才发现，原来最真的、最纯的还是曾经那些最为质朴的感情。给不胜重负的心灵找一个安详的归属，腾出一方可以停靠的港湾，岁月就这样在指尖悄悄流过。

6. 乡村生活之漫谈

　　对于乡村，我是怀有别样情愫的。

　　这大概是我生于斯、长于斯的缘故，虽然小学四年级我已别离乡下，然而我对乡村生活的怀恋却历久弥新；但是说实话，真要让我去做一个活脱脱的旧式农民，扶锄摇犁摆弄庄稼与宁愿罚款也要生养一大堆孩子，我是不能够的。如此说来，似乎有些叶公好龙的嫌疑，但的确是矛盾。我不想去解释这种心态的缘由，造成的结果是，大抵得上了患得患失的一点毛病。我不能说中国人精

SIMPLE LIFE ENDURES LONELINESS
淡定的人生耐得住寂寞

神上或多或少都沾染有这样的习气，只是这毛病，给我个人过往的人生制造了许多遗憾！但愿在以后生活中，我能有所规避，这当然是后话。

现在回到主题，其实，自打脱离乡下之后，对于那里边的一些情状与景色的回味，大多都附加了许多诗意。——这就比如恋爱，更多的思恋，往往是对恋爱者的感觉，而非全是对那个人吧。

近些年，生活在都市里，自觉压力重大，忽然回归到乡下住上一段，竟有些感觉农村是精神上的天堂。似乎来到这里，便衣食无忧、其乐融融似的，事实也大凡如此，如果只在这里住上十天半月的，人与人之间的关系，还是挺美好。——其实，这样子小住几天，到哪里不是一样？然而，前些年我回乡下住了，进城里之后，必要挥动歪笔，写出几首不讲格律的打油诗出来，现在想想，实在是有些造作。但是，为什么呢？细细揣度，也许是灵魂烦躁，一时找不着出口，梦想客观存在的改变能是一剂良药吧，也未可知，总之，那时是写"诗"了。现在抄录如下，将青年时的唐突揪出来，权作笑资。

《乡居四首》
一

少小离家去，老大悔方归。
十年功名身，一朝破笼飞。
白鹅引颈识，绿鸭颠趾随。
儿童疑噙指，新妇问停槌。
故人邀我至，宰鸡约一醉。
把杯临鹤饮，挥毫对松垂。
空水跃石过，静禽傍竹睡。
何愁无知己，文章洛阳贵。

二

闲溪石上薄，野鹿枝下饿。
疏竹不识月，风来认清波。
长歌短舟回，柴门掩无锁。
低问烹茶女，桥边渡萤火。

三

披发过闹市，裸身居闲家。
破闷读卷书，消暑喝杯茶。

第三章 慢一点，让灵魂跟得上你的脚步

偶尔抚琴筝，间或弄字画。
墙外荷接雨，池中草掩蛙。
闭门留凉月，开轩扑流霞。
时来得一病，卧观鸟衔花。

四

曲肱数夜雨，闲卧听池蛙。
何当共剪烛？彩笔题年华。
晴云一鹤起，绿风万杆斜。
文章叹未成，愁入双鬓发。

当下，到乡下去生活，似乎要成为时尚。

虽然，这也是一些浮躁心态的表现，但毕竟说明一点，那便是，如今国人已经不再将索取物质财富当做人生幸福的唯一指标，开始重视精神生活了。以往那些牛人们，见面皆要谈出点粗话，女人也要倚着车门抽支烟风风火火的样子，以显示其有钱，我是暴发户的范儿来。现在这样情状似乎在变，总之，已经有人开始讨厌那些开着奔驰宝马招摇来去的人了。

然而，另一种有趣现象的出现，即是前面所说，一些人开始逢着双休或节假日开着私家车去污染乡下的空气了。我真的不知这些人能在乡下收获多少心灵的安宁。说穿了，还是附庸风雅多些，然而也没有什么不好。忽然想起曹文轩先生曾说过：附庸风雅是过程，附庸再三，就真的会风雅起来了。如果真到那状况，人们大可不必驱车百里去寻乡下，"结庐在人境，而无车马喧"，浪漫闲适的"乡下生活"真的便会在精神家园里安妥了。

（佚名）

人生感悟

古人就有"羁鸟恋旧林，池鱼思故渊"向往归隐山居的先例在前，更何况沧海桑田，斗转星移间，又已转化为如今来去匆匆的都市人生，对这种身处"樊笼"已久的生活而感到厌倦的人也更不在少数。不妨放下沉闷，学学古人，给自己寻找一个浪漫闲适的精神家园，何尝又不是一件好事呢？

7. 住多久才算是家

我喜欢在一个地方长久地生活下去——具体一点说，是在一个村庄的一幢房子里。如果这幢房子结实，我就不挪窝地住一辈子。一辈子进一扇门，睡一张床，在一个屋顶下御寒和纳凉。如果房子坏了，在我 40 岁或 50 岁的时候，房梁朽了，墙壁出现了裂缝，我会很高兴地把房子拆掉，在老地方盖一幢新房子。

我庆幸自己竟然活得比一幢房子更长久。只要在一个地方久住下去，你迟早会有这种感觉：你会发现，周围的许多东西没有你耐活：树上的麻雀有一天突然掉下一只来，你不知道它是老死的还是病死的；树有一天被砍掉一棵，做了家具或当了柴火；陪伴你多年的一头牛，在一个秋天终于老得走不动了，算一算，它远没有你的年龄大，只跟你小儿子的岁数差不多，你只好动手宰掉或卖掉它。

一般情况下，我都会选择前者。我舍不得也不忍心把一头我使唤老的牲口再卖给别人使唤。我会把牛皮钉在墙上，晾干后做成皮鞭和皮具；把骨头和肉炖在锅里，一顿一顿吃掉。这样我才会觉得舒服些，我没有完全失去一头牛，牛的某些部分还在我的生活中起着作用，我还继续使用着它们。尽管皮具有一天也会磨烂，拧得很紧的皮鞭也会被抽断，扔到一边，但这都是很正常的。

甚至有些我认为是永世不变的东西，在我活过几十年后，发现它们已几经变故，面目全非。而我，仍旧活生生的，虽有一点衰老的迹象，却远不会老死。

早年我修建房后面的那条路时，曾想这是件千秋功业，我的子子孙孙都会走在这条路上。路比什么都永恒，它平躺在大地上，折不断、刮不走，再重的东西它都能经得住。

有一年，一辆大卡车开到村里，拉着满满的一车铁，可能是走错路

第三章 慢一点，让灵魂跟得上你的脚步

了，想掉头回去，但是村中间的马路太窄，转不过弯。开车的司机找到我，很客气地说要借我家房后的路倒一倒车，问我行不行。我说："可以，你放心倒吧。"其实，我是想考验一下我修的这段路到底有多结实。卡车开走后，我发现路上只留下两道浅浅的车辙辘印。这下我更放心了，暗想，以后即使有一卡车黄金，我也能通过这条路运到家里。

可是，在一年后的一场大雨中，路却被冲断了一大截，其余的路面也被泡得软软的，几乎连人都走不过去。雨停后我再修补这段路面时，已经不觉得道路永恒了，只感到自己会生存得更长久些。以前，我总以为一生短暂无比，赶紧干几件长久的事业留传于世。现在倒觉得自己可以久留世间，其他一切皆如过眼烟云。

我在调教一头小牲口时，偶尔会脱口骂一句："畜生，你爷爷在我手里时多乖多卖力，你为何总偷懒?!"骂完之后忽然意识到，又是很多年过去了。陪伴过我的牲口、农具已经消失了好几茬，而我还身强有力、信心十足地干着许多年前的一件旧事，许多年前的村庄又浮现在脑海里。

如今，谁还能像我一样幸福地回忆起许多年前的事呢？那匹 3 岁的小马、一岁半的母猪和路旁林子里只长了 3 个夏天的白杨树，它们不会知道几十年前发生在村里的那些事情。它们来得太晚了，只好遗憾地生活在村里，用那双没见过世面的稚嫩的眼睛，看看眼前能够看到的，听听耳边能够听到的，对村庄的历史却一无所知，永远也不知道这堵墙是谁垒的，那条渠是谁挖的。谁最早蹚过河开了那一大片荒地，谁曾经趁着夜色把一大群马赶出了村子，谁总是在天亮之前提着裤子翻院墙溜回自己家里……这一切，连同完整的一大段岁月，都被我珍藏了，成了我一个人的。除非我说出来，否则，谁也别想再走进去。

当然，一个人活得久了，麻烦事也会多一些。就像人们喜欢在千年老墙或万年石壁上刻字留名以求共享永生，村里的许多东西也都喜欢在我身上留下印迹。它们认定我是不朽之物，咋整也整不死。我的腰上至今还留着牛的一只蹄印，那头牛把我从背上掀下来，朝着我的光腰杆就是一蹄子。踩上了还不赶忙挪开，直到它认为这只蹄印已经深深地刻在我身上时，才慢腾腾地挪开。我的腿上深印着好几条狗的紫黑牙印，有的是公狗咬的，有的是母狗咬的。它们和那些爱在文物古迹上留名的人一样，出手隐蔽敏捷，防不胜

SIMPLE LIFE ENDURES LONELINESS

淡定的人生耐得住寂寞

防。我的脸上和身上几乎处处都有蚊虫叮咬的痕迹，有的深，有的浅。有的伤痕过不了几天便消失了，更多的伤痕却永远留在身上。一些隐秘处还留有女人的牙印和指甲印，而留在我心中的东西就更多了。

我背负着曾经与我一同生活过的众多事物的珍贵印迹，感到自己活得深远而厚实，却一点不觉得累。有时在半夜腰疼时，会想起踩过我的那头已离世多年的牛；有时走路腿困时，会记起咬伤我的那条黑狗，而它的皮还平展地铺在我的炕上，当了多年的褥子。我成了铭记村庄历史的活载体，随便触到哪儿，都有一段活生生的故事。

在一个村庄活得久了，就会感到时间在你身上慢了下来，而在其他事物身上则飞快地流逝着。这说明你已经跟一个地方的时光混熟了，水土、阳光和空气都熟悉了你，知道你是个老实安分的人，多活几十年也没多大害处。不像有些人，满世界乱跑，让光阴满世界追他们。可能有时他们也偶尔躲过时间，活得年轻而滋润。然而，光阴一旦追上他们就会狠狠报复一顿，一下从他们身上减去几十岁。事实证明，许多离开村庄去跑世界的人，大都没有跑回来，因为他们没有赶回来的时间。

平常我也会自问："我是不是在一个地方生活得太久，土地是不是已经厌烦我了？道路是否早就厌倦了我的脚印？虽然它还不至于拒绝我走路。"事实上，我有很多年不在路上走了，我去一个地方，照直就去了，管它水里草里。一个人走过一些年月后就会发现，所谓的道路只不过是一种摆设，是供那些在大地上瞎兜圈子的人们玩耍的游戏，它从来都偏离真正的目的。不信你去问问那些永远匆匆忙忙走在路上的人，他们找到自己的归宿了吗？没有。否则他们不会没完没了地在路上转悠。

而我呢，是不是过早地找到了归宿？多少年来住在同一幢房子里，开一个门，关一扇窗。是不是还有另一种活法、另一番滋味？我是否该挪挪身，面朝人生的另一些事情活一活？就像这幢房子，面南背北多少年，前墙都让太阳晒得脱皮了，我是不是该把它换一下，让一直阴潮的后墙根也晒几年太阳？

这样想着就会情不自禁地在村里转一圈，果真看上一块地方，地势也高，地盘也宽敞。于是动起手来，花几个月的时间盖起一座新房子。至于旧房子嘛，最好拆掉，尽管拆不到一根好檩子或者一块整砖。毕竟是住了

第三章 慢一点，让灵魂跟得上你的脚步

多年的旧窝，有感情，卖给别人会有种被人占有的不快感。墙最好也推倒，如果留下一个破墙圈，别人会把它当成天然的茅厕，或者用来喂羊圈猪，甚至会有人躲在里面干坏事，那样会损害我的名声。

当然，旧家具会一件不剩地搬进新房子，柴火和草也一根不剩地拉到新院子。大树砍掉，小树连根移过去。路无法搬走，但不能白留给别人走，便在路上挖两个大坑。有些人在别人修好的路上走惯了，老想占别人的便宜，自己不愿出一点力，我不能让那些自私的人变得更加自私。

我将房子从村西头搬到了村南头，只想稍稍试验一下我能不能挪动。人们都说："树挪死，人挪活。"但在多数情况下，老树一挪就会死，而小树要挪到好地方才会长得更旺。我在这块地方住了那么多年，已经是一棵老树，根根脉脉都扎在了这里，我担心挪不好也会把自己挪死。先试着在本村挪动一下，如果能行，我再往更远处挪动。

可这一挪麻烦事就跟着来了。在搬进新房子的好几年间，我收工回来经常不由自主地回到旧房子那里，看到一地的烂土块才恍然回过神；牲口几乎每天下午都回到已经拆掉的旧圈棚，在那里挤成一堆；我做的所有的梦也都是在旧房子。有时半夜醒来，还当是门在南墙上；出去解手，还以为厕所在西边的墙角。不知道该住多少年，才能把一个新地方认成家，认定一个地方时或许人已经老了，或许到老也无法把一个新地方真正认成家。一个人心中的家，并不仅仅是一间属于自己的房子，而是你长年累月在这间房子里度过的生活。尽管这房子低矮陈旧，清贫如洗，但堆满房子角角落落的那些黄金般珍贵的生活情节，只有你和你的家人共拥共享，别人是无法看到的。走进这间房子，你就会马上意识到：到家了。即使离乡多年后再回来时，你依旧不会忘记回这个家的路。

我时常看到一些老人，在晴朗的天气里背着手，在村外的田野里转悠。他们不仅仅是看庄稼的长势，也在瞅一块墓地。他们都是些幸福的人，在一个村庄的一间房子里生活到老，知道自己快死了，应该在离家不远的地方择一块墓地。虽说是离世，也离得不远。坟头和房顶日夜相望，儿女们在周围的田地间走动，脚步声、说话声和鸡鸣狗吠声时时传来。这样的死没有一丝悲哀，只像是搬了一次家，离开喧闹的村子，找个清静处待待。地方是自己选好的，棺木是早几年便吩咐儿女们做好的，其木料、

SIMPLE LIFE ENDURES LONELINESS
淡定的人生耐得住寂寞

样式和颜色都是照自己的意愿去做的，没有一丝让你不满意。

唯一舍不得的便是这幢老房子，你觉得还没住够，亲人们也这么说："你不该早早离去。"其实你已经住得太久太久，连脚下的地都住老了，连头顶的天都活旧了。但你一点都没觉得自己有多么"不自觉"，要不是命三番五次地催你，你还会装糊涂地生活下去，还会住在这幢房子里，还会进这个门、睡这个炕。

我一直庆幸自己没有离开这个村庄，没有把时间和精力白白耗费在另一片土地上。在我年轻的时候，曾有许多诱惑让我险些远走他乡，但我留住了自己，没让自己从这片天空下消失。我还住在老地方，所谓盖新房搬家，不过是一个没有付诸行动的设想。我怎么会轻易搬家呢？我家屋顶上面的天空，经过多少年的炊烟熏染，已经跟别处的天空大不一样。当我在远处看不到村庄、望不见家园的时候，便能一眼认出我家屋顶上面的那片天空，它像一块补丁、一幅图画，不管别处的天空怎样风云变幻，它总是晴朗祥和地贴在高处，家安安稳稳地坐落在它下面。家园周围的空气，多少年被我吸进呼出，也已经完全成了我自己的气息，带着我的气味和体温。我在院子里挖井时，曾到3米多深的地下，看见厚厚的土层下面褐黄色的沙子，水就从细沙中缓缓渗出。而在西边的一个墙角，我的尿水年复一年已经渗透到地壳深处，那里的一块岩石已被我含碱的尿水腐蚀得变了颜色。看看，我的生命上抵高天，下达深地。这都是我在一个地方地久天长生活的结果，我怎么会离开它呢？！

（刘亮程）

人生感悟

"家"这个字，是我们生活中所不可缺少的字眼。在你匆忙的人生中，你停留在家的时间又有多少呢？很多人总是来去匆匆，恍然间忘记了"家"的真正意义所在。"家"其实不仅仅是我们身体的居留之所，而且还是我们心灵的归依之地。

第四章
Chapter 4

——— 真水无香，真味是淡 ———

　　静水流深，平静的水平面，给人以平静的的感觉；真水无香，无味的真水，给人以平淡的感觉。这是一种修养，一种气度，一种格局。这些人，往往能在收获时沉静中思考，在失去时从容面对，一句"不以物喜，不以己悲"把他们的思想推到了至高的境界。

SIMPLE LIFE ENDURES LONELINESS
淡定的人生耐得住寂寞

1. 有事没事喊一声

上一辈的婚姻大多是父母之命、媒妁之言。有时候，真不能理解，结婚前两人连面都没见上一面，也能洞房花烛，生儿育女，携手到老。

爷爷奶奶已经老得走不动了，再没有什么大事要他们顶着了。两人经常在家一坐就是大半天，看着日出日落，等着一日三餐。他们也觉得自己年纪大了，和子女们已经沟通不了，家人在谈论什么的时候，他们插不上几句话。新事物太多，他们不懂，而且人老了语速也慢了，只有听的份儿，没有说的份儿，也就渐渐觉得孤独，更感觉到相依相伴的重要。

老两口经常一个坐在大门口，一个坐在堂屋内，只有一屋的距离。每隔十几分钟，大门口就有声音了："老太婆，要喝水吗？"只听堂屋里回一声："不用，不渴。"接着一段时间就没声音了。

爷爷比起奶奶来，手脚要相对灵活一些，能起来给她倒个茶、拿个什么东西。不一会儿，奶奶在后面叫唤起来了："老头子！""哎，干什么？"爷爷连忙回过头去看看。奶奶说："没事，就叫唤一声，要不也不知道你死哪儿去了。"老头子就没应，转过头去继续坐着。

有时候，爷爷打盹没听见，奶奶就急了，一拐一拐地走到门口去看看，推推他："死老头子，叫你也不吱一声。"然后，又转回屋内一边走一边说："睡吧，睡吧，一会儿叫你吃饭。"

这两个老人，就这样每天你看着我，我看着你，大眼瞪小眼。有时候坐着都不说什么话，过了几分钟你叫唤我一声，我叫唤你一声。

听奶奶说，年轻的时候，爷爷从来不这样每天围着她转，两个人几天都不说一句话。又不吵又不闹，可就是觉得在这一个屋檐下过日子，抬头不见低头见，没什么话要讲。奶奶嫁过来的时候，都没见过爷爷一面，只听别人说，这人老实能干。结婚后，本来话就不多的爷爷，很少和奶奶说说话、打打趣。可是，奶奶从来没埋怨过爷爷，她觉得两个人在一个屋子

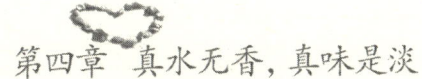

第四章 真水无香，真味是淡

里埋头生活，心里挺实在的。

现在，老两口年纪大了，反而比以前更关心对方了，有时候他们躺在床上，还能说上几句悄悄话。一个耳背听不清，另一个愿意提高嗓门，多说几遍，直到对方答应为止。

在家里，两个人经常围着灶台转，有一搭没一搭地说着话。甚至在一个屋内，还会问："在吗？"另一个赶忙回答："在。"就是这样一份平淡，一份真实，老两口在心里还存在着一份对彼此的依赖。

看着他们，觉得他们老这么喊来喊去，就不嫌麻烦？爷爷宽容地笑着说："叫一声，她应了，我就心安了。"奶奶抬头看看我，说："等你到我们这年龄，也只能这样坐着，看着，就心里踏实了。老伴儿老伴儿，就是老了还要一起伴着呀。"

原来，幸福就是这样简单：你在，我就已心安了。粗茶淡饭有什么要紧？年华老去有什么担心？叫唤一声就能听到对方的回答，心里该有多踏实呀！

（王一）

人生感悟

所谓"真爱无言"，便是对爱情的最好解释。当岁月已经将人生的年轮刻画得愈来愈多，那些曾经过往的激情也渐渐归之于平淡。当生活中现实的点滴已经融入到我们彼此生命的每一刻中去，化为最纯朴的情谊时，这一刻才真正叫做"温情一生"。

2. 爱情石灰墙

以前我以为，爱情的颜色是灰的，幸福的颜色是白的。我和马德的生活就是灰白色的，没有丰富的色彩，单调得像一面石灰墙。后来，我才知道，只有单调的石灰墙才能画出最绚烂生动、最纯美永恒的颜色。

SIMPLE LIFE ENDURES LONELINESS

淡定的人生耐得住寂寞

一

　　那年夏天，我和马德大学毕业了，我们约好不回家乡，一起留在这座繁华的城市里。

　　市中心的房租高得惊人，我们在城郊租了一间30平方米的小屋，用了两天的时间打扫房间，粉刷墙壁，从旧货市场买回掉了漆的木床、书桌和沙发。我们左挪右挪，勉强把这三样东西摆放整齐，就只剩下一个餐桌的位置了。我和马德趴在床上一张一张数着所有的钱，马德用小本子记下我们的开支和预算，发现已经没有多余的钱买餐桌了。我灵机一动，用门外走廊上堆放的纸箱做成一个餐桌，再铺上一块蓝色格子桌布。望着这个初具规模的"家"，马德对我说，小蓝，3年的时间内，我一定要让你住进两室一厅的房子里。我望着马德笑了，我说，不管两室一厅还是没室没厅，我都会一样跟着你。

　　学程序开发的马德比较幸运，一个星期以后找到了一份工作。虽然试用期只有600块的工资，但是那天马德回来的时候给我买了一束20块钱的玫瑰。那些天我成天穿着西装短裙和高跟鞋在招聘会上跑来跑去，和我同样本科学历的人多如牛毛，学历史的我找不到合适的工作，用人单位苛刻的条件和微薄的工资让我觉得委屈极了。一个公司的负责人用轻蔑的眼神看我，他说，你觉得你一个学历史的能给我们公司创造价值吗？

　　那天下午回来的时候，我在炎热的天气里挤在人挨人的公共汽车上直想掉眼泪。我打电话给马德，我问马德，你爱我吗？他听我的声音不对，就吓到了，忙问我出了什么事。我说没事，我找不到工作，你还爱我吗？马德在电话那头就笑了，小蓝，找不到工作就不找，我养你一辈子。虽然我和马德都知道一个月600块的工资在这样的城市里除去房租水电已所剩无几，但是我还是为了马德的这句话感动了好久。

二

　　马德是个好脾气的男人，对我照顾得无微不至。我不会做饭，马德每天下了班以后就骑着自行车到菜市场去买菜，菜市场没有停车的地方，他就推着车在熙熙攘攘的人群里挤来挤去。回到家的时候已经很晚了，他就很抱歉地亲我的额头，小蓝，饿了吧，等着，马上就好。然后他忙忙碌碌地在门外的走廊上用房东留下的那台沾满了陈年油垢的煤气灶做饭。有时

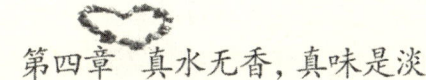

第四章 真水无香，真味是淡

到了月底，钱不够用了，马德就天天做土豆炖萝卜或者萝卜炖土豆。我越吃得津津有味，马德就越内疚。

一向自傲的我找工作找了很久，一直到吹起冷风的10月，我才在城郊的中学里当了一名历史老师。

生活比以前宽松了很多，但是，两个人的工资加起来还不到2000块，而且马德还要存一部分钱买房子。有时候，我一个人坐在昏暗的小屋里，突然觉得我和马德的未来是那么地遥不可及。马德曾经说过，3年内让我住进两室一厅的房子里，可是，这只是一个无法兑现的诺言。当我在冬天把双手泡在冷得刺骨的水里洗衣服的时候，我就觉得我们连一台2000块的洗衣机都买不起，更何况是十几万甚至几十万元的房子？所以我相信，那只是恋爱中的人说的傻得冒泡的情话。情话，在没有强大的物质作铺垫的基础上，总是让人心酸的。

整个冬天，马德更加忙碌，有时候整宿整宿地在公司加班做程序，把我一个人丢在小屋里。我窝在没有暖气的房子里把暖手袋一遍遍地捂冷又一遍遍地换热水，盖着两床棉被还是全身冷得发抖。在老家的妈妈打电话来问你在干吗呢？我说我和马德正在灯火通明的大滇园吃糊辣鱼火锅呢！挂上电话以后，我就抱着暖手袋哭了。泪水滴滴浸湿棉被，我的心一点点往下沉。

三

有时候想想，上帝总是喜欢考验人的。马德不能给我买名贵的钻戒，林子俊可以；马德不能给我房子，林子俊可以；马德不能让我过上踏实安稳的生活，林子俊可以。所以，上帝要考验我，所以，我遇到了林子俊。

林子俊是一家公司的老总，子承父业，理所当然。那天我在街上瞎逛，趴在透明的橱窗上看一件蓝色的长风衣。往后退的时候我站立不稳，一下子倒在那辆停在街边的奥迪车上，背包上的金属扣在车身上划下了一条长长的印子。在我惊呼的时候，林子俊从后面拍我的肩膀，他有着冷峻的轮廓，面色白皙。他偷偷地说，小姐，我什么都没看见，你赶快跑吧，不然车主回来就糟了。我看了看他，没有跑。我说，算了，还是等车主吧，算我倒霉。他笑了起来，你倒霉？我更倒霉呢，无缘无故被人刮花车子。不过，看在你不跑的分儿上，我原谅你了。我耸耸肩，原来你就是车主，对不起，那我可以走了吗？他说，不行，请我吃顿饭才能走。我当着

SIMPLE LIFE ENDURES LONELINESS

淡定的人生耐得住寂寞

他的面掏腰包，我说我只装着35块零8毛钱，你说能吃什么呢？他笑了，那总可以吃烤肉串吧？

那天下午，林子俊开着奥迪带着我去吃5毛一串的烤肉串。我坐在车里，想起马德，心里五味杂陈。

就这样我认识了林子俊。他和马德就像两棵树，一棵开了满树的花，落英缤纷，浓香四溢；一棵结了满树的果，让人垂涎欲滴。女人总是在实用和浪漫之间左右徘徊，摇摆不定。摘了果子吧，可以解决饥渴，却没有浪漫；摘了花吧，可以满足小女人情调，却又饥渴难忍。

可是，我心里清楚地知道，我爱的是马德。但林子俊充满孩子气地说，小蓝，我们认识得那么巧合，错过一点我们就是陌路了，我会抓住的。我只好在他追逐的目光里匆忙躲闪。

四

冬天很快过去了，阳光在3月的天气里暖暖地照在我的身上，让我有种游离的恍惚。

马德被公司派去上海做工程，要去一个多月。他在初春的清晨拥我入怀，长满冻疮的手上还留有斑斑点点的红肿。他轻轻抚着我的头发说，小蓝，我会努力让你过得幸福，一个月很快就会过去，乖乖等我回来。我抬头望他，我问，马德，你爱我吗？马德不说话，轻轻地点了点头。

马德走了，我一个人坐在没有太阳依旧冰冷的屋子里，觉得30平方米的屋子变得越来越空。

林子俊知道马德出差，总是在清晨早早地在门口按喇叭，送我上班。他知道我喜欢吃辣的，下了班就带我去吃川味火锅、香辣大闸蟹或者五味虾，常常带我去游车河，在吹起冷风的河堤上脱下外衣给我穿。我一再地对林子俊强调，马德很爱我，我也爱他。林子俊笑笑，我也很爱你，你在将来会爱上我。这样一个倔强的男人，让我的心变得复杂而痛苦。

马德偶尔会打个电话给我，告诉我他想我。每次接他的电话，我的泪都会掉下来。我知道我和马德的爱情游走在悬崖边上，退后一步，是生；前进一步，是死。我不知道自己该怎么办，我只是想，上帝，你好残忍。

一天夜里，肚子突然很痛，我从梦中惊醒，挣扎着起来找了一颗止痛片吃，却痛得更厉害了。我泪水涟涟地拨了马德的手机，那边说，你所拨

第四章 真水无香,真味是淡

打的用户已关机。想了一分钟,我拨了林子俊的电话。

那天夜里,我昏迷了。我只依稀记得林子俊抱着我上车,他把我的头枕在他的腿上,一边叫我的名字,一边开着车往医院里冲。他在医院里抱着我跑上跑下,我听见好多人的脚步声,就像马德修补那张旧书桌的声音,叮叮咚咚,一片杂乱。

醒过来的时候是清晨,林子俊红肿着眼睛端着一碗热汤站在病床前,告诉我昨晚做了手术,阑尾已经切除了,没事了。我哭了,哭得厉害,泪水在白床单上开了一朵又一朵灰色的小花,好似我和马德的爱情,花开了,因为没有充足的阳光和水分,花就谢了。

五

马德打来电话,他并不知道我在医院里。他说,小蓝,乖乖的,还剩23天我就可以见到你了。我说好。

出院的时候,林子俊来接我。他掏出一枚漂亮的钻石戒指,他说,嫁给我吧,小蓝。我会让你一辈子都幸福。我犹豫着,林子俊拉过我的左手,将那枚戒指戴在了我的无名指上。

马德仍在上海,而我收拾了简单的行李搬了家,在书桌上留了一封长长的信。信上我说,亲爱的马德,我知道你为了能够让我过上好的生活而四处奔忙,我也知道你爱我。可是,一个女人想要的只是冬夜里一个温暖的臂弯,病痛时一个可以依靠的怀抱,还有一个可以挡风遮雨的家。我走了,希望你原谅我,也希望你能幸福。

写信的时候我的手一直在颤抖,我不知道怎样用文字来抚慰一个男人的伤痛,来解释一个女人的离开。我想,我们谁都没有错,爱情,在现实面前是如此苍白无力。

那天晚上我搬进了林子俊装修豪华的房子里,他说过几天带我去见他的父母。我一个人在房间里钻进暖烘烘的被窝,却怎么都无法入睡。那一夜恶梦不断,我一直梦到马德,梦到他在熙熙攘攘的菜市场里买菜,梦到他长满冻疮的手一直在电脑前敲键盘,梦到他说,小蓝,你为什么要走?我对你不好吗?

我想上帝是惩罚我了,他先是抛了一个选择题给我,而我选错了答案,所以,他惩罚我了。在我还没来得及和林子俊去见他父母,却在医院

SIMPLE LIFE ENDURES LONELINESS
淡定的人生耐得住寂寞

因为不舒服例行检查的时候，知道自己得了障碍性贫血。

我一下子蒙了，医生说要做骨髓穿刺，做进一步确诊。我没有听，从医院跑出来，一个人走在密密麻麻的人群里，心，突然就冷到了冰点。

不知道我是怎样走回去的，当我和林子俊说我患了障碍性贫血的时候，他的脸变得惨白，他像热锅上的蚂蚁一样在屋里来来回回地走，不停地说，怎么办？怎么办？我颓丧地坐在地上，没有了思想。

过了两天，林子俊的父母突然来了，林子俊走在他们身后耷拉着脑袋，没有了往日的谈笑风生。他的父母对我语重心长，循循善诱，我明白了，林家不可能要一个身患重病的儿媳妇，也不可能拿出高额的医疗费甚至倾家荡产为我治病。我笑了起来，撑起两天没有进食的身体，眼睛直直地盯着林子俊。站在父母背后的他不再是那个勇敢的男人，他低着头，不敢看我一眼。我脱下那枚戒指，轻轻地放在茶几上，然后披上外套，提起早就收拾好的行李出了门。

六

没有去处，我又回到了小屋里。桌上的信还没有打开过，我算了算日子，马德后天才会回来，我拿起那封信，丢进了火里。

马德回来的时候，我已经5天没有正常吃顿饭了。我躺在床上，没有丝毫的力气。这个坚强的大男人居然哭了，他紧紧地抱着我说，小蓝，发生什么事情了？怎么变得这么瘦？我也哭了，喉咙里发出微弱的声音，我说，马德，你还爱我吗？我已经不值得你爱了。马德亲吻我干涩的嘴唇，他说，小蓝，我爱你，不管你变成什么样子，我都爱你。我说我活不长了，我得了障碍性贫血，随时可能昏厥过去，这是上帝给我的惩罚。马德不相信地看着我，像要看进我的五脏六腑里。我轻笑，男人都是一样的，林子俊也是这样的眼神。

马德走了，匆匆忙忙地出了门。我把身子缩成一团，一直缩进被窝里，没有了眼泪。

半个小时以后，马德却回来了。他提着新鲜的蔬菜和肉，还有一只肥肥的鸡。他像从前一样对我说，小蓝，饿了吧，等着，马上就好。天渐渐黑了，屋子里的光线变得好暗，我躺在床上一直看着他拣菜、洗菜、切菜的背影，看着他偷偷地用袖子把眼泪擦干，看着他给我炖鸡汤、做青椒炒

第四章 真水无香,真味是淡

肉和糖醋菜心。看到后来,止不住的泪水模糊了我的眼睛,那一眼,看得好长好长,时间静止了,我的心突然就平静了,我知道,我错过了这样一个好男人,林子俊对我来说就像一个梦,让我知道自己是多么愚蠢。可是,当我明白的时候,我却不能再拥有马德了,也不能再拥有爱情。

那顿饭吃了很久,我狼吞虎咽的样子让马德心碎。那天夜里,我躺在他的怀里安稳地睡过去,我没有梦到林子俊,我梦到了花香、阳光,还有马德的笑脸。

七

马德把他存在银行准备买房子的钱全部取了出来,又从同事那里借回好多的钱,他说,不够再想办法,我带你去医院,我一定要治好你。

我看着他眼里的坚定,心痛得无以复加。

当我们终于从医生口中得知,如果细心照顾调养、有规律地作息饮食、定期去医院复诊的话,我还可以过健康人的生活时,马德把我整个儿举起来,在医院那充满消毒水味的走廊上大声地叫着我的名字。他放我下来的时候说,小蓝,我们结婚吧。

婚礼办得很简单,可是,我的心里却洋溢着满满的幸福,我真想做一块匾感谢医院,如果没有医生的治疗,我就那样离去的话,将会让我终生后悔。我更不会懂得,真正的爱情并不一定非要宽敞的大房子和昂贵的钻戒。没有一颗真心,再大的房子也关不住完整的爱情,再昂贵的钻戒也不会让爱情变得永恒。

结婚以后,我和马德依然住在小屋子里,我们每天喜滋滋地上班下班,喜滋滋地攒钱付首付买房子,也喜滋滋地喝着土豆萝卜汤。只不过,这个汤是我亲自熬的。我学会了在熙熙攘攘的菜市场挤来挤去,也学会了和菜贩们讨价还价。我想,我要为马德做一辈子饭,熬一辈子汤。这,就是属于我的幸福。

以前的我很傻,一直以为爱情的颜色是灰的,幸福的颜色是白的。我和马德的生活就是灰白色的,没有丰富的色彩,单调得像一面石灰墙。现在,我才知道,只有单调的石灰墙才能画出最绚烂生动、最纯美永恒的颜色。

爱情,让人学会成长,学会包容,也学会了珍惜。

(君然)

SIMPLE LIFE ENDURES LONELINESS

淡定的人生耐得住寂寞

> **人生感悟**
>
> 　　不管你的爱情是如何的经典、浪漫，实则都是来源于生活，来自彼此之间细水长流的忠贞不渝和点点温情。其实，当你学会把平淡生活中的点滴串联起来，当你真正愿意去相信爱情，那么幸福就会永远在你心中驻足。

3. 爱是一双鞋

　　下班时，他们都显得很高兴，因为工地刚给每位工友发了200元的节日费，这对于他们来说可是一笔飞来的"横财"。

　　一放下饭碗，男人就说："买鞋去。"看着他脚上的那双露着脚趾头的破球鞋，女人会意地笑了。其实她早就打算给他去买一双新鞋，整天穿着那双破了口子的鞋在工地上干活，不但会被工友们耻笑，而且还不安全。只不过每个月领来的钱都寄回家里急用去了，他的脚趾依旧外露。

　　他们的工地外就有一条街，那里有许多卖鞋的店铺。男人拉着她急匆匆地朝前走着，似乎早已有了目标。女人也笑他小孩子气，她知道他经常在放工后到这里逛街，哪家店里有什么样的鞋子早已烂熟于心，可买双鞋干吗这么急呢？一时半会儿那鞋又跑不掉。

　　很快，女人发现自己已被男人熟门熟路地拉进了一家鞋店。男人一把将女人按在试鞋的凳子上，又转身拿过来一双鞋，说："你试一试。"女人眼前一亮，才发现递到眼前的是一双高跟鞋。那鞋白亮亮的颜色，上面还镶嵌着几颗紫色的装饰品，煞是好看。女人记起来了，前段时间她和男人逛街时，也看到过这双鞋。那时，女人对男人说："城市里的女人穿着这样的鞋，身材更显得婀娜多姿了，咱乡下人可没有这种福。"可也只是看了一眼，女人便拉着男人转身就走，那标签上写着"198元"的字样，这可相当于她辛苦两个星期的收入。

第四章 真水无香，真味是淡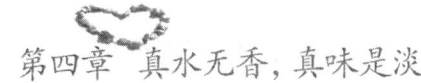

女人的眼里有点湿润，想不到她随意的一句话却被男人记在了心里。女人心底里是很喜欢这双鞋的，她想象自己穿着这双鞋在男人的面前走着，男人的眼里肯定满是欣喜的目光。可女人还是很快从凳子上站了起来，故意说："穿着这鞋连走路都走不了，还干什么活。"不由分说，便把他拉了出去。

女人也有自己的想法。又逛了一下，女人便把男人拉进了一家鞋店。女人说："你试一双旅游鞋吧，这200元钱肯定可以买一双了。"男人却干瞪着眼，粗暴地说："我不喜欢这种鞋，穿上这种鞋咱成什么样？"女人暗笑，虽然男人什么也没说过，她却对男人的心思知道得一清二楚。每次和男人逛街时，男人总会对橱窗里那些琳琅满目的旅游鞋多瞧几眼，眼里是一种渴望的眼神。

女人还想再劝说男人，男人却执意把她拉了出去："还是给你买一双鞋吧。"可在这件事上，女人也丝毫不肯妥协："这次你先买，下次如果再发钱，我再买。"但两人都知道，下次工地上发节日费不知道在猴年马月呢。于是，两人便无心再去逛那些鞋店，只是在街上漫不经心地走着。

街上很热闹，这时一阵吆喝声引起了他们的注意。那是一家鞋店在搞清仓处理，不管男鞋女鞋，每双只要30元。也没什么商量，男人和女人便都挤了进去。

等他们终于挤出来时，男人说："我买好鞋了。"女人也说："我也买好鞋了。"他们会心地一笑，他们手上拿着的都是普通的胶鞋，很适合在工地上干活。

两双鞋子只要60元，余下的钱他们便又去买了两双小的旅游鞋，那是给他们在乡下的孩子的。

拎着鞋子走在大街上，男人和女人都是一脸的幸福。

（阮永兴）

人生感悟

平淡之中的精彩，是两个人心有灵犀、相互努力过后才能够看得到的。而且一旦拥有了这种精彩，也就拥抱住了幸福。或许我们拥有的爱情并没有华丽的背景衬托，但是正是这种回归于平淡的真实，让我们得以紧紧牵住彼此的手走到最后。

SIMPLE LIFE ENDURES LONELINESS
淡定的人生耐得住寂寞

4. 如果真爱

杏和建强的爱情，在别人说起来，是一场传奇。杏和建强的爱情，在别人看起来，又不过只是简单的一个过程。

是杏先喜欢建强的。那时候，他们刚上初一，杏13岁，建强比杏大3岁。那是1978年，那时"十年动乱"刚结束，全国重又恢复了高考。与之相协调，县一中通过严格考试，招收了第一批初中生。共招了70多个人，分两个班。杏和建强就这样从相距20多里的两个村子相聚到一个班里。杏是按部就班从小学毕业考入初中的，建强则是上年已经初中毕业，又返回小学补习，这年重考的初中。像建强这样的情况，班里还有好几个同学，在新到来的这个时代里，他们坚信知识有改变命运的力量，所以不惧从头再来。

刚入学，班主任排座位，一排男生，一排女生。这样就得男女生同桌，为的是减少学生上课说话的机会。那时的男生、女生，不是极特殊的情况，几乎从不搭话。是社会风气使然，好像男女接触多了就是不正经，需要从小设防。

杏和建强不是同桌，是前后桌。杏在前排右座，建强在后排左座，是对角线。

杏很快就喜欢上了建强，她感觉到建强身上对她有一种特别的吸引力。建强不是长得出众的那种男生，但他周正、沉稳，有成熟的魅力。

杏控制不住自己地想多看到建强。她很快找到一个上课时也能看到建强的方法：把课本放在她座位的左上角，装着看书的样子，稍侧脸，目光向后，就可以在看似不经意的状态下瞥到建强。有一次，杏看到建强把放在手边的橡皮碰下了课桌。建强听课专心，全没注意到。杏低头，看到了滚在她脚边的建强的橡皮，她特别想把那橡皮捡起来，递给建强，简直有一种冲动。但最终，她什么也没做。她看上去也在听课，那一块橡皮一直

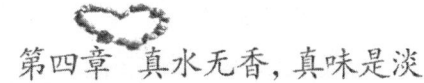

第四章 真水无香,真味是淡

在她脚边。

杏自觉做得隐密,不知道有的同学很快就看出了她的名堂,私下里开始喊喊喳喳地传杏的话题。

班主任老师很快也听到风声,她的直接反应就是把建强的座位朝前调,把杏的座位朝后调。这时班里已进来大批插班生,班容量从30多人已扩张到五六十人。这里是全县最好的中学,家长们想尽办法把孩子安排到这里来上课,感觉是得到了一点保证。杏和建强就这样远远地被调开了。

杏本来对调座位的事很着恼,但很快又高兴了,因为在后排可以毫不费力地就看到建强的背影。

班主任老师说过杏两回,让她上课注意听讲,学习要刻苦,心思不能用歪。开始班主任还担心建强受杏影响,观察了多次,她没发现建强有什么异常,建强始终如一地勤奋,各科成绩都稳稳地名列前茅,她放心了。尽管杏全不把她的话放在心上,还是我行我素,她也没再说杏。她只是私下里跟有的同学叹惜道:"女生就不能长得太漂亮,越漂亮越容易虚荣,这个心思越不往学习上走。杏入学成绩还不错,可进来了就直往下出溜,现在都成中下等了。"

杏长得是挺好看。几个女生无聊时搞过一次全班范围的选美,女生里,她们公推杏排第一。

杏真让班主任说着了,同学们都觉得她越来越虚荣了。不多的几件衣服她几乎天天洗,每天晚上睡觉前,她都要把裤子折好放在枕头底下,为了压出裤线;口袋里常揣个小镜子,有时间就拿出来照照,把一排刘海整理得一丝不苟;她甚至买了一双社会上刚刚开始时兴的半高跟鞋,挺胸抬头地在校园里扬长而过。这一下可惹翻了班主任,她说高跟鞋属于学校严禁的"奇装异服"之列,立逼着杏把鞋跟削成了正常高度。

不仅如此,杏还总爱出些莫名其妙的风头。比如有一次课间,两个男生在教室里闹着玩,不小心撞翻了一个男生打回来放在课桌上的一杯热水,那杯水大部分倾倒在前排一个男生的棉袄上,那男生立刻腾腾地冒起白汽。在场的同学都觉得好笑,一片哗然。杏也笑在其中,却笑得与众不同,声音特别拔高,故意一尖一尖、一颤一颤的。这一下,大家都去注意她了。再比如上音乐课,唱歌到一个段落的时候,她总要拖长一拍或者拔

SIMPLE LIFE ENDURES LONELINESS
淡定的人生耐得住寂寞

高一度,好把她的声音突出出来,引人注意。音乐教师有两次不高兴,还说了她两句。

杏并不在意教师对她的态度,只要能把建强的目光吸引过来,她什么都愿意做。她看得分明,只要她闹出点特别的动静,同学们都注意她的时候,建强也一定会向她望过来。建强的目光里有温情、有笑意。建强明明也是喜欢她的!

杏自觉和建强是两情相悦,在别人看来,他们的距离却是越来越远了。因为杏的学习成绩越来越差,而建强却是越来越优秀,尤其是他的英语,人们公认他简直是天才。

还是在初二的时候,建强已自学了所有高中的英语课程。那年高考前,高中毕业班第一次模拟考试的时候,建强跟着做了英语试卷,结果得了80多分,在整个高中毕业班都是出类拔萃的。这一下,全校轰动。他自己也很高兴,但除了那两天脸上多了些笑意,他也没特别的表现,每天依旧沉沉稳稳地上课、下课。

倒是杏,那几天高兴得有点浑身发轻,动不动地就会笑,让人觉得她笑得全没来由,有点神经兮兮的。

但其实,一直到那个时候,杏都还没跟建强说过一句话,短暂的目光相遇便是他们全部的情感交流。

杏最先亲密接触到的,只是建强写在考试卷子上的名字。那是初二毕业考试过后,一个课间,杏正往教室走,物理教师叫住她,让她把一摞考卷和一盒粉笔先捎到教室去。杏本来只是想翻翻卷子,先看看自己得了多少分。一眼正看到最上面的一份卷子是建强的,满卷面的红色对号,右上角一个大大的"99"。杏看着建强的名字,一笔一划端正而坚强,她心中一股热流涌过,俯下头,深深地吻住那个名字。

升到初三,杏才把她和建强的关系又向前推进了一步。杏开始趁没人的时候往建强的铅笔盒里放纸条,纸条上抄一句"学海无涯苦作舟,书山有路勤为径"之类的警言名句。纸条里边卷一斤或半斤饭票,都是细粮的饭票,是杏从自己的口粮里省下来的。那时候,还不能想吃多少细粮就吃多少,每个月的伙食有标准,2/3的细粮再加上1/3的粗粮。只有细粮票才能买馒头,粗粮票只能买玉米面饼子或者小米粥。

第四章 真水无香,真味是淡

　　建强没有表现什么,他默默地收下那些纸条和饭票。这些饭票对建强很重要,他正处在疯长身体的时候,每个月的伙食定量不够吃,家里不富裕,也补贴不了他多少。跟其他许多男生一样,他经常处在一种半饥饿状态。

　　杏的这种异动当然也是保不住密的,又被同学们发现了。再传到班主任耳朵里,班主任大为恼怒。她认为这明明白白就是早恋,她把杏叫来狠训了一通。她不能让杏这样的差生毁了建强那么优秀、有前途的好学生。班主任划分学生的标准很单纯,成绩好就是好学生,成绩差就是差学生,差学生干脆又等同于坏学生。

　　挨了骂,杏就不再写纸条了,饭票却还是照放。她尽力地省饭票,她觉得很幸福。

　　而杏也终于跟建强说上了话。那时候已经快毕业考试了,学习越来越紧张。建强病了,感冒、发烧。他坚持上课,最多自习课早回宿舍多休息一会儿。

　　有一天,上午,上完两节课,杏借了一辆自行车走了。中午的时候,天气突变,下起雨来。到下午上课时,雨势越来越大,雨点连成了线,哗哗的雨声把老师讲课的声音都压了下去,老师得用力提高声音。杏就在这时候喊"报告"进了教室。她脖子里拴了块塑料布,和她浑身的衣服一起,湿淋淋地裹在身上,往下淌着水。大家从没见过谁被淋得这样精透,都看稀罕似的看着她。老师忍不住先说话,让她赶紧回宿舍换换衣裳。

　　杏径自向建强走去,把手里提着的一个同样湿淋淋的蓝布书包往他课桌上一放,也不看建强,只盯着那个书包说:"我去我姨家了,正好碰到你妈,你妈让给你捎的煮鸡蛋。"杏有一个姨,跟建强家是一个村的。但杏并没有去她姨家,她是回了自己家。煮鸡蛋是那时候农村人家平时能拿出的最好的食物。

　　建强依旧默默地,他把那个蓝布书包收下。

　　然后,很快,中考了。建强被一所省重点高中录取,离开了那所县中。杏没考取高中,但她还留在县城,她在一家服装厂找了份工作,在县城上班了。其他大部分同学仍留在那所县中,继续上高中。有走读的同学偶尔能见到杏,她比上学的时候有条件打扮了,更洋气了,也更漂亮了,

淡定的人生耐得住寂寞

看上去活得挺展扬。

杏和建强就这样被分到不同的生活空间。人们认为，他们的关系自此该自然终结了。

开始，杏和建强的关系确实在人们的预料中发展。先是建强考上了一所著名的外语学院，然后是杏又闹出了一场挺让人震惊的恋爱。

据说杏爱上了服装厂一个设计师。一个南方人。杏家里反对，她就准备和那人私奔。她家里发现了，就把她锁在屋里。私奔没成功，那个南方人在这个北方的小县城里待不下去了，很快辞职回了老家。

杏也辞职了，但她还留在县城里，自己开了一个小小的服装店。她也沉寂了，一个人来来去去。

杏成了许多人的谈资。她对建强的早恋，也重被人们收拾出来。她也成了初中班主任老师教育新学生的典型素材：早恋害人。班主任又加了一点自己的判断，说杏现在很后悔，后悔当初没有好好学习。如若不是早恋，杏也会和建强一样有个广阔美好的前程，说不定他们还真能成就了姻缘。

谁也没料到，建强大学毕业、分配了工作之后，他和杏的事情会来个乾坤大扭转。建强回来了，他要跟杏结婚。

建强的家人大为震怒，他们觉得建强一万个不能理解，又觉得建强不长出息。他们斩钉截铁地反对，在他们看来，杏不仅仅是社会地位上跟建强差了很远，杏还太不安分了：她几乎跟人私奔！建强只撂下平平淡淡的一句话："她那是正正经经谈恋爱！"家里人再追问："你怎么突然就看上她了？"他答："不突然，上初中的时候就看上她了，只是现在才有机会。"

所有认识杏和建强的人也都觉得不可思议。那个时代，大学生是天之骄子，是社会的宠儿。尤其像建强这样的名牌大学毕业生，又分配在国家机关工作。那个时代，定了亲的农村孩子考上大学后，如果另一方还留在农村，那退亲是正常现象。人们开始纷纷猜测，杏到底是用了什么方法，才能把建强迷得那样铁了心。有一点倒是有同感，都认为建强有些冲动。

无论别人的态度如何，建强坚定地跟杏结了婚。建强家什么也不管，是杏的父母准备了一间房子，为他们简简单单办了一个仪式。建强家到底忍不下这口气，在他们结婚那天，派了一帮人去，把他们的新房砸了个稀烂。

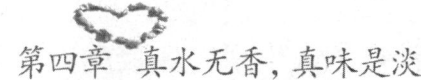

第四章 真水无香,真味是淡

第二天,建强就带着杏离开了家乡,去了他工作的那个大都市。

他们的人是走了,话题却留在当地越传越旺。大家都觉得杏和建强长不了,用不了几年就得离婚。因为过日子不能只靠冲动,他们各方面的差距实在太大,不可能有共同语言。而且,杏和建强家的关系只怕也不好处。

结果却是,杏依旧开了一个小小的服装店,挺辛苦,但挣的钱比建强的工资多。然后,杏生了一个男孩。几年过去,杏和建强带着孩子回了一趟老家。这次回来风平浪静,其乐融融。建强的父母抱着孙子亲得不得了,杏对建强的父母也极尽孝道。一家人像是以前什么不愉快都不曾有过。

而杏和建强,一年又一年,依旧踏踏实实地过着自己的日子。一直到现在,他们依旧是恩爱夫妻。他们渐渐淡出了人们的话题。

原来,两个人之间的爱情只需要两个人自己懂,与别人全无关系。原来,两个人如果真爱,一切困难都不是障碍。如果真爱,可以成就传奇,也能把传奇化成平静、美满的生活旋律。

(新雨草色)

人生感悟

在一个人短暂的一生中,真正爱你的人会有几个?爱情是一种很微妙的感触,是两个人彼此之间的心灵语言,无关乎其他。如果你已经遇到了那个生命中能够和你共度一生,并且彼此都能够解读心灵的人,那么就请一定好好珍惜。

5. 吹口哨的女人

伦敦有一个名叫克鲁斯的小伙子,爱上了漂亮姑娘安娜。可是因为家里穷,不能像有钱人那样,给心爱的姑娘送这送那的,于是他采取了一种

SIMPLE LIFE ENDURES LONELINESS

淡定的人生耐得住寂寞

独特的求爱方式：每天在安娜经过的路口等着，只要安娜一出现，他就跟在她身后，吹口哨给她听。

克鲁斯每天都吹着同一支曲子，那声音婉转优美，悦耳动听。安娜以前从来没有听到过，有一次她忍不住问起，克鲁斯就告诉她，这是自己编的曲，曲名叫"等着你，宝贝"。

安娜每天都听这支"等着你，宝贝"，听着听着，就渐渐喜欢上了。克鲁斯用美妙的口哨声打动了安娜的芳心，两人相爱了，而且不知不觉中，安娜也学会了吹这支曲子。

不久"二战"爆发，克鲁斯应征入伍，上了前线。安娜日夜思念着心上人，每天都上教堂祈祷，求上帝保佑克鲁斯平安回来。可半年后传来了坏消息：克鲁斯所在的部队打了败仗，几乎全军覆没，克鲁斯在战场上失踪了，生死未卜。

安娜承受不了这样的打击，病倒了。住院期间，有位名叫爱丽丝的年轻护士对她悉心照顾，安娜于是就将自己与克鲁斯的爱情故事讲给爱丽丝听，还每天吹"等着你，宝贝"的口哨，仿佛克鲁斯能听到似的。慢慢地，就连爱丽丝都学会了。

安娜出院后，每天吹着这支"等着你，宝贝"的口哨，到军人出没的车站码头或者酒吧去寻找克鲁斯，她相信她的克鲁斯不会死，只要一听到这熟悉的口哨声，就会来到自己身边。可遗憾的是，克鲁斯一直杳无音信。

这天，下着倾盆大雨，天地间灰蒙蒙一片，安娜正走在大街上，突然看到前面有一个熟悉的背影。是克鲁斯？安娜激动得全身的血液都往头上涌。可克鲁斯为什么不来找自己呢？再细一瞧，克鲁斯的两只袖筒空空荡荡的。她顿时明白了，心上人是因为没了胳膊，怕拖累自己，才故意躲起来。

顿时，泪水模糊了安娜的眼睛："克鲁斯！亲爱的！"安娜充满深情地狂喊起来，不顾一切地追了上去。可偏偏这时候，一辆卡车从安娜跟前急驰而过，将她撞翻在地。

安娜被送进了医院，终因伤势太重不治而亡。临终前，安娜才知道，她那天追的那个男人，其实并不是她心爱的克鲁斯。安娜求赶来看望她的

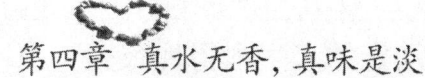

第四章 真水无香,真味是淡

爱丽丝,一定要帮她找到克鲁斯,并告诉他:今生今世做不成他的新娘,下辈子也一定要嫁给他。

不久,士兵们出没的场所又出现了一个吹口哨的女人,她就是爱丽丝。

这天,有位过路的军官听到爱丽丝的口哨声,惊讶地问她:"你吹的是不是'等着你,宝贝'?"爱丽丝眼睛一亮:"没错,您以前听到过?""是的。"军官告诉爱丽丝,他指挥的部队在一次战役中救了几名被德国人围困的英军士兵,其中有一名下士叫克鲁斯,后来加入到他的部队作战。战斗间隙,他曾经听克鲁斯吹过这支曲子,因为喜欢,所以印象特别深。爱丽丝激动得跳了起来:"那后来呢?"

军官说:"后来由于仗打得非常激烈,部队被打散,我自己也被打昏过去,醒来时已经在战地医院里了,从此就再也没有了关于克鲁斯的任何消息……"

爱丽丝显得格外沮丧,难道克鲁斯已经不在这个世界上了?几个月后,爱丽丝所在的医院要抽调一部分医务人员上前线,爱丽丝头一个报了名,她希望能找到克鲁斯,完成安娜的遗愿。很快,爱丽丝就如愿以偿地来到前线战地医院,她一面投入紧张的救治伤员的工作,一面抓紧每一个机会向那些伤病员打听克鲁斯的下落,还深情地向他们吹起"等着你,宝贝"的口哨。

一天,医院里送来一名头部严重受伤、一直昏迷不醒的上士。据送他来的士兵讲,这个上士是他们在回队路上偶然发现的,很有可能是从德国战俘营里逃出来的,但目前无法进一步提供他的真实姓名以及其他情况。因此,医院特意指派爱丽丝对他加强看护。

几天后,上士在爱丽丝的悉心照料下终于苏醒过来,但他的情绪却十分低落,加上受伤的眼睛一时无法治愈,整天被厚厚的纱布蒙着,看不到眼前的一切,所以他动不动就发脾气找碴儿,甚至还拒绝医院对他的治疗。爱丽丝想尽办法劝他,也无济于事。

但奇怪的是,这一天当上士听到爱丽丝吹出"等着你,宝贝"的口哨时,身子突然像被子弹击中一样,一动不动,失声问道:"安娜?你是安娜吗?"

SIMPLE LIFE ENDURES LONELINESS
淡定的人生耐得住寂寞

爱丽丝一听他喊出"安娜",禁不住愣住了,难道这个人就是安娜当时日思夜想的克鲁斯?她激动不已,流着泪扑上去,紧紧抱住他,哽咽着喊道:"克鲁斯,是你吗?真的是你吗?终于找到你了!安娜……"这"安娜"两个字刚出口,爱丽丝就突然打住:此时此刻,如果把安娜已死的消息如实告知,克鲁斯能接受得了吗?

不行!一个念头在爱丽丝的脑海里闪过:反正现在克鲁斯的眼睛看不见,先瞒住他再说。于是她紧紧抱住克鲁斯,喊道:"克鲁斯,亲爱的,我就是安娜啊!"

克鲁斯显得非常激动,情不自禁地和爱丽丝一起吹起了熟悉的"等着你,宝贝"的口哨来。顿时,优美的口哨声在偌大的病房里回荡起来,几乎所有的人都屏息静听,这一刻,大家几乎都忘记了该死的战争,心中充满了对温馨浪漫的幸福生活的向往。

爱情的力量是巨大的,爱丽丝充当安娜的意外出现,促使克鲁斯从此一直很努力地积极配合医院的治疗,所以他的伤势好得很快。眼看克鲁斯受伤的眼睛马上就可以重见光明了,爱丽丝不由担心起来:克鲁斯深爱着安娜,如果当他突然发现站在面前的女人不是自己的心上人时,他的精神会不会崩溃?该怎么对克鲁斯说出这一切呢?

爱丽丝悄悄找院长说出了事情的真相,她实在不愿意看到刚刚伤愈的克鲁斯马上再遭受一次更严重的精神创伤,她想让时间来帮助克鲁斯慢慢抚平这一切。爱丽丝和院长商量后决定,在克鲁斯眼睛纱布还没揭开之前,把她调往别的医院工作,离开克鲁斯。

爱丽丝来到病房,故作平静地对克鲁斯说:"亲爱的,我要调动工作了。等战争结束,咱俩回到伦敦再见吧!"

克鲁斯显得出乎意料地冷静,他紧紧抓住爱丽丝的手,深情地说:"安娜,请你记住,无论活着还是死去,克鲁斯的心永远和你在一起。"

听着这席话,爱丽丝泪如雨下,她克制住自己的情绪,又一次和克鲁斯一起吹起了"等着你,宝贝"的口哨。婉转美妙的曲调再一次在医院的上空回荡,口哨声荡涤着人们心中战争的阴霾,大家看到的是一片和平安宁的曙光……

战争终于结束了,爱丽丝回到了伦敦。她回来要做的第一件事,就是

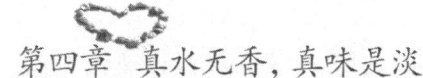

第四章 真水无香，真味是淡

去安娜坟前，告诉九泉之下的安娜：克鲁斯还活着。另外，爱丽丝还要鼓起勇气说出自己的心愿，那就是：她愿意代替安娜，去陪伴克鲁斯度过一生。

当爱丽丝在安娜墓前喃喃说着这一切的时候，一位英俊潇洒的英军少尉出现在她的身后。少尉凝视着爱丽丝的背影，突然吹起了"等着你，宝贝"的口哨。爱丽丝心里猛一动，回过头来，奇怪地问："请问你是谁？你认识安娜小姐？"

少尉摇摇头："不，我不认识安娜小姐。但是，爱丽丝小姐，我认识你。你还记不记得当年战地医院里那个受重伤的上士？就是我啊！"

爱丽丝惊呆了。原来这名少尉叫易康迪，战争期间曾被德国人俘虏，后来在战俘营结识了同样被俘的克鲁斯，两人成了知心朋友。克鲁斯向他讲述了与安娜的爱情，并教他吹口哨。他俩每天都吹那支"等着你，宝贝"来打发时间。后来，他俩和其他战俘一起越狱突围，克鲁斯为掩护易康迪不幸中弹身亡。身负重伤的易康迪获救被送进医院，当爱丽丝吹起熟悉的口哨时，易康迪以为她就是安娜，但他同样不忍心说出克鲁斯已经牺牲的真相，便也充当起克鲁斯来，打算等出院的时候，再将一切和盘托出。

所以后来当他请求院长将真相转告安娜时，院长说出的爱丽丝所做的一切更让他震惊不已，他被爱丽丝那颗善良的心深深地打动了，并发誓等战争一结束，就立即去寻找爱丽丝，向她表达自己的爱慕之情。

易康迪缓缓诉说着这一切，爱丽丝早已泪流满面。两颗真挚善良的心，此刻紧紧贴在了一起……

（徐彦）

人生感悟

真正的爱要经得起岁月的千锤百炼，要经得起长久时间的洗刷，这样才是彼此之间真正的感情所在。爱一个人，是不管时间如何变迁，不管周遭如何变幻，最后依旧能够排除掉世界上最远的那生与死的距离，情牵一生。

SIMPLE LIFE ENDURES LONELINESS
淡定的人生耐得住寂寞

6. 细节里的珍惜

那年春节，他决定带她回老家过年。他们在北京打工，他是拉货的司机，她在私企做文员，两人已经有三个年头没回家了。儿子的相片一张一张从老家寄过来，一次一个样儿，她看着照片，眼泪哗哗地往下掉。每到这时，他就安慰她说，今年春节一定回去。

临行前，他给她买了身新衣裳，大红的羽绒服，把她打扮得像个漂亮的新娘。两个人开着货车，欢天喜地地上了路。

广播里不停地说，南方地区遭遇了罕见的暴风雪，他隐隐有些担忧，不过这份担忧很快就被回家的兴奋和喜悦冲淡了。"好不容易才回去一次，天公总不至于那样不作美吧？"他在心里这样安慰自己。然而，之前那隐隐的担忧被证实了——车子刚进安徽，就从高速公路上被赶了下来——因为暴雪，高速公路全线封闭。他们艰难前行，拐上国道，却发现前面的车已经排起了长龙。他下车打听情况，心也随之沉了下来——前面有些车辆甚至已经在原地等了三天三夜。

她说，小时候曾跟父亲开三轮车到这里卖过菜，知道附近有一条老山路，可以走出这个冰天雪地的地方。他喜出望外，赶忙要她指路，接着便退出了国道，顺着她指的方向出发了。

一路上还算顺利，但傍晚时分，天空中再一次飘起了雪花，而且越下越大。他的车沿着山路艰难前行，忽然，"砰"的一声，车子陷入一个塌方的坑里。夜色已经很沉，他下车查看情况，却一脚踩空，重重地摔了出去，再想站起来，只感到右脚钻心地痛。他知道，一定是扭伤脚了。她下车扶他，想打电话求救，却发现手机没有信号。漫天风雪里，她抱着他，急得直哭。

两个人跌跌撞撞回到车里，开始等待。那一夜过得很艰难，他们头靠着头，把所有的衣服都拿出来裹在身上。终于，天一点一点地亮起来了。

第四章 真水无香，真味是淡

车窗外依旧寒风凛冽，他看着自己肿得老高的脚，对她说，你出去找救援吧，这里还有4个烧饼，你拿两个，给我留两个。

她含泪望着他，心里虽然不舍，但也知道这是唯一的办法，于是裹紧身上的羽绒服，含着眼泪上路了。

四周一片苍茫寂静，她不知道自己已经走出了多远。越往前走就越绝望，她的眉毛和头发上挂满冰碴，脸在寒风中越来越硬，还传来一阵阵疼痛……中午时分，她饥饿难耐，啃起了硬邦邦的烧饼。当她发现自己上午走过的脚印已经快要被新雪覆盖时，心里一阵恐慌，觉得逃生的希望越来越渺茫……

傍晚时分，前来修复通电线路的工人发现了伏在雪地上的一抹枣红——他给她买的新羽绒服派上了用场，那艳丽的红色在关键时刻区分了她和周围的白雪，她获救了。经过艰难地搜索，两天后，救援人员终于找到了那辆几乎已经被白雪覆盖的货车。男人被送往医院的时候，医生说，他在车里虽然没有受冻，却已经三天没有进食，身体很虚弱。出院后，他和她因为在那场大雪中演绎了九死一生的雪中逃生奇迹，被邀为嘉宾，坐在了抗击暴风雪的电视节目现场。

主持人问他："你不是有两个烧饼吗，为什么三天都没有吃东西？"他脸上带着一抹腼腆，对主持人说："以我多年的行车经验，那种情况下，我们获救的希望微乎其微。我扭伤了脚，不能动弹，说是让她去找救援，其实是让她自寻活路。车里一共就只有两个烧饼，我的那两个，是用布兜裹着的扑克盒，骗她的，我怕她走得不放心……"她的眼眶红了，哽咽起来。台下的观众，也跟着哽咽了。

主持人转过头问她："平时对他的感觉怎么样？"她抹着眼泪，努力地微笑，说："平时只觉得他窝囊、没用，是个小男人。但他心眼好，忠厚老实。"

节目快要结束的时候，主持人又要求他说出一个他们的生活细节，说要拿他的资料去参加"抗击暴风雪勇敢男人"的评选。他着实拘谨了一阵，看着身边的妻子，说："你还记不记得去年冬天，我们住的筒子楼前的下水道突然坏了，工人维修挖了坑，没有及时填上。我怕你晚上加班回来，会出事儿，打你手机也打不通。所以，我就一直在门外的街上等你。

SIMPLE LIFE ENDURES LONELINESS
淡定的人生耐得住寂寞

你平时走正门,但我担心你那天恰好走侧门,所以我从正门跑到侧门,又从侧门回到正门……你遇到我的时候,我说我刚出来接你,其实,我已经转悠了三个小时……"

这一次,她没有哭,伸出双臂抱住了他。台下爆发出热烈的掌声。那一刻,她突然明白,自己作为一个女人是多么幸福:大难临头时,有英雄牵住你纤细的手;平凡的日子里,有一个诚惶诚恐的男子,捧住你柔弱的心。

这才是最得意的爱情。

(安若彬)

> **人生感悟**
>
> 英国哲学家培根曾说过:"妻子是青年时代的情人,中年时代的伴侣,暮年时代的守护。"但是在这里,我们要说的,不光是丈夫,妻子也应该懂得学会在婚姻生活的细节上珍惜和关照彼此,因为爱情本来就是由双方之间点点滴滴的生活积累凝聚而成的。

7. 我不离开你,像岛屿在海洋里

"我们是来看美女的。"

鱼露刚到公司的那个中午,她所在的那间办公室门庭若市。自从鱼露来了,昭五每天下班就特积极。他会在鱼露离开后的一秒内飞速打卡,然后扑到一楼,装作在大厅"碰巧"遇见,说声"嗨,你也才走啊"。就这样,鱼露不可避免地和昭五成了车伴儿,每天下班一起从公司走到地铁站。

昭五每天都有他例行的演讲——今天我干了什么,好充实。明天我还要干什么,我要做好……鱼露从小就不喜欢野心大的人。对鱼露来讲,每天黄昏时分那一小段乘车的时光其实很珍贵,她更愿意独自坐地铁,打打盹或者想想小心事。所以她决定晚走。她晚,昭五也跟着晚,直到拖延快

第四章 真水无香，真味是淡

一个小时了，昭五终于耗不过鱼露，饥饿难耐的他不得不先走了。但是有一次，当鱼露到一楼的时候，昭五抹着油汪汪的嘴巴回来了！天哪！他先去吃了饭，然后居然又回来和她说："真巧，一起走吗？"

鱼露来到北京，没有朋友，没有圈子。鱼露只有一个阿扎西，一位年长她10岁的大叔，她的恋人。谈起阿扎西，人们一定会觉得这个人糟糕透了。他有过好多段风流史；他从不按时上班，晚睡晚醒，酷爱网游，他很懒；他是烟鬼……

鱼露的父母不喜欢阿扎西，当阿扎西到鱼露家里做客的时候，爸爸妈妈把他赶走了。鱼露还记得那天，阿扎西懊恼地走在南方小城的马路上，提亲失败的阿扎西说："小朋友，我很难受。"然后他就走到临街的小摊一坐说："给我一箱啤酒。"

阿扎西喝到第五瓶的时候说："我从来不喝酒，这是我第一次喝酒。"喝到第六瓶的时候说："你知道吗？我是真的很爱你。"喝到第七瓶的时候，阿扎西抱着大树呕吐了。

鱼露擦擦眼泪，回家偷偷收拾行李，被妈妈发现了。妈妈抓住她要带走的一件小睡衣说："你不许走！"

爸爸在里屋咆哮："让她滚！"

在北京，鱼露生活得很好。除了每天躲昭五以外，她没什么烦恼。鱼露在地铁上打盹，不知不觉坐过了站——到苹果园终点站，已经路过八宝山，怪不得做了一个革命烈士的梦！然后她睁开眼睛的时候惊见昭五就坐在车厢最末端，天哪！鬼！

结果昭五走过来说："下车啊，我请你吃饭。"

原来昭五一直藏在车上，鱼露抓狂了。他不过是一个同事，但人家有很堂皇的理由——"我去我表姐家里拿东西。"

"不用了，你先去拿东西吧。"对于邀请，鱼露坚决地要推掉。

"表姐刚给我短信，人不在家，明天再拿。"昭五早有准备。

"我男朋友在家里等我呢！"鱼露急了。

"啊？你有男朋友了？"昭五拿出一种受辱的神情，好像鱼露骗了他一条命似的。

那餐羊蝎子最后就由昭五一个人消受了，他查了北京很多个羊蝎子店

SIMPLE LIFE ENDURES LONELINESS
淡定的人生耐得住寂寞

的电话。他在地铁上守着鱼露坐过站，然后就给苹果园那个店打电话订座。配着冰啤酒，羊肉在肚子里凝固成火锅底料一样浓稠的东西时，人会特别堵得慌。从那以后，昭五就不再缠着鱼露了。

盛夏的北京，晚上下了班，如果不去吃吃烤串、逛逛大街、泡泡小酒吧真的很亏。但是阿扎西一点也不爱那些。鱼露说：陪我去后海吧，陪我去798吧。阿扎西说：家里有什么不好呢？小朋友。

鱼露是一个从不喜欢为难别人的女孩，特别是为难一个比自己年长10岁的大叔。见到他面露难色，她比他更难受。所以鱼露就陪阿扎西在家里吃饭。煲骨头汤，阿扎西喝得吱溜吱溜，鱼露就想：没有外出的快乐，拥有看人吃饭的快乐也很好呀！她抖抖浓眉毛，像只浣熊那样又很开心了。

所以，来北京的第一年，鱼露基本上没有娱乐生活，直到她遇见阿弥姐姐。

阿弥姐姐能在见到一对情侣的第一时间就洞悉他们能不能走下去，她分析过很多个案，常常一语中的。鱼露第一次见到阿弥姐姐，是那次她去报社。鱼露的公司一直往报社投广告，而阿弥姐姐是那家报社的编辑。那天中午，鱼露要见的人外出没回来，阿弥姐姐问鱼露："你和我一起去吃饭吗？我想吃个火锅，一个人吃没劲。"鱼露就实诚地跟她去了，实诚地吃得鼻子冒汗，最后实诚地让阿弥姐姐买单。

阿弥姐姐认识的晚辈们，从来对她毕恭毕敬，一起吃饭时大家都主动抢单。鱼露是第一个安心让阿弥姐请客的小孩，她让阿弥姐姐觉得舒服，所以等鱼露再来谈广告的时候，阿弥姐说："要不要再吃那个火锅？"鱼露说："要。"

她们成了朋友。

阿弥姐姐后来带鱼露认识她的朋友，以及朋友的朋友。鱼露这才知道，世界上原来有这么多有趣的、机智的人。比如美熊、哲哲哥。

美熊说，鱼露你真漂亮，我要追你。哲哲哥推开美熊说，我已经排队在先了。他们是在开玩笑呢，还是故意讨她欢心呢？鱼露有点弄不清楚。鱼露看向阿弥姐姐，在她的眼神里，鱼露确认了她的某种良苦用心，在回来的路上，鱼露对阿弥姐姐说："你应该知道，我已经有男朋友了。""对，我知道。"

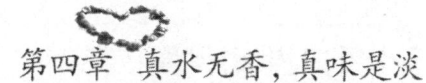

第四章 真水无香，真味是淡

"那你干吗还把我往男生身旁推？""我觉得你那男友不适合你。"

"你没见过，怎么知道他不适合我！""不用见面，因为你每次出来，他都没有打过电话找你。"

被爱情教母铁批为不适合的恋情，让鱼露沮丧极了。回到家里，坐在沙发上，把电视遥控从头按到尾，一个想看的节目也没有。阿扎西走过来说："你回来了，太好了，我正好很饿，我要吃面条。"阿扎西确实不爱打电话找鱼露，他让她尽情玩，他不管。"这不代表他对你宽容，也许根本就是不在意。"毒舌的阿弥姐说。

但是此刻看着阿扎西把面条吃完，把汤喝光，他真饿坏了。鱼露又自责了，觉得是她不好，她对不起阿扎西。于是她就去亲阿扎西的嘴："你生气了吗？"阿扎西正忙着回书房玩他的游戏："不生气，你以后回来的时候记得给我带点吃的。"阿弥姐说："男人不在乎你，就不会生你的气。"难道真的被阿弥姐姐说中了吗？她和他，根本是两个世界的人？

带着这样的问题入睡，鱼露做了一个梦，梦到和阿扎西去一座小镇旅行，结果被抢劫了，鱼露在梦里化身飞檐走壁的女侠，拉着阿扎西的手跑啊跑啊，最后被逼到死胡同，不知从哪里飞来一支标枪，就要刺中阿扎西了，她义无反顾替他一挡……惊醒，她的阿扎西睡在旁边，鱼露碰碰他的手，他的手就下意识地抱住她。鱼露会在那样的清晨忘掉阿弥姐姐的一切训导，忘记不祥的预感，忘记那些好男孩，她只知道，她爱阿扎西至死弥坚。

但是，接着发生的事就让人没法乐观了。

阿扎西和他的前女友——当中的一个——好像恢复了交往。有一个晚上，阿扎西很晚才回来。接着，是很多个晚上。鱼露不想去查他的聊天记录，但是那个女人主动找到了鱼露。女人说："我知道，我不该出现，但我只想提醒你，你可能被当成别人的替身，因为我就当过替身。"

"那真身是谁？""真身……也许只是一个梦想吧。"

鱼露觉得好伤心。那个晚上她吃了60个李子。洗胃的时候，阿弥姐姐来了，坐在医院的窗子下面，哀其不幸、怒其不争的样子让鱼露很汗颜。"我像你这么大的时候，也曾经做过很激烈的事，爱过不该爱的人，后来，都好了。"阿弥姐姐叹息，"我承认，有些事情，只有到了那个年龄才能

SIMPLE LIFE ENDURES LONELINESS

淡定的人生耐得住寂寞

懂，不到那个年龄，别人的警告再大声，你也不会听。"

"对不起，小朋友，以后我再也不干了。"阿扎西羞愧地低着头，"你看，我把她的手机号都删掉了。"他拿出他的手机给鱼露看。

是选择相信阿扎西，还是相信阿弥姐，鱼露不费思量。相信阿扎西。

大叔对鱼露更好了，每天早上主动开车送她上班，晚上接她下班。为此他放弃了他习惯了40年的作息，跟鱼露一起过上了早睡早起的生活。阿弥姐说："演给你看的。"

那个前女友没有再出现。阿弥姐说："暂时的。"

大叔给鱼露买了一颗钻石，鱼露戴在手上，见到阿弥姐的时候她想摘下来，她知道阿弥姐会说："不值多少钱。"但阿弥姐说得更过分："假的。"

鱼露终于和阿弥姐发火了："为什么？为什么我觉得幸福的时候你都要泼冷水？你还是我的朋友吗？你的心为什么总是这么刻薄、多疑？"阿弥姐张张嘴，很无辜地说："我只是不想你受到伤害。"

"伤害要等真正受了伤的时候再说，痛苦也要等痛苦发生了以后再说，我不想每一天都生活在忧虑里啊。"鱼露愤而反击。

"爱因斯坦说，唯有宇宙和人类的愚蠢是永恒的。"阿弥姐开始动用她的尖酸程序了。但是她没有继续说下去，她沉默了一会儿，面前的花茶慢慢地放凉了。鱼露看到阿弥姐的眼泪顺着脸庞流下来："也许你说得对，去爱吧，哪怕会受伤害。而我，已经过了相信爱情的年纪。"

昭五好久没来上班，据说去了拉萨。昭五回来的时候，给大家每人发了一支香，接下来昭五开始描述他拜见活佛和艳遇的故事，鱼露没有听下去。

鱼露想起她和阿扎西的相识。在她家乡的小城市，她父亲开的旅馆。那个下午她在厨房煲梨子糖水，穿件家常的花衣服。庭院里种着花，晒着鱼干，养了猫，树叶郁绿，太阳暖暖的，房客都已出去游玩。她看到了阿扎西，他坐在院子中间的藤椅上打电话。打完了，他回过头，看到鱼露。

鱼露相信，那一瞬间，他们像流浪在世界荒原的两只动物，终于找到自己的主人。

阿扎西无限期地留在小旅馆里。他说，我害怕离开你，也害怕你离开

第四章 真水无香，真味是淡

我。最好的办法就是，我们在一起，过日子吧。

一个男人邀请一个女人过日子，而不是说我爱你，是不是更让人感动的事？

阿扎西睡着了，紧紧攥着鱼露的手，像那些还在南方的下午，他坐在她的椅腿儿边上，蝉在树叶里鸣叫，他像狗狗守着肉骨头一样守着鱼露，什么都不说什么都不做，就那样待着，厮守着。然后默默睡着了，打起了呼噜。醒来的时候鱼露对阿扎西说："我跟你走。"他还紧紧抓着她的手，两个人的手，因为握在一起太久而发麻。

远处的大海，在黄昏中跳舞，深蓝色的海水包围小岛屿，亘古以来就是那样，在此之后，也是那样。

（榛生）

人生感悟

只有那个能和你踏踏实实过日子，而不是成天把"我爱你"三个字挂在嘴边的人，才是真正爱护你的人，也只有这样的人才能与你共度幸福美满的一生。爱情是需要时间来衡量的，因为它从来都是一个需要从长计议的事。

8. 爱情的滋味

他坐在我的对面。我们刚下完了一盘棋，棋盘上的棋子还有一半，但他已输了。这是我们认识并成为棋友以来从没有过的，我们每次下棋，棋盘上最后也就剩下五六个零星的棋子。我看看他心不在焉目光飘忽的神情，敲敲棋盘，问他："你心里有事了吧！"

他笑笑，回头望了眼街对面正在建设中的大楼，说了一句："快盖完了。"他是那座正在建设中大楼工地上的一名建筑工，也是我们常常说到的从农村来到城里的民工。那天我们一帮人正在马路边上下棋，他从对面

SIMPLE LIFE ENDURES LONELINESS

淡定的人生耐得住寂寞

工地上过来，他什么时候过来的没人注意，让我们注意到他是因为他在我的身后支了一步棋，使我的棋起死回生。老话有"旁观者清"一说，但也有"观棋不语"之说，他说话了，跟我下棋的人厌恶地白了他一眼，竟丢下棋子起身走了。他一下子脸涨红了。其实这种马路边象棋谁还在乎多一两句嘴，我知道与我下棋的人起身而去的原因，因为多嘴的是一个民工。他涨红着脸站在我身后，有些不知所措。围观的人慢慢地散去了，他们的离去，让他更加窘迫。我有些过意不去，连忙招呼他："来，杀一盘。"他犹豫了一会儿，还是坐到了我的对面，感恩似的对我微微笑了笑。两盘棋下完，我们便成了棋友。

我也是这一刻以前，始终认为一个农村来的民工除了干活吃饭睡觉外，能下棋已经是很了不起了。可我错了，我没想到他会有心事，而且，在我问过他以后，他竟然问了我一个让我十分惊讶的问题，他问我说："爱情是个啥滋味？"

如果不是面对面地坐着，谁能够相信一个民工会问出一个这样的问题来。

他的问题把我难住了。我恋爱过，也结婚了，可我从来没有吧嗒吧嗒嘴认认真真地想过爱情是个啥滋味。我相信大多数人都跟我一样，没吧嗒过嘴想过爱情是个啥滋味的。

我只好把这个问题又抛了回去，我说："你也结婚了，你还不知道爱情是个啥滋味吗？"

他很腼腆地笑，他说："可我没谈过恋爱。"

我忍不住笑了，说："那你不会像赵本山小品里说的那样，结婚后再恋爱吗？"

他目光疑惑地望着我说："结婚后还咋谈恋爱？"

我被他又打了一棍子，恋爱应该是结婚以前的事情啊！谈恋爱才能产生爱情，有爱情才能有婚姻，这是公认的人生原则的事情啊！他没谈恋爱就结婚了，那爱情呢，应该是没有的，如果有的话，他还会问吗？

我诚恳地对他说："我也说不清爱情是个啥滋味，虽然我是先恋爱后结婚的。"

他犹豫了一下，缓缓地从兜里掏出一封信来，小心地抽出信纸，一点

第四章 真水无香，真味是淡

一点地展开。他展开信纸时，脸上是凝重的幸福、发自内心的笑。他说："我知道爱情是个啥滋味。"

我说："你知道爱情是个啥滋味？它是个啥滋味？"

他把信纸递给我说："我说不出来，但我能感觉出来。我有感觉，说不出来的感觉，那滋味让人感觉真好。"

我接过了信，我知道信是他老婆让人给他捎来的。

信上竟然没有字，一个字也没有，有的只是用铅笔画的几个圈。我不解地望着他："这是什么？"

他不好意思地笑了，说："我老婆不识字。"他指着信上画着的○○○○＋○说："这是五个馒头。"

"五个馒头！"我问，"什么意思？怎么还四个圈加一个圈呢？"

他说："我在家一顿能吃四个馒头，她让我在这儿再多吃一个，干活累，别饿着。"

那一瞬间，我感觉到我的内心深处猛地汹涌出一股酸酸的东西，它强烈得使我的眼睛发涩。我把信轻轻地叠好，心怀虔诚地把画有五个圈的信还到他的手里，我说："爱情真是个好滋味。兄弟。"

我看见夕阳的最后一抹红晕抹红了他的脸，他红色的脸上挂满了爱情的滋味。

(乔迁)

人生感悟

　　爱情的滋味是什么？只有真正读懂生活的人才会懂。它就像是一瓶搁置已久的美酒，等到了一定的时候，它才能够真正酝酿成为顶级的老酒。这个时候再去细品它的滋味，才能让灵魂的味蕾得到满足的享受。

9. 乱世里的红豆情歌

1921年底，清华园的一条林间小路上，身着长袍的清华学子闻一多正焦灼不安地来回踱步，他的手里是一封刚刚收到的家书，家人催他火速回乡成亲。还有几个月，他就要到美国留学了，却在节骨眼儿上收到这样的信，他为此烦恼不堪。

那个将要与他成亲的女子叫高孝贞，是他的姨表妹。旧式家庭里的女子，没有读过多少书，却也曾跟着做官的父亲走南闯北，为人通情达理。两家老人很早之前就定下这门亲事，看起来似乎也是门当户对。只是，那时的他和她之间，没有任何爱情可谈。

纵有再多不愿，闻一多还是回家了，他是一个孝子，不忍违背长辈的心愿，可他觉得自己的生活就此走进了一团没有出口的黑暗。闻一多认定这桩婚姻毁了他，对妻子极尽冷淡。蜜月期间，他把一个又一个本该甜蜜的日夜交给了青灯黄卷，交给了诗书画轴。初为新妇的高孝贞，虽然满腹委屈，却未流露出半点怨言。

婚后不久，闻一多重返清华园，高孝贞留在父母身边。奉父母之命嫁给一个并不爱自己的男人，高孝贞也是包办婚姻的牺牲者，可她遇到的是闻一多，她又是幸运的。回校后，闻一多做出一个让人吃惊的决定，他给父母写信，言辞激烈地恳请父母送妻子去读书。他说，她不应该是一个只晓得相夫教子的家庭妇女，她应该有自己独立的精神世界。

高孝贞走进了武昌女子职业学校，开始了读书受教育的生涯。此后，闻一多在北平，她在武昌，一南一北，信来信往。他不断地在信里鼓励她，关心着她的学业，她则在信里极尽柔情，关心着他的生活。爱的花蕾，在洁白的信纸上，在两个年轻人的心间，悄然绽放……

"红豆似的相思啊/一粒粒的/坠进生命的磁坛里了/听他跳激的音声/这般凄楚/这般清切……"

第四章 真水无香，真味是淡

据闻一多的子女后来回忆，这组《红豆》诗，正是闻一多献给妻子高孝贞的。50 首诗，他只用了短短的 5 天就完成了，可见诗人当时胸中澎湃着的是怎样热烈的相思。也就是说，不到一年时间，他们已堕入火热的爱情里。1925 年，闻一多将妻子和孩子接到身边，他教书，妻子持家，家境不富裕，却也是夫唱妇随。

乱世里的幸福，要长久地维系，何其不易。1937 年，卢沟桥响起隆隆炮火声。从此，他们踏上颠沛流离的征程。当时，清华、北大、南开三所高校合并成立了国立西南临时联合大学，辗转到昆明。夫妻俩最大的意见分歧也是在这个时候产生的，她希望他能留在身边，一家人好好地守在一起，他则决定与学校共进退。那是他们婚姻中最长时间的一次冷战，他一路南下一路写信给她，她冷冷地不给他任何回复，她希望用这样的方式劝他回来。可是，她没有等到他回还，却等来了他绝望的文字：如果你马上发信到昆明，那样我一到昆明，就可以看到你的信。不然，你就当我已经死了，以后也永远不必写信来。

原本只为怄气，其实她的心，早已随着他一路南下而去。她再也坐不住，赶紧写信劝慰他。接到她的来信，他的心情豁然开朗。夫妻二人一段不和谐的小插曲，就此结束。

再后来，几经辗转，高孝贞带着孩子们与闻一多在昆明汇合。他们的生活窘迫困难，仅靠闻一多授课著书的收入根本无法维系一家人的用度。闻一多只得放下知识分子的清高，挂牌制印以贴家用。夜静更深，他埋头工作，她静静地守候在一边。夜凉，她为他披衣；见他累了，她为他捧上一块连孩子们也不舍得给的点心。风风雨雨一路走来，他们的情感已不似《红豆》诗里那般痴情炽热，而是一条静水流深的河，表面看上去波澜不惊，内里涌动的却是似海的深情。

闻一多爱吸烟，可随着生活的窘迫，烟瘾上来，他只能找一些劣质的烟来抵挡一阵。那种带着一种淡淡酒香的烟丝，就是那个时候她发明的。看他被那些劣质的烟呛得不断咳嗽，她心疼了，从外面找来嫩嫩的烟叶，在上面喷了淡淡的酒，再洒点香油和糖，轻轻地揉搓，最后再将叶子切成细细的烟丝晾干。他抽上了烟斗，那个烟斗从此再也没有离开过他。

SIMPLE LIFE ENDURES LONELINESS

淡定的人生耐得住寂寞

1946年7月15日，在云南大学致公堂举行的李公朴殉难追悼会上，闻一多拍案而起，发表了那篇气壮山河的《最后一次演讲》。其实，在去演讲前，他们都已知道，在特务的暗杀名单上，下一个就是闻一多。他还是去了，她依依不舍与他告别，却没有阻止他跨出去的脚步。共同的生活，共同的志趣，她已不再是当年那个旧式的女子，已成长为他的战友、他事业的支持者。

《最后一次演讲》，竟至真的成了他生命中最后的一次演讲。那天下午，在自家大门口，他倒在了敌人的枪下……她扑上来，他的血染满了她的衣襟。

他去了，噩耗突至的那一刻，她曾想随他而去，可她很快就从他鲜血浸染的地方站起来。她要活，带着他们的孩子好好地活。她带着孩子们冒着生命危险穿越国统区到了北平，她继承了他的遗志，配合多方在那里展开革命工作。

新中国成立后，高孝贞先后担任河北省及全国政协委员。1983年11月，高孝贞病逝，享年81岁，她的骨灰于1996年11月移入北京八宝山闻一多的墓中。阴阳相隔半世纪后，夫妻再度团圆。

提起闻一多，在人们的印象里，他是一个面对敌人慷慨陈辞的革命斗士。其实，铁汉也有柔情，他和高孝贞这一段乱世里的红豆情歌，演绎得荡气回肠，动人心弦。

（梅寒）

人生感悟

或许，物质的保障的确能够使爱情摇曳多姿、光彩照人，但是这些恍如浮云般的风花雪月却不一定会换来最为坚贞的爱情。爱情之所以越淡为真，就在当彼此不管是红颜或是白发，双方都依旧是彼此心中的宝、最为温暖的依靠。

第五章
Chapter5

——笑看风雨,坦然度过心灵的寒冬——

在这个纷杂喧嚣、物欲横流的社会,一个人要想挣脱各个方面的困扰的确不易。如果你要过的洒脱过的幸福,你必须保持心灵深处的那一份淡定。唯有如此,才能使自己心平气和地去感受和接纳万千滋味的人生。

SIMPLE LIFE ENDURES LONELINESS

淡定的人生耐得住寂寞

1. 爱情守望者

一

　　卡佛一直在期待这个周末，因为他的女朋友西赛莉要到新奥尔良来看望他。西赛莉在阿肯色州读博士，最近，为了完成一篇关于新奥尔良市遭遇飓风灾难的论文，她要到新奥尔良市进行实地考察，顺便看看在新奥尔良卡斯特镇警署工作的男友卡佛。

　　周末之前，卡佛就在镇中心的餐厅订好了位置。想象着浪漫的烛光晚餐，卡佛心花怒放。可当他在餐厅窗边温馨的烛光下，深情地看着西赛莉时，却发现女友的心思好像不在他这里，她眼神空洞地看着窗外的某块广告牌，眼眶里似乎还有泪水。

　　"你怎么了？"卡佛终于忍不住，轻声追问西赛莉。要知道，西赛莉平时可是个爱说爱笑的开朗女孩儿。有一次攀岩时摔断了腿，她都坚强得没有流下一滴眼泪。可今天这是怎么了，为什么女友这么难过？卡佛的心里堆满了问号。

　　沉默了好一阵，西赛莉终于说出了自己伤心的原因。

　　原来，这几天西赛莉在新奥尔良市做信息收集工作，在庞恰特雷思湖边的一个小咖啡馆里，她见到了一位灾难幸存者。

　　那是一个非常特别的咖啡馆，咖啡馆的名字叫爱情守望者。知情者告诉西赛莉，这个咖啡馆的主人是34岁的西尔维娅。两年前，她还是一个普通的家庭主妇，丈夫杰西是新奥尔良市卡斯特镇的体育教师。飓风袭来之前，他们和所有人一样，过着平凡而又幸福的生活。然而，那场可怕的飓风改变了一切。

　　西尔维娅告诉西赛莉，她还记得，当时猛烈的飓风呼啸而至，虽然不知道发生了什么事，但杰西告诉她可能出事了，要赶紧离开这里。

　　两人立刻一起往外跑，这时，又一阵飓风呼啸而至。"来不及开车了，

第五章 笑看风雨，坦然度过心灵的寒冬

赶紧跑吧！"杰西牵着她的手，两人拼命地跑起来。然而，他们跑出门口没多久，洪水便铺天盖地向他们涌了过来。西尔维娅后来才知道，时速高达125英里的卡特里娜飓风咆哮而过时，摧毁了庇护新奥尔良地区的防洪堤，致使洪水泛滥，整个城市约80%的区域都处于洪水之中。

西尔维娅紧紧握着丈夫的手。好在当时杰西的反应非常快，他顺手抓住了身边漂过的一块小木板，要西尔维娅抓紧它。小小的木板根本无法承受两个人的重量，眼看着木板渐渐往下沉，杰西知道，如果自己再不松手，两个人就会一起丧生于这场洪水中。于是，杰西对西尔维娅说："亲爱的，我必须寻找另一块木头，我们只能分开战斗了。""不，你不能走！"西尔维娅怎么也不愿松开杰西的手，"这么湍急的水流，你怎么可能轻易找到另一块木头？再说，如果我们分开，以后我怎么找你？"西尔维娅的泪水止不住地流下来。

"听我说！"杰西显得很冷静，"你放心，我会没事的。你忘了我的游泳技术有多棒了吗？等洪水退了以后，我们就在洛斯丽克谷的那个咖啡馆见面。"说完，杰西推开木板，一个人奋力向前游去。

随着一浪接一浪的洪水，很快，杰西没有了踪影。洪水越涨越高，整个镇子变成了一片汪洋。西尔维娅靠着这块木板，最终成功逃生。

二

救援人员找到西尔维娅的时候，她已经因为精疲力竭而陷入了昏迷，救援人员马上对她实施了抢救。也不知过了多久，西尔维娅苏醒过来了。她举起自己的手，突然惊恐地意识到，她把丈夫弄丢了。从家里跑出来的时候，她一直对自己说，两个人一定要在一起。可现在，杰西为了救她，自己却被洪水冲走了。

西尔维娅顾不上还很虚弱的身体，不住地央求救援人员帮她找丈夫。救援人员只能抱歉地看着她说："夫人，很抱歉，我们的救援船已经开赴灾区。那里，整个镇子都被淹没了，还有生命体征的人我们已经救回来了，剩下的，如果没有奇迹发生，恐怕……""不，不会的！"西尔维娅无法接受这样的事实，她大喊着，"不会的，他比我身体强壮，肯定能活下来。只是，只是不知道他现在漂到什么地方去了，求求你们，帮我找找他吧！没有他，我也不想活下去了！"说着，她忽然像是想起了什么，"我知

SIMPLE LIFE ENDURES LONELINESS
淡定的人生耐得住寂寞

道他在哪里，他一定在洛斯丽克谷的那个咖啡馆里，那是我们初次见面的地方，他对我说过，如果我们走散了，就到那里见面。"

西尔维娅哭得那么伤心，在场的人无不为之动容。但此时，所有安慰的话都显得苍白无力，大家只能陪着她默默流泪，只希望时间能慢慢抚平她心里的伤口。

然而，让大家没想到的是，西尔维娅就这样拖着病体，一个人来到了这个还有一角浸在水里的咖啡馆，她要在这里等待自己的丈夫。她坚信，丈夫一定会信守自己的诺言，来这里和她见面。因为灾难，咖啡馆没有再开门，西尔维娅就一个人坐在路边，静静地等着。日子就这么一天天过去，西尔维娅始终没有等到她的丈夫。

时间久了，人们对这个痴情的女子心生同情，劝她说："现在通信这么发达，要是你丈夫获救了，他一定会打电话给警署通知你的。他这么久都没有来找你，肯定是去了天堂。"

"不！"西尔维娅还是那么执著，"只要没找到他的尸体，就说明他还有希望生还。也许他受了伤陷入昏迷，或是失去了记忆没法联系我。这里是他和我最后约定见面的地方，也会是他记忆最深的地方，如果他能回来，这里一定是他第一个来的地方。而且，我们说好了，一定要在这里见面。他那么爱我，一定不会就这样抛弃我，一定会来这里和我见面。"也许是被悲伤冲昏了头脑，西尔维娅固执地坚守在那里。

数日后，在这次事故中丧偶的咖啡馆老板决定关闭咖啡馆，移居到芝加哥。"老板，如果你关门，我丈夫怎能找到我呢？"西尔维娅绝望地问。最终，老板被她的痴情感动，将咖啡馆低价转让给了她。从那以后，西尔维娅就成了这个咖啡馆的主人，她还将咖啡馆的名字改成了"爱情守望者"。就这样，她一直在这里等待自己的丈夫归来。

可是，就在西赛莉被这个故事感动得泪流满面时，一个高大的男人突然来到她们中间，拉着西尔维娅的手往里走，边走边说："亲爱的，你不能再这样忙了，要回房去躺着。医生说了，你肚里的胎儿情况不是太好，要好好休息，要不然会出问题的。"

"你是？"西赛莉被这突如其来的变故弄蒙了。"我是她男朋友。小姐，需要什么就叫我吧！"那男人头也不回，爽快地答道。

第五章 笑看风雨，坦然度过心灵的寒冬

三

西赛莉被这样一个意想不到的故事弄得心里很不是滋味，以至于她和卡佛吃着浪漫的烛光晚餐也没有多少兴致。她对卡佛说："我不认为西尔维娅就应该这样一直等待自己的丈夫，只是不明白，她既然选择了等待，为什么又找了新男友，还坚持留在她和丈夫相约的地方？"

明白了事情的缘由后，卡佛也有些伤感。他告诉西赛莉，她说的这个故事，卡斯特镇上的人都听说过。而且就在一年前，警察在洛斯丽克谷的一堆塌方的土石里找到了一具无名尸，根据 DNA 检测，证实正是西尔维娅的丈夫杰西的。他们本想将这个消息告诉西尔维娅，可看着西尔维娅每天在咖啡馆门口哼着小曲等待丈夫归来的样子，便不忍心对她说出这样残酷的事实。于是，在征得杰西父母同意后，他们决定暂时对西尔维娅保密，只等杰西失踪满两年后，以失踪死亡为由，让西尔维娅办理死亡手续。人们善良地认为，让她这样抱着一线希望活着，更胜于告诉她真相。只是，谁也没想到，痴情的西尔维娅会突然找了新的男朋友，还有了身孕。

"西尔维娅应该有自己的生活，如果她的丈夫已经死了，就应该告诉她真相。"西赛莉对镇上人们的做法不以为然，她和卡佛决定将真相告诉西尔维娅。

可是，西尔维娅的反应让人大吃一惊，她只是淡淡地回答道："这些我早就知道了，杰西已经离开我们，去了天堂。"

"你是怎么知道的？"卡佛不解地问。

"就在我去警署打听杰西的消息时。那段时间，我听说在洛斯丽克谷发现了一具无名尸，虽然人们什么也不肯告诉我，但有一天，我看到他们准备送出去的一个遗物袋上写着杰西父母的名字，那个透明的袋子里，装着的是我们的结婚戒指，上面的钻石还像我们结婚时一样闪亮。"西尔维娅说到这里，仿佛又看到了那枚戒指，她的眼睛里闪着光，嘴角还挂着一丝微笑。

"既然你早已知道了一切，为什么还要留在这里？这里位置比较偏，生意也不好，根本赚不到什么钱。"西赛莉和卡佛更奇怪了。

"因为，我要留在这里，让杰西知道，我在这里生活得很快乐。要知道，我是杰西的爱情守望者，他也是我的爱情守望者。他一路奋力漂流，肯定是要赶到这里和我会合。但可惜的是，他只能在天堂里看着我。我还

SIMPLE LIFE ENDURES LONELINESS
淡定的人生耐得住寂寞

记得杰西曾经说过，对一个人最深的爱，就是希望他能生活得快乐、幸福。所以，我在这里认真而快乐地活着。以前，我希望有一天他来到这里，看到我脸上的笑容；现在，我希望他在天堂里看到的我，和他希望的一样快乐。其实，现在在店里忙活的，不止我一个人，还有他……"顺着西尔维娅手指的方向，西赛莉看到了那天在店里出现的那个男人。"我相信，杰西看到我现在这么幸福，一定比我还开心。"西尔维娅说到这里，又笑了，这次陪她一起微笑的，还有那个大个儿男人。

2008年4月12日，西赛莉完成了她的论文。论文里除了灾后的各项数据和重建信息，还有西尔维娅和杰西的动人故事。

西赛莉在文章的末尾写道：生者对死者最大的敬意和爱，就是让自己更好地活下去。

（胡妖）

人生感悟

古人云："天有不测风云，人有旦夕祸福。"寓意已经为我们明确昭示了生命的无常。既然人生本就是一条坎坷万分的道路，我们每个人也都会经历不同的挫折和打击，但是我们只要心中屹立不倒，那么你就永远能够站在生命的前沿，坚强守护住希望。

2. 台风中的一碗米线

他和她是这个繁华都市里一对平凡的男女。当初为了在一起，他俩放弃了父母在家乡为他们找好的工作，不顾父母的反对来到这座南方城市，并悄悄地结了婚。现在，3年过去了，他们住在租来的屋子里，平淡地生活着。她是一家小公司的业务员，常常奔波在外，工作繁忙；他是小学的外聘老师，工作跟别人一样，工资却不到别人的一半。

几年来，他们的生活几乎没什么变化，家乡的同学朋友却迅速地脱胎换

第五章 笑看风雨，坦然度过心灵的寒冬

骨，买房，买车。每次当有家乡同学的消息传来，她的心里都像刮过一场不大不小的台风。她不由自主地会想，如果当初留在小城，现在会怎么样呢？

这天，电视台预报要刮起三号风暴。她照例早早上班去，而他所在的学校不用上课，到学校转了一下他就回了家。刚爬上7楼，就接到她的电话，说中午回家拿点东西，在家吃饭。他很高兴，因为平常她应酬多，两人一起吃饭的次数寥寥可数。做什么好呢？他想到了云南米线，那是她最爱吃的。大学时他俩经常到学校外边的小店吃，3块钱一大碗，有肉有菜，加5毛钱还可以添一碗纯米线。他们就着一碗米线，头碰头吃得满头大汗，脸上的青春和甜蜜羡煞旁人。

接到电话后他立刻下楼买材料。这时，台风已经在发威了，呜呜作响，把树吹得东摇西晃。雨还不大，满街都是小孩欢快的尖叫声。准备妥当后，他看看表，决定去车站接她。他了解她，别说是刮台风，就算是下冰雹，她也不会舍得打车的。这时候，雨已经下得很大了，他刚打开伞，伞面就立刻被风吹得翻过去，他索性收起伞跑了起来。刚到车站，他就接到她的信息，说已经在车上了，但堵得很，看情形没时间吃饭了，让他把她要的东西拿到车站。

即使只是看信息，他也可以感觉到她的烦躁。近来，她经常这样，无端地发脾气。就像诡秘的台风，突然降临，让人不知所措。

是的，此刻她的确很烦。刚才顶着狂风艰难地打伞前行，好不容易才挤上公交车，却发现一双新鞋子不知被谁踩了两脚。车上到处是湿漉漉的人和伞，搞得她无处藏身，偏偏还堵车。长长的车龙看不到尽头，车子比赛似的发出刺耳的鸣叫声。她想到目前的生活，仿佛正像这车龙，看不到未来和方向；还有那引以为傲的爱情，是不是也如路边高傲的树一样，被现实的风雨打得七零八落了呢？她忍不住再一次怀疑起爱情。在这特定的环境中，这种怀疑显得那么强烈。

她气急败坏地下了车，一抬头，看到了笑意盈盈的他。他整个人湿透了，手上拎着一个密封的大袋子。看到她，他像个魔术师一样麻利地一一打开。密封的袋子里是一个保温瓶和另一个密封的小袋，小袋里装着她要的资料。打开保温瓶，一股热气升了起来，香气也弥漫开来，是她最爱吃的米线。她愣住了。风依然在肆虐，雨仍然在泼洒，周围闹哄哄的满是人声，可是，这一切对于她来讲都像凝滞了似的，都不存在了。她的眼里、

SIMPLE LIFE ENDURES LONELINESS
淡定的人生耐得住寂寞

心上，只剩了他和那一碗米线。

就这样，在呼呼的台风中，在简陋的公交车亭里，她和他再一次头碰头吃同一碗米线。热气打湿了她的脸，没人看见，一滴豆大的泪从她的脸上滚了下来，掉在热气腾腾的米线上。

第二天，全城人都知道，这个叫"珍珠"的台风在离本城 240 公里的海面上徘徊了近 10 个小时后，奇迹般转弯离开了，使这个城市幸免于难。可是却没人知道，这个城市里有一个平凡的女子，因为这一场台风，因一碗米线而重新找回了她的爱情。不，其实爱情从来都没有离开过她，只是这一次，她真正认识到，平凡人的真爱，往往就在这不起眼的地方。比如说，台风中一碗热腾腾的米线就足以让两个相爱的人温暖一生。

（五斗米）

人生感悟

台风虽猛，却抵不过一个人心底的暴风。只有将心底的那场暴风彻底驱赶过去后，我们才能真正地释然开怀。磨难和失望永远都只是我们人生旅途中的"过客"，只要我们能心怀灿烂，那么即便外面是乌云笼罩，可是心底却永远都会是阳光普照。

3. 苦痛者的天籁

那两年，逢年过节，养鱼的蔡婆总要给我家送几条新鲜的鱼来。一进院门，她就喊我：杨小闹，来，取盆，拿鱼。我有点讨厌父亲，集市上什么鱼都有，为什么父亲偏偏喜欢蔡婆的鱼呢？

有一次，我问蔡婆，你咋知道我爸爸喜欢吃你家的鱼哩？蔡婆朝我一挤眼，说，你爸爸呀，是个馋猫，为了吃我的鱼啊，每天晚上敲我的门。

父亲真没出息。

父亲在镇里的一家工厂上班，两班倒，但父亲很少上白班。父亲说，

第五章 笑看风雨，坦然度过心灵的寒冬

他胆大，不怕走夜路。我不相信父亲的话。其实，父亲是想多挣些钱。上夜班，一个月多挣 100 多块钱呢。

父亲每天晚上从镇里回来，要翻过一面坡，再翻过一面坡，七八里路，上坡下梁的要走半天。就在那两面坡中间，有一块洼地，蔡婆的鱼塘就在那里。

父亲说，蔡婆不容易。蔡婆的丈夫是个跑买卖的人，后来，生意越做越大，闹着要和蔡婆离婚。蔡婆死活不同意。结果，她的丈夫就跑了，临走的时候，卷走了家里的所有积蓄。

只剩下蔡婆，以及三个孩子。

为了养家糊口，蔡婆凭着年轻时候养过几年鱼，便包了山洼里的鱼塘，并在鱼塘旁盖了间简陋的土房子。然后，把孩子扔给老人，一年四季蓬头垢面地照看着她的鱼塘。

每天晚上，父亲下夜班，骑车路过那鱼塘的时候，总要去敲敲她的门。

笃——笃笃——舅奶，睡了没有？蔡婆是父亲的舅奶，父亲一直这么喊她。屋子里亮着油灯，蔡婆还没睡，她便唤父亲进去，有一搭没一搭地说几句话，然后，父亲才走。

有时候，父亲下夜班很晚，蔡婆屋子里的油灯早已熄灭了，但父亲依然要去敲敲蔡婆的门。笃——笃笃——舅奶，我下班回来了，你挺好吧。听着屋里的蔡婆在睡梦中含混地应了，父亲才走。

我问父亲，为什么要去敲蔡婆的门，是想吃她养的鱼吗？父亲摸摸我的头，笑笑说，你还小，不懂。

我已经不小了，都上初中了！我一本正经，又义愤填膺地喊。

父亲依旧每晚去敲她的门，蔡婆依旧逢年过节送鱼来，一进门，依旧扯着嗓门喊：杨小闹，来，取盆，拿鱼。父亲真是个馋猫。

后来，我大学毕业了，父亲退了休，蔡婆也不养鱼了，混得不错的儿女们，把她接进了城里，让她去安享清福。有一次，我和父亲谈起了蔡婆，谈起了那些年的事。

父亲突然叹了口气，说，其实啊，这里还有一个故事呢。

你奶奶是生你五叔的时候，难产死的。我瞠目结舌，尽管我来到这个世界的时候，奶奶就没了，但从来没有听父亲说过这些。

SIMPLE LIFE ENDURES LONELINESS
淡定的人生耐得住寂寞

你爷爷受不了这个打击，想不开，几次想寻短见，随你奶奶而去。村里有一个叫杨有贵的人，和你爷爷岁数差不多，就经常来劝，说，你还有几个孩子呢，就是为了孩子们，你也得活下去啊。

但你爷爷还是不能从悲伤中走出来。

那一段日子，每天晚上，杨有贵都要来咱家坐坐，或者与你爷爷拉家常，或者聊东说西，有一搭没一搭地找些话说，即便真的没话说了，也要干坐着，就这样，一直待到很晚才走。

你爷爷后来说，如果没有杨有贵这个人，如果没有他每晚来陪着坐一阵子，也许，咱们家就没有了今天。所以，你爷爷临去世的时候，语重心长地和我说：伸出手来可以扶人，拿出钱来可以帮人，人在遭难的时候，就是有人陪着说说话，也是能救人的。

爸爸深深地记住了爷爷说的这句话。那几年，蔡婆不容易，爸爸想着帮帮她。于是，每天晚上去敲敲她的门，就是想让她知道，有人在惦记着她，好让她那颗凄冷而孤独的心得到温暖，看到希望。

是啊，那些夜晚的敲门声，对蔡婆来说，不仅是温暖的，也是敲响在她苦痛心灵里的天籁之音啊！我不失时机地说。父亲笑笑，说，不管怎样，她从困境中走出来了。其实，这个世界还有更多的人，也许不愁吃，不愁穿，却在自我的心底里痛苦着、挣扎着。他们所缺少的，也许，只是陪他们坐一坐，唠唠嗑，说说话的人。哪怕，在他们最寂寞的时候，能够听到"笃笃"的敲门声，也是好的。

因为，对于他们来说，这就是这个世界上最温暖、最美妙的天籁。

（马德）

人生感悟

> 人生往往都是这样，当我们的幸福被挫折侵蚀得千疮百孔时，就仿佛世界末日来临一样。其实，上天对每个人都是公平的，只要我们自己学会走出生命的严冬，那么新的希望就会在前方萌芽生长。也许有时候，幸运的我们还会受到旁人的点拨，但是终究让自己心灵复苏的还是自己。

4. 饭在锅里

那一年,他投资在北京的生意,以惨败告终。

返回郑州的那天晚上,天气阴沉得厉害,像他的心情。身旁的人,比赛似的往家里赶,唯有他,在暴雨欲来的大风里木然地走着。不时有出租车从他身边迟疑地开着,也有司机按着喇叭上前搭讪。他不理会,也不抬头,继续机械而空洞地迈着步子。那一刻,他想,要是回家的路没有终点多好啊。这样他就可以一直走下去,像只负重的骆驼,不用去想来路或去路,只管独自扛着一身的悲痛,忍辱负重地走下去。

想到她,他的心疼痛不已。当初,她一再劝告他,不要鲁莽,不要太贪心,可他听不进。他太急于表现自己的成功了,当然,他也需要表现自己的成功。出身寒微的他,能上大学,是以四个姐妹的相继失学为代价的。毕业后,四个姐妹带着家人不管不顾地投奔他而来。为了报恩,更为了安置他们,他东挪西凑,开了个规模适中的超市。她也随之辞了职,在超市里做一些他们做不了的结账、入货、登记之类的活计。正是在她的打理下,超市生意红红火火,为他积累出第一桶金。靠这笔钱,他辞了职,沾沾自喜地把目光投向了北京,谁知却栽了个大跟头。

雨说下就下,待他湿漉漉地挨到自家楼下,已到晚上九点。扇扇紧闭的门窗里,盏盏灯光如花盛开,却没有一盏灯,为他而亮。他始终没有勇气告诉她,今晚他要回家。

他知道,这个时间点,她一定还在超市里忙着。越是天气不好的时候,免费送货上门的承诺就越重要,要求送货上门的顾客就越多,她也就越忙。这个时间点,儿子早放学了,但也不会回家,而是直接去店里找她。然后在那里写作业,吃晚饭。忙到九点,她歇业,收拾妥当,然后带着儿子回家。正常情况下,九点半左右,他们母子二人会回到家。这就是她的生活,他虽然不在郑州,但他心里很清楚。

SIMPLE LIFE ENDURES LONELINESS

淡定的人生耐得住寂寞

他坐在小区门口马路旁的花坛上，一边听着噼里啪啦的雨声，一边等他们母子二人。路面上积水已深，低洼处能淹没汽车轮子。远远望去，整个路面，像湖面一样烟波浩渺。

借着街头昏暗的路灯，他看见他们母子缓缓而来。她披着雨衣，骑着自行车，在看不见路的地面上摸索着前进。她的身后，雨衣突兀地鼓起。他知道，鼓起的里端，是缩成一团的儿子。此时的儿子，一定紧紧环着妈妈的腰，整个身子紧紧贴在妈妈的后背上。两条小腿随着自行车的颠簸，拘谨地晃荡着。

他看着，心酸不已。对于她类似自虐般的节俭，他不止一次地批评过，可她不听。她是个细水长流的人，总觉得生活只要过得去就好，没必要花里胡哨，更没必要铺张浪费。

突然，她的自行车一歪，她和儿子都重重地摔在一旁。儿子的哭声，在雨水的浸泡中显得格外凄凉。他想过去帮忙，却直不起身子。此时的一幕，亮出了压垮骆驼的最后一根稻草，让他看到自己生活中最不堪的一面。他想，如果他没有失败，如果他能给她和儿子提供更好的物质条件，他们就不会为了省十几块钱的出租车费而在雨夜中如此挣扎。他觉得，是他的惨败，让他和他们的生活从此兵荒马乱。

待他站在自家门外，想着一屋子的凌乱和她一脸的幽怨，他几乎都没有勇气敲门了。

门开了，迎接他的，是她一脸的惊喜。听到他回来，儿子趿拉着拖鞋、套着熊宝宝衫奔扑过来，抱着湿漉漉的他，兴奋地叫爸爸。屋子里干干净净，洗衣机里，她和儿子的脏衣服，正在欢快地转着。她已换上了舒适的家居服，胸前的图案是三只熊中的熊妈妈。他想起她平日里爱哼哼的那首韩国儿歌：有三只小熊，住在一起，熊爸爸，熊妈妈，熊宝宝……儿子给他取来干毛巾擦头，她给他拿出熊爸爸的家居服换上。

一切安静美好，没有一点狼狈挣扎的痕迹，这让他想起曾经看到的一则故事：从前有一位女王，她的统治陷入了危机。每当国家濒于战争年代，人们痛苦地四处逃散时，女王就会穿上自己华丽的衣服带领臣子去打猎。当人们看到她轻松地驾车经过时，大家就会重拾对国家的信心。女王用这样的方法化解了一次又一次危机。

第五章 笑看风雨,坦然度过心灵的寒冬

  他觉得,此时的她,就像那位女王,用她一如既往的温软和洁净,清理他精神世界里的兵荒马乱,打扫着他内心深处的一地鸡毛。他靠着她,倦意滚滚而来。他太需要一场好的睡眠,就像他太需要重新振作一样。

  第二天醒来,已近中午,他看见枕边她留的纸条:亲爱的,饭在锅里,我在超市里。他知道,他的女王在含蓄地劝慰自尊心强的他。饭在锅里,意在告诉他,惨败的只是事业,而他的生活还在生龙活虎地继续;我在超市里,是说他重新开始的根基还在,一切都还来得及。

  他看着纸条,泪流满面,心里却温暖如春。

(汪薇薇)

人生感悟

  世界上没有绝对不好的事情,只有心态不好的人。如果一个人要是连自己的心态都无法把握,那么怎么能够在如此漫长的岁月中一路顺利地走下去呢?所以,不论在何种恼人的情况下,多想想那些在你身边关心你的人吧,直面困境才能寻找到生命中的春天。

5. 摔倒的原因

  争吵过后照例是冷战。他在上网,她在整理杂物。一辆自行车赫然入眼,她一愣,想起了旧日恋爱的情景。

  三年前,他骑着车天天来到小巷口,等她。

  她姗姗行来,见他坐在车上,以脚支地,柔情地望着自己,便笑靥如花,心情灿烂。然后,他带着她在大街小巷骑行。不知不觉,她的手环住他的腰,她的脸贴住他的脊背。

  他的车每天准时出现在巷口,无论晴雨。一年仿佛一天,就在骑车送她上班、骑车接她下班、骑车聊天中度过了。然后,他的车停到了她的家门口,她和她的父母邀请他到家等候或者吃饭。

Simple Life Endures Loneliness

淡定的人生耐得住寂寞

步进婚姻之门后，他买了一辆摩托车。他说，再骑自行车就不好看了，满大街跑的都是摩托，都比他快。

她却觉得自行车好，安全，方便，速度适中，可以让她把他抱久一点。

熟人碰到他俩骑车，总会调侃两句或者揶揄他们。他终于觉得丢面子，就淘汰了自行车。

他依旧接她送她。摩托在街道上疾驶，三两分钟就到了，她还没有充分感受抱住他的滋味，就戛然而止。她怅然若失。她怀念看到他紧绷身体、汗水流淌时自己心疼的感觉。

慢慢地，她习惯了没有拥抱的婚姻生活，也习惯了争吵和冷战。

但是今天，一辆自行车唤醒了她心中的柔情，她主动示好。

"我们去骑车吧！"

他很诧异，眼神有些疑惑，漠然而遥远。

他在下棋，棋局还没有结束。于是，她到客厅看电视。

电视里在演一个娱乐节目，主持人请了几对夫妻玩游戏。妻子站在凳子上，背对着丈夫，丈夫蒙着眼睛站在她们身后，距离一米左右。主持人喊"一、二、三，倒！"妻子便往后倒，丈夫同时伸手去接。一个接一个的身体倒下去，只有一个被接住了，夫妻俩很高兴，相拥庆贺。其他的都倒落在铺有垫子的地板上，丈夫们一脸愧然，连忙去扶自己妻子，疼爱有加。

唯独一个女子没有倒下，她有些庆幸地看着那些倒落者。主持人问她为什么不做时，她很自信地回答："我知道他接不住！"她身材高大，她的丈夫相形见绌。

正准备猜测那个女人丈夫的心理，他出来了，说："走吧。"于是，关了电视去骑车。仍旧是他骑她坐，她充满期待，但却很不自然，她不知道把手放在哪儿。

出巷口，有一段坑洼的道路，她感到了颠簸，车子缓慢而歪扭着前行。他很吃力，脊背弯成了一张弓。

车子猛地一震，似乎要倒。他说"要倒了"，话未落音，她"啊"地跳落，连人带车摔倒在地，两人擦伤了胳膊和膝盖。

他埋怨她不该跳，她说是你踩不动。

第五章 笑看风雨，坦然度过心灵的寒冬

她想起以前他带她走这段路，一样的坑洼，一样的艰难，但他们从没有摔倒过。为什么现在会摔倒呢？

她想到了那个让她感到无聊的游戏。没有倒下的女人，没有伸出手臂的男人……她明白了，那时遭遇挫折时，他说的是"抱紧！"然后，她会毫不犹豫地抱紧他。

那时，两个人抱成了一个人，再崎岖的道路也能安然驶过。

（方军勇）

人生感悟

很多时候我们之所以渡不过人生的关口，原因就在于自己内心所筑造的那堵墙。如果我们懂得用一种坦然的胸襟去看待生活中的事情，那么我们的心境就会更加地开阔，找出阻碍自己前行的那个障碍，才能真正地安然驶过崎岖的山路。

6. 300 美元的价值

阿伦是我的一个好朋友。但是，说实在的，我并不喜欢与他待在一起太长的时间。因为此公是一个郁闷的人，如果每次与他在一起的时间超过一个小时，我也会变得闷闷不乐。

阿伦过日子精打细算，就像他现在或在不久的将来就要面临财政崩溃一样。他从来不随便扔东西，在闲暇时也从未放松过。他不送礼，不消费，似乎不知道生活有"享受"这回事。

他生日那天，我同往年一样，给他打了一个电话。

"生日快乐，阿伦。"我说。

"人到 50 岁还有什么可快乐的？"他冷冷地答道，"如果花在人寿保险上的钱又要涨了，我可能更快乐一些。"

我习惯了他的性格，所以仍然兴致勃勃地与他说了些话，最后提出请

SIMPLE LIFE ENDURES LONELINESS
淡定的人生耐得住寂寞

他出去吃饭。他虽然不太情愿，但还算给我面子，答应前往。

吃饭的地点在一家环境幽雅的意大利餐厅。我点了蛋糕，在上面插上蜡烛，又请餐厅安排了几个人给他唱《生日快乐》。

"哦，上帝！"他坐立不安，"他们什么时候才能唱完？"

演唱组唱完生日歌离开后，我送给他一个礼物。

"你在布卢明黛尔店买的?"他看到了包装上的店名，"那里的东西太贵了！你最好把它退回去。你是知道的，那里的东西是骗富人钱的，比实际价格要高出20倍！"

"如果你不喜欢，可以到那个店调换其他东西。"我看着他的眼睛说，"不过，你千万不要像上次那样，把我送你的生日礼物退给商店，然后将钱还给我。"

"其实你只要给我买一件运动衫就行了，"他说，"既实惠又便宜，最多不会超过15美元。"

阿伦就是阿伦。3天后，他给我打了一个电话，告诉我他将生日礼物退了，马上把退款300美元寄还给我。

"阿伦，"我一时气愤，言辞激烈地说，"你知道，我是你的朋友，我可以为你做任何事情。但是我要不客气地告诉你，你这种生活态度与其说是节俭，不如说是自私自利。我有个建议，那对你来说是个艰巨的任务，但是我还是想说出来。明天，你带着这3张百元钞票到你家附近的几个商店转一转，如果你看到一个面容憔悴、衣着简朴、领着几个孩子的妇女，你就对她说'你今天交了好运'，然后把一张百元钞票塞到她的手里。

"接着，你继续在商店里走，当你看到一个老人显然是由于生活困窘而在为几毛钱与店主讨价还价或者仔细研究价格以便买到最便宜的商品时，你就把第二张百元钞票塞进他的手里并对他说'祝贺你交了好运'。

"最后一张百元钞票希望你自己把它花掉。不要苦苦想着或许花更长时间、更多精力就能买到更便宜的东西。给自己买点儿真正喜欢的东西，或者去做一次全身按摩、面部护理和足疗。我想，如果你照我的建议做了，你会发现生活是一件很开心的事情。"

大约两个月后的一天，我家的门铃响了。我打开门，看见阿伦笑嘻嘻地站在我面前。他大声说："我做到了。我按照你的意思花了那300美元。

第五章 笑看风雨，坦然度过心灵的寒冬

你想听一听吗？""当然。"我邀请他进屋。

"这真是一次有趣的经历。"他说，急切地想与我分享他的故事，"我不知怎么形容那位母亲的表情！太不简单了，要抚养5个孩子，最大的不会超过10岁。还有那位老人，哈，他拿到100美元时的反应就像看到了圣诞老人！"

"最后一张百元钞票你是怎么处理的？"我问。

他举起手，我看到他的手腕上戴了一只新手表。

"我为你感到自豪，阿伦。"我说。他神采奕奕，高兴地说："我知道你的用意。我长期以来总也快乐不起来，因为我从未真正喜欢过自己。"

"阿伦，"回想起上次我们谈话的情景，我说道，"我让你这样做的时候，可能是有些过分了，但我当时对你实在是很恼火。你想，你拥有的机会和经历的人生，是许多人宁愿忍受痛苦和挫折也换不到的。我只觉得如果你更多地关心别人珍爱自己，你就会找到快乐。"

我发现，阿伦真的从300美元的价值中认识到了人生的真谛。因为从此以后，他不但享受生活，而且给动物收容所捐过款，还资助了一位贫困的盲人做了白内障手术。我们在一起的时候，有说有笑，常常忘了时间。

（贝蒂・扬斯）

人生感悟

约瑟夫・艾迪逊曾经说过："真正的幸事往往以苦痛、丧失和失望的面目出现；只要我们有耐心，就能看到柳暗花明。"的确，只要你自己不放弃对人生的希望，那么你就一定能够找到生命中的繁花似锦。

7. 学会坚强

那年年初，家在农村的姐姐打来电话，说要把17岁的女儿送到北京，让我帮着找个工作。

SIMPLE LIFE ENDURES LONELINESS

淡定的人生耐得住寂寞

外甥女进京，我没有去接她。她是哭着找到我家的，找到的时候，天黑了。

我让外甥女自己玩了两天。两天时间，她给自己买了4件衣服。第三天我问她还有多少钱，她说，还有100多块。我告诉她，你可以在一天之内把所有的钱花光，但后天的钱，你得自己去挣，我不会给你一分钱。

她听后睁大了眼睛。我问，你到北京来干什么？她说，就是想找个工作。这样说的时候，她的眼神里开始有了忧郁。

第四天，我通过朋友给她找了个临时工作。然后，她就上班去了。

10天之后，她的心情开朗起来；当她拿到工资的时候，已经变得活跃了。正在这个时候，我叫那位朋友开除了她。朋友很直接地对她说，你不能胜任这份工作，你舅舅的面子也只值一个半月。

外甥女一夜无话，她的沮丧我是知道的。第二天，她的眼睛红肿。我说，你现在可以选择回家种田。外甥女摇头，眼泪横流。

那么念书呢？我问。她还是摇头。

我又问，那你觉得你现在能做些什么呢？

她说，我不知道。

那你将来最想做的是什么呢？

她说，想开个店。

那好。我说，你现在就去买报纸，报纸会让你首先找到工作，你目前最大的任务是糊口，你知道，我不会给你一分钱。她再一次瞪大眼睛看着我。

不久后，外甥女找到一份导购的工作，她回来跟我说时，我摇了摇头。

一个多月后我出差，11天后当我回来时，外甥女哭诉她想死我了。我皱眉，问她为什么。她说，说不出来，就是心里空落落的。

第二天，我给她租了房子，让她搬出去住，离我较远。我跟她说，在北京，你没有舅舅。今天有，明天不一定有；今年有，明年不一定有。人生是无常的，你赤条条来到人世本无依靠，要学会坚强，自己的路，一个人去走。她听完后，表情极为复杂。

两个多月后，她再次失业，来到我家时，人很消沉，说，想挣一份工钱真不容易。

第五章 笑看风雨，坦然度过心灵的寒冬

我说，你失业，我祝贺你。她惊诧地看我。我说，其实你已获得比钱更珍贵的东西。

第二天，我带她到地铁站口。我跟她说，对面就是现代城，是中国人均工资最高的商务区，这边暂时还是贫民区。你就在这里站一天，看人，尽量多地看人，记住，思考最重要。

晚上回来她跟我说，人和人是不一样的，有穿皮鞋的也有擦皮鞋的，有做饭的也有讨饭的。我不知道卖玉米棒子的一天能挣多少钱，但我能算出来他们一天要花多少钱：租房、吃饭、坐车、买玉米，一天至少要花20块！看他们的神色，他们能生存！

我点了点头，并把乞丐和卖玉米的做了一点比较。我说，卖玉米的商业成本一天大概是100块钱，而乞丐的商业成本是每天都要付出他的尊严！

我还是让她多看报纸。

两天后，外甥女又找到了新工作。

4个月后，她来家里吃饭。她高兴地告诉我，她已存了4000块钱，想都不敢想自己能有这么多钱。我笑着问她，这么多钱，准备做些什么呢？她回答：寄2000元钱给妈妈；另外2000块钱，我准备辞职，做小生意去。

我笑，对她说：给妈妈的钱暂时别寄，她还能过，也没老；把这个钱存起来，做第二次创业的储备金。

做生意之前，我让她分析市场。她说她看准了，要去卖库存衣，把过时的衣服卖给外地来京打工的人们。我笑着鼓励她。

一个月后，她血本无归，很茫然地看我。我说，别哭，学会坚强！

去年冬天的时候，她拿出储备金，再一次走上创业之路。这一次，她卖的是水果，算是有一点儿利润。

之后就"非典"，萧条的市场让她皱紧了双眉。我又说，分析市场。"非典"会弄死一批行业也会兴旺一批行业，此消彼长是大自然的规律，你去想，去看报。

她很认真地分析了一天一夜，然后决定卖口罩，去人流比较多的地方。5天下来，她赚了2000多块钱，回来向我展示她的骄傲。我笑：5天你本有可能净赚两万元的。她眯起眼睛来看我，像看一个神话。我说：去印名片，带上样品，去敲每一个公司的门。注意质量、信誉、礼貌。自己

SIMPLE LIFE ENDURES LONELINESS
淡定的人生耐得住寂寞

去推销，有业务了，再花钱请两个送货的人，都要有手机。20天后，外甥女说，她赚了6万元。

去年8月，外甥女去了南方。临走的时候，她跟我说，大舅，我今年最大的收获不是赚钱，而是学会了坚强。它是我拥有的最强大的资本！今后任何一条孤独的路，我都会有信心以最为强悍的姿态走下去。

目送她在车站中的背影，我在心里说：苦难中的人，唯一有价的资本就是学会坚强！

（蒹葭苍苍）

人生感悟

也许你一直都相信自己，但是失败、挫折与成功一直不露曙光，让你泄气、信心动摇，甚至自暴自弃。在这种境地，就需要自己给自己鼓劲儿，并且用坚强来驱走头顶那方乌云，让希望降临。

8. 豆腐心

大学毕业后，他没有出去找工作，也不打算考研。他回家告诉父母，说自己想创业，要去大城市卖豆腐。他出生在豆腐世家，从曾祖父开始卖豆腐，一直传到他的父母。耳濡目染，他从小对豆腐情有独钟，满怀雄心壮志，要把家族事业发扬光大。

父亲却将他骂得狗血淋头："没出息的东西，你愿意出去讨饭都行，就是不准卖豆腐！"俗话说人生有三苦：撑船、打铁、磨豆腐。自己卖了一辈子豆腐，每天起早贪黑，省吃俭用供儿子上大学，还不是为了让他将来别遭这份罪。大学生卖豆腐，十几年的书白念了不说，传出去丢不起人啊，父亲当然无法接受。

可是儿大不由父，他偏要自讨苦吃。父亲拿他没办法，见儿子铁了心要卖豆腐，只好叹了口气，给了他一万块钱，叫他尽量滚远点，别在家门

第五章 笑看风雨，坦然度过心灵的寒冬

口丢人现眼就行了，赔光了本钱赶紧回家。他单枪匹马来到遥远的城市，先租了间民房，买好设备，又在菜市场租了一个摊位。做豆腐对他来说不是什么难事，他胸中憋着一股劲儿，摩拳擦掌，准备大干一场。

第一天出摊，他心里没底，只做了两桌豆腐，一桌白的，一桌彩色的。彩色豆腐是用绿色的蔬菜汁和黄色的南瓜汁调制而成，外黄里绿，鲜艳夺目。旁边一溜豆腐摊，摊主都是中年妇女，唯独他一个小伙子，将近一米八的个头，尤其显得突兀。他站在那里浑身不自在，看见别人大声吆喝，生意兴隆，自己却憋得满脸通红，怎么也喊不出来，摊前冷落。

守了半天，总算有人光顾。一个老妇人左手挎着篮子，右手握着一杆小秤，东瞧瞧西看看，满脸皱纹都掩饰不住她脸上的精明，一看就知是个不容易对付的主顾。他想起了《还珠格格》中的容嬷嬷，不由得小心翼翼。"你做的豆腐？""容嬷嬷"走到他的摊前，目光停在黄绿相间的彩色豆腐上，面无表情，语气中夹杂着怀疑。"是的，今天刚开张，您来点尝尝？"第一笔生意上门，他心里紧张得要命，明显感到自己的声音发虚。"容嬷嬷"不再细问，秤了一块豆腐，付完钱就走了。

万事开头难，第一块豆腐卖出去之后，他信心大增。第二位顾客是个中年妇女，先看了一眼彩色豆腐，又抬头看看他，眼前的小老板看起来比豆腐还嫩，她显得有些谨慎，拿了一丁点放在嘴里尝。他尽量装着胸有成竹的样子，等待顾客评价。哪知她眉头一皱，"呸"地一口吐在地上，头也不回就走了。他的心立时悬了起来，赶紧抓了一小块塞在嘴里，竟然又酸又涩，彩色豆腐变质了，根本不能吃。他顿时头皮发麻，赶紧又尝了尝白豆腐，还好没事。

第一次做彩色豆腐，他不知道是哪个环节出了纰漏，也没心思去细想，此时他最担心的是前面那个"容嬷嬷"，万一把人吃出了毛病，回来找自己算账，那就完蛋了。他能想象出"容嬷嬷"愤怒的样子，张牙舞爪向他扑来，揪着他的衣服去工商局……他不敢往下想，心里七上八下，惶惶不可终日。他后悔当初没有听父亲的劝阻，甚至想到了逃跑，可是他不甘心就这么认输，让父亲看自己的笑话。剩下的白豆腐还没卖掉，他只能硬着头皮死守，同时又心存侥幸，暗暗祈祷"容嬷嬷"千万别回来。

怕什么就来什么，午饭过后，"容嬷嬷"果然顶着烈日赶来了。她两

Simple Life Endures Loneliness
淡定的人生耐得住寂寞

手空空，菜篮子和小秤都没带上，明显不是来买菜的。眼看着"容嬷嬷"急匆匆地朝自己走来，来者不善，他越想越怕，恨不得扔下豆腐摊撒腿就跑，却怎么也挪不动脚步。"小伙子，我是专门来找你的。""容嬷嬷"也不兜圈子，上来就开门见山。他顿时面红耳赤，心里扑通直跳，张口结舌说不出话来，根本不知道该如何应付即将到来的暴风骤雨。

"容嬷嬷"似乎看出了他的心思，忽然笑了："我来是想告诉你，你做的豆腐真好吃！"他愣住，不知该如何回答，尴尬地点头。"容嬷嬷"依然满面春风，像是跟他拉家常："小伙子，你一定要坚持住，我的小儿子跟你差不多大呢。"说完，她仿佛完成了一项重大任务，步履轻松地走了。目送老妇人矮小的背影渐渐远去，他如释重负，滚烫的泪水夺眶而出。

若干年后，他成了当地小有名气的企业家，昔日简陋的豆腐作坊，已被崭新的厂房取代。他研制出的豆腐营养美味，尤其以安全放心闻名，已成为知名品牌。作为大学生创业的佼佼者，常常有人会问他，成功的秘诀是什么？他说："从我卖出第一块豆腐起，我就下定决心，一定要做最好的豆腐！"

（姜钦峰）

人生感悟

上天要想赋予一个人以大任，总会让他先尝尝苦头，受受教训。因此，从某种意义上讲，一个人之所以后来名扬四海，天下无敌，都是因为两个原因：一是不因别人的否定而自我否定，心中永远盛满阳光；二是坚持到底，永不放弃。

第 六 章
Chapter6

——守护生命中似淡实浓的真情——

世间中很多人不知道什么样的爱情是最美的。是至死不渝的爱情，是执子之手与子偕老的爱情，还是曾经轰轰烈烈，经历过风风雨雨，最终走到一起的爱情？一路走过，看过那么多人经历爱情，路过爱情，享受爱情，逃避爱情。才发现，有一种爱经不起等待，有一种爱经不起伤害。

SIMPLE LIFE ENDURES LONELINESS

淡定的人生耐得住寂寞

1. 我欠娘一件红嫁衣

娘不是亲娘，我6岁那年，她才来到我们家，是为了给她哥哥说媳妇，被换亲换过来的。可在我心里，她却比亲娘还亲。

娘来我家的那一年，时值夏天，她穿了一身红衣裳，黑黝黝的两条长辫子，是那么漂亮。我开心得又蹦又跳，不知道像她这么好看的姑娘怎么会愿意来我们家。她来了之后，家才像个样子，虽然还是穷，但屋子不再凌乱，我们父女俩也穿得干干净净，每天都能吃上香喷喷的饭菜。娘嫁过来的时候我只有一件衣服，常常是晚上洗了早上穿。娘来的第三天，我就有了一件上衣、一条裙子和一条裤子，都是红色的，是娘自己做的。

我以为终于要过上好日子了，可是命运却残忍地把我和娘抛入了痛苦的深渊。那时，爹和娘结婚还不到一年，娘失去了新婚丈夫，我失去了爹。这个短暂的婚姻，只留给她两间破房和年仅7岁的我。

办完爹的丧事没过多久，就开始有人陆续上门来给她提亲。她才24岁，人长得漂亮，又没有孩子的拖累。每次有提亲的人来，我都躲在隔壁的小屋里哭，我安慰自己说娘不会走，但是一看见有人到家就忍不住害怕。每天晚上，我都早早地插上门，心里想：真好，娘又在家多待了一天。虽然我们之间谈不上有多深的感情，但是我依赖她，除了远嫁的姑姑，我就再也没有亲人了。

日复一日的忐忑不安中，娘却没有提再嫁的事情。农忙时节，她一个人没明没黑地干活。在极度的劳累中，她迅速地老了，辫子剪了，脾气也变得暴躁起来。

虽然我一直小心翼翼，但还是惹她生气了。有一次，村里来了一个货郎，他手里的连环画诱惑我跟着他走了两个村子，直到迷了路。当她找到我时，狠狠地给了我一个嘴巴。我号啕大哭，然后深一脚浅一脚地被她拽回了家。她给我做了一个崭新的小书包，领着我去了村小学。虽然她打了

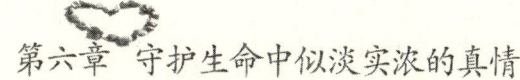
第六章 守护生命中似淡实浓的真情

我一个嘴巴,可是却改变了我的命运。

很多个夜晚,她常常跟我说她命苦。说当年她母亲听信算命先生的话,25岁之前不让她哥谈婚论嫁,结果她哥过了25岁却找不到媳妇,只能拿她去换了这门亲。她总是边说边哭,我缩在她的怀里,大气都不敢出,因为是我拖累了她。我听见她问每一个来说媒的人:"能不能把梅子带过去?"没有人同意她带一个"拖油瓶"嫁过去,于是她的亲事总也成不了。

有一天夜里,我家的窗户玻璃被人从外面不停地敲,她搂着我一动不敢动。后来我问她怎么了,她忽然指着我大骂道:"都是你,我哪辈子欠了你,现在要这样受你拖累!"我不敢说话,只能攥着她的手叫娘。她骂着骂着就哭起来,边哭边说自己命苦。我心里很怕,心里想,娘这次是真的要离开我了。可是她擦干了眼泪却问我:"梅子,晚上想吃什么?"

第二天晚上,她将棍子和灯绳放在枕头下面和衣躺着,窗户又被敲响时,她一下子把灯拉开,拎起棍子追了出去。虽然没抓到人,但她却不肯罢休,站在院子里扯着嗓子骂人,强悍得像一只斗鸡。可是回家后,她趴在床上又"呜呜"地哭了起来。

小学毕业后,我考上了县重点中学。通知书下来时,我主动对她说我不念了。她狠狠地瞪了我一眼,开学时就送我去了县城。到了城里,她给我买了一身红衣服。临走的时候,她忽然抱了抱我,我一下子泪流满面。

初三的寒假里,我家来了一个敦厚的男人,娘的眼睛是我从没见过的明亮。娘说:"梅子,叫韩叔。"我乖乖地叫了,男人欣喜地答应着。我从他们互相望着对方的眼神中,感到这个男人要把娘带走。趁娘去里屋和他聊的时候,我沿着窄窄的胡同走了好几家,借了20块钱,然后到县城给娘买了一身红衣服。回来的时候天已经黑了,我怕娘已经走了,边哭边叫着娘。她迎到我的时候,抬起手来又想打我。我哭着说:"娘,给你这身红衣裳,你的嫁衣给我做了衣裳,这是我欠你的。你走吧,我不拖累你了,我出去打工能养活自己!"她怔怔地看了我一会儿,紧紧地搂住我。

娘还是改嫁了,跟了韩叔。我知道她为了我,已经错过了最美好的年华。她结婚那天穿着我给她买的红衣服,站在阳光里。我在旁边看着憔悴的她,想起她当年红红的衣裳和黑黑的发辫,忍不住眼睛模糊了。上车的时候,她拽着我的手非要一起上,邻家的大婶说:"不行,婚车上乱坐会

SIMPLE LIFE ENDURES LONELINESS
淡定的人生耐得住寂寞

坏了规矩。"结果她执意不上车，像个孩子似的哭。最后，我还是跟她一起上了车，娘说："梅子，娘到啥时候都不会丢下你。"

韩叔和娘一直供我读完了高中。韩叔对娘很好，娘的脾气也慢慢好了起来。我们原来的家和她新嫁的村子有个岔路口，每个周末她都在那儿等我。韩叔跟着一个建筑队走街串巷地干活，日子渐渐红火起来。娘把用织布机加工粗布挣的钱都塞给了我。

高中毕业，我如愿以偿地考上了一所重点大学。接到录取通知书的那天，她高兴得哭了又哭，拿着通知书满村子炫耀。我没有拦她，只要她高兴就什么都好。接下来就开始筹集学费，是韩叔拿出自己的积蓄供我上了大学。

后来娘到学校看我时，晚上我们挤在宿舍窄窄的床上，聊着知心话。她问我："你恨不恨我？"我告诉她："我从没恨过你，如果没有你，连骂我的人都没有了。"她听完之后又哭了，说最初也想走，可是一想到我就怎么也狠不下心来。我握着她的手，她的手再也没有当初的光滑细嫩，手心里净是老茧，我潸然泪下。

岁月无情，眼前的娘已经老了，她也一直没有自己的孩子。我常常想，对于娘来说，这一生有着那么多的缺憾，贫穷、丧偶、没有自己渴望的爱情、没有自己的孩子……那样多的不圆满。我搂着娘，为她委屈，觉得她一生没有为自己活过。可是娘说："有了你，娘不觉得亏，值。"

后来，我找了份不错的工作，留在了城市。生活渐渐有了起色，我买了自己的房子，有了优秀的丈夫。我把娘和韩叔接到我家，第一次按照家乡的仪式给二老郑重地磕了个头，我说："爹，娘，从现在开始，让我疼你们，好不好？"

（黄了青梅）

人生感悟

有人说这个世界上最伟大的便是亲情，因为只有亲情才是最无私和最真挚的，它能给我们带来真正的爱与温暖。由亲情围绕而成的家是我们心中永远的岸，能够为我们带来梦魂萦绕和永远的牵挂，所以我们一定要倍加珍惜这份感情。

2. 父亲的红烧肉

小时候最盼望过年，因为过年可以吃到父亲亲手做的红烧肉。

父亲平时是不进厨房的，平日里的一日三餐全由母亲一手包办，及至年底，年夜饭父亲却必定会插手。接过母亲手中的勺子，父亲就像一个酒店里的大厨，切炒烹饪，样样精通，在外人眼里，父亲就像一个隐居山林的高手。

父亲做的红烧肉极为讲究，先是选料，原材料的选择相当严格，要上等的五花肉，不得有杂色，不得掺血过多，内里的瘦肉横竖得一致，单是这一点，就够费尽心机了，往往一大块猪肉里面，也未必有父亲理想的原料。切块也得一丝不苟，厚了入味不匀，薄了影响口感，必须得切成30毫米厚度的四方形块状。切块看起来是小事，其实最费工夫，考验一个人的耐心和细心……那时我总会站在案台前，静静地看着父亲手起刀落，心里羡慕得不行，总想着日后能有父亲一样的刀功该多好。炒糖色是父亲认为最难的一关，也是至关重要的一关，稍有不慎，整盘红烧肉的质量就会打折扣。灶膛里的火升起来，父亲挥勺的动作在空中划出一道优美的弧线。从开工到出炉，半个小时一盘色香味俱全的红烧肉就上桌了。围桌而坐，一家人其乐融融地分享着父亲的红烧肉，是我少年最快乐的时光。

长大后离开故乡，和朋友出去吃饭的机会多了，吃红烧肉也不用再等到过年，每回看到菜单上有红烧肉这道菜，我总会毫不犹豫地点上一道。等菜上桌，尝过之后，却大呼上当，那味道与父亲的红烧肉显然差得太远。日子久了，越发思念起父亲的红烧肉来，打电话回家，说起此事，父亲笑逐颜开，说，等你回来，爸保证让你开开胃。

终于受不了红烧肉的诱惑，在一个桂花香飘千里的日子，踏上了归乡的路。故乡依旧，只是父亲已经不复当年一般强壮，岁月沧桑，吹出一脸的风霜。我的归去，让父亲高兴不已，当天晚上就系上围裙，在锅炉边忙碌着……听着乡音，吃着红烧肉，心境一下子就年轻了10岁。父亲更像个

SIMPLE LIFE ENDURES LONELINESS
淡定的人生耐得住寂寞

小孩子，言谈之间不停地手舞足蹈。母亲偷偷地告诉我，知道我要回去，父亲晚上做梦都在笑呢！解了馋，却又要上路了，出门那天，父亲背着行李送我，一路上父亲一直沉默不语。上车后，父亲终于递给我一句话，想吃红烧肉了就回来。短短的一句话，却有着太多的不舍。我转过身去，不敢再看父亲，生怕我的情绪影响了父亲。

去年春节，我没有回家。父亲一个劲儿在电话里说，真是可惜了，我准备了一块上好的五花肉呢。言语之中很是失落。前几天打电话回家，挂电话前，父亲突然说，好久没下厨了，手有点痒痒的。我知道，这是父亲在想我了。一直以来，寡言少语的父亲都把爱藏在心里，而红烧肉无疑是他表现爱意的最好方式。对他而言，红烧肉不仅仅是一盘菜，更是他对漂泊在外的游子的牵挂和思念。

（彭桂仙）

人生感悟

> 父母对子女的关爱，总是那么地无私与深情。当你疲惫时，他们会为你的心灵准备一片可以栖息的温暖港湾；当你失意时，他们又会在一旁给予你无声的鼓励。可以说，这个世上最纯洁高尚、不计任何回报的感情，就是亲情。

3. 继母的账本

她对亲生母亲并没有印象，母亲离开家的那年，她还太小，两岁，是没有记忆的年龄。与父亲一起生活到5岁，便有了继母。与其他类似家庭不同的是，自己与父亲住在继母的房子里，花着继母的钱。

继母家里有一个大她3岁的男孩，并不欺负她，却也很少讲话，偶尔看她一眼，带着不屑的神情。继母开了一家水果店，同父亲的感情似乎很好，做好饭要等着父亲回家才可以吃，还要为他烫上二两酒。那时，父亲

第六章 守护生命中似淡实浓的真情

在一家工厂做临时工，领着很低的薪水。

她是个沉默寡言的孩子，与继母间不算亲近。继母出学费供她上学，为她和父亲洗衣。与同龄孩子相比，算不上幸福，可也相安无事。就这样，平平淡淡的生活，直到10岁那年，父亲所在的工厂出现旧厂房坍塌事故，4个工人被压在下面，其中就包括父亲。

她赶到医院时，父亲已经被纯白的单子盖住，身旁是号啕大哭的继母，她怔怔地站在病房门外，继母的儿子在身后推她，快去看看你爸爸啊……她回过神来，死命地扑过去，哇的一声哭倒在父亲身上。

父亲出殡那天，她呆呆地捧着遗像，听到有人说，这孩子多可怜，不知道会不会被后妈赶出门去。当晚，她梦见，自己衣衫褴褛地沿着街头乞讨，不时有男孩子们向她身上扔石子，骂着。醒来后，生平第一次，她有了极强的恐惧感。

清晨，继母像平时一样做饭，唤她起床，仿佛一切从未发生过。她头很疼，低声乞求，我今天可以不去上学吗？我想爸爸。

她以为继母会同意下来，可是，继母面无表情地说，不行！不去上学，你爸就能活过来吗？他要是活着也会打你几巴掌。

那天，她是哭着吃了饭，哭着背起书包出门的。出门前，继母在身后叫她的大名，周家玉，你记住，从明天开始，别再让我看到你哭。

从那天开始，继母几乎没有对着她笑过，说话时也是大吼大叫，与父亲在世时完全不同。她想，果然是后妈的作为，自己一定要快快长大，离开这个家，再也不回来。

她读初一那年，第一次来了月经，她害怕、恐慌。继母知道了，扔给她一个卫生巾。

她捏着卫生巾不知道如何使用，继母并不帮她，也不指导，斜着眼睛看着，大声吼她，周家玉，什么事情都要靠人教你吗？

只是一瞬，她委屈的泪忽然涌了出来，她知道，从现在起，自己的事情自己做，不要指望任何人帮你。

她开始学着洗衣服，做饭，打扫卫生，还有缝扣子。继母说到做到，再没为她洗过一次衣服，也不需要她洗家里的衣服。

继母没有读过多少书，她的儿子学习成绩也一般，中学毕业后读了中

SIMPLE LIFE ENDURES LONELINESS
淡定的人生耐得住寂寞

专。可继母却命令她，必须拿第一，不然就别回来。

尽管她的学习成绩不算差，可距离第一名还存在着很大的距离。她心中是有恨的，恨这个狠心的女人对自己的刻薄，她觉得，继母是在千方百计找理由赶她出门。可她现在不能离开这里，她不能成为乞丐。

于是她不得不学习，万家灯火已熄灭后，唯独她的灯还亮着。有时候实在困了，就趴在桌子上睡一会儿，醒来洗洗脸，接着学习。她讨厌学习，但她知道，自己没有选择，必须拿第一。

期末考试成绩公布，她的名字向前跃了20多名。排班级第三。连班主任老师都有些震惊，一向沉默寡言的她会忽然排到前三名里来。同学们也惊讶地望着她，她却用力咬着嘴唇，没有一丝胜利的喜悦。

放学后当她犹豫着走进家门时，继母指着墙角骂，不争气的废物，跪着去。原来，继母在她回来前，去邻居的同学家问过，知道她没有考得第一名。

那晚，她一直跪着，面对着墙壁，没有落一滴眼泪，也没有说一句软话。为这句"废物"，她发誓要考上大学，重点大学，毕业后挣很多的钱，然后她要把钱摔在继母脸上，问她，你当年说谁是废物？

继母水果店的生意大不如从前。从前，她偶尔拿回来一些较小的苹果、橘子，或者已经发烂的香蕉，但是现在却很少这样了。她每天坐在床上，一张一张地数钱，钱也变得少了起来。这些，她看得清楚，现在她只乞求上天保佑，继母千万别挣不到钱，那样就无法供她读书了。

那天，住在隔壁的同学来找她，是继母开的门。同学说，周家玉借我的参考书看完没有，快中考了，我也着急用。

参考书的价格并不便宜，两本一套，厚厚的大开本，要50多块，因此，她几次想向继母要钱买，都没张开嘴。可是，第二天，继母就给了她100块钱，确切地说，是甩给她100块钱，像施舍一样，说，去买书吧，买和人家一样的书。她捡起钱，心刚刚被温了一下，却立刻又被继母的话冷却回来，这100元我记在账上，你挣钱了得还我200元，你自己说的，加倍还我。

她真的考上重点高中时，以为继母虽不会表扬她，却也会高看她一眼。事实证明，她比继母那个每天只知道玩儿的儿子强的太多了。而继母只是拿着那张录取通知单一遍遍地核算着学费，还时不时仰起头说一句，

第六章 守护生命中似淡实浓的真情

真是讨债鬼,要不看在你以后会还我的分儿上,我肯定不再供你。

她和继母商量打算住校,遭到反对,继母戳着她的额头,住校不用花钱是不是?她鄙夷地看着继母横向发展的脸,没再继续说下去,顺从地住在家里。因为她知道,自己只要再坚持3年,就真的胜利了。

3年以后,当她拿到那一纸鲜红的录取通知书时,她还是哭了,可是这次,她必须哭一场。她去学校报到的前一天,继母给她包了饺子,没有说话,也没有送她,她背着厚重的行李离开了那个不算家的家。继母转过身去,给她一个冰冷的背影。

逐渐,她已经不再需要继母寄钱过来,自己在外面做了两份家教的工作,包括寒暑假也不曾回去,挣来的钱虽不多,但也可以供自己读书和生活。继母也从不打电话给她,更不会来学校看她。大学的生活丰富多彩,她找回了自己的同时,逐渐把继母从脑海中抹去。

大三那年春节前夕,她接到了继母儿子的电话。他只说让她回去一趟,没说其他。其实她极不情愿,为什么要回去呢?没有人对她存有感情,她对任何人没有牵挂;亏欠的,也只是多年以来,像养只小动物一样的所谓"恩情"罢了。但她会还钱,她想,只要大学毕业,她挣了钱,会兑现她当年的承诺,加倍把钱还给继母,尔后,她们之间,再无关系。

回去后,还是那栋房子,还是那些摆设,只是,冷冷清清的,继母的儿子坐在一边抽烟。她没有主动问继母去了哪里,本也不属于她关心的事情。继母的儿子不知抽了多少烟后,起身给了她一个破旧的日记本。

她当然认得,那是继母的账本,专门记她哪年哪月花了什么钱。有很多次她见到继母一丝不苟地在上边写着,见到她,就合上说,别以为你欠我多少我会忘了,我可都明明白白地记着呢!

她冷笑一声,拿起账本,抬头看了他一眼,怎么,现在就要我还钱?账本里,掉出了一个存折,她犹豫着打开,上边存有两万元。

她没有想到,那不是账本,而是继母的日记。更没有想到的是,继母已经去世了,她把房子留给儿子,却把卖掉水果店的钱留给了她。

她没有觉得自己有多悲伤,有的也只是震惊。打开日记,一页一页翻下去,她的手开始颤抖。继而,抖动得拿不住那个本子,掉了下去,砸到自己的脚上。她蹲下来,确定自己的眼里,有眼泪喷薄而出。

SIMPLE LIFE ENDURES LONELINESS
淡定的人生耐得住寂寞

继母说，老周，你放心，我不会再找了，再说也不一定有人接纳我这个带着两个前夫孩子的女人。我一定会把家玉带大，让她做个有出息的人。

继母说，你别怪我对孩子狠，家玉不同别的孩子，她没有亲生父母，她必须坚强，自立，忍耐，刻苦！

继母说，家玉没有考第一，我罚她跪着，那是在跪你，她不考第一，最对不起的是你。

继母说，老周啊，我是从农村出来的，没读过多少书，我不会教育孩子，我不知道我的教育方式对不对，但是家玉考上大学了，重要的是，她可以自己养活自己了……我笑了哭，哭了笑，我也该歇歇了，我累啊！

继母说，家玉，你从5岁那年来我家，跟着我生活，像我自己的孩子一样，我打你是打你，骂你是骂你，可总归是希望你有出息，你怎么就不回来看看呢？

继母说，我这老肝病，越来越严重，估计也活不了几天了，想找张照片当遗像都没有，前些年只顾着干活了，怎么不知道照张相呢……

（艾妃）

人生感悟

翻开母亲一生的"账本"，这才发现原来里面所记载的满满都是对自己的爱。当初我们因为年幼无知而不知这份"爱"背后的寓意，当我们成熟、翻然醒悟后想要给予他们最深的敬意时，才发现原来父母给予我们的爱是经不起等待的。

4. 老杨头和他女儿

那条船，是乌江上游峡谷中的精灵。

20多年前，乌江电站还没有淹没的时候，老杨头就靠那条船把这条河的东岸和西岸连接起来，然后通往省城贵阳。

第六章 守护生命中似淡实浓的真情

　　老杨头不知道在这条河上经营了多少年头了，从记事时起，我就知道老杨头是一个人。每天陪伴他的，只有那条有些陈旧的木船，还有就是那条默默无闻的河流了。每天，他看着峡谷里远远近近的山和那些永远的过客，是他最大的快乐。

　　有一天，黄昏已经不知不觉地降临到峡谷里，最后一批船客上岸后，他感到异常地惬意。峡谷里这时突然显得有些幽静，而且静得有些可怕。他准备掏出衣兜里的那些零散而破旧的纸币数一数，算算这一天的收入。可就在这时，他发现在自己的船上，还有一个装得满满的竹篾背篓，静静地倚在船头。是谁家的？莫非忘了？老杨头看看四周，这时，除了寂静，什么也没有。老杨头走过去揭开背篓外的遮布，竟然看到了一双明亮的眼睛，一双对这个世界一无所知的稚气而蒙昧的眼睛。

　　老杨头连忙打开包小孩的被子，抱出这个可爱的小生命。

　　老杨头禁不住用自己的胡须轻轻地蹭了蹭孩子的小脸。孩子的哭声立刻在这个幽静的峡谷里响起来，传得很远，整个峡谷里瞬间充满了生命的气息。这让他感到从未有过的快乐。他把一滴水点在孩子的嘴唇上，孩子居然不哭了。

　　这个被她的父母狠心遗弃的女婴，老杨头给她取了一个名字叫兰香。意思是希望她长大了以后像这个峡谷里幽香的兰花一样，平凡却能把香味传给每一个过路的客人。

　　老杨头依旧靠摆渡维持生活，每天按时在黄昏的时候送走最后一批船客，然后洗船、上岸，回到自己搭建在河边背风处的窝棚里。只是如今背上多了一个小女孩。小女孩和船都成了峡谷里的精灵。

　　"老杨头，这是谁家的孩子？"常常有人好奇地问。老杨头笑笑，不答，只管撑他的船。有时碰巧遇着还在喂孩子的母亲，把孩子接过去，坐在船篷里喂上一口，下船时再把孩子还给老杨头。

　　兰香就这样长着，和峡谷里的植物一起生长。峡谷因为有了兰香不时的欢声笑语而显得格外热闹了。有要过河的，兰香便到船头去迎接，再进到船里拍拍凳子说："请坐。"许多人上船下船总要摸着兰香的小脑袋，亲亲她的小脸，逗逗她。过河的船客们都说，有了兰香，这河上多了许多生气和人情味。

SIMPLE LIFE ENDURES LONELINESS

淡定的人生耐得住寂寞

就在兰香5岁那年，乌江电站开始蓄水，上级要求所有淹没区最高水位线以下的人都得搬迁。老杨头看看兰香，又看看陪伴了自己大半生的峡谷，问兰香："香儿，咱们还是搬吧，看看这水一天天涨起来了。"

兰香扬着小脸问："我们还能回来吗？"

老杨头摇摇头："不知道！"

停了一会儿，他又看了兰香一眼："你不愿意搬？"

"不是，我舍不得这条河！"是的，兰香是舍不得那些每天到岸上晒壳的鳖、在水里游来游去的小鱼儿，还有整天围着她转的那一群叽叽喳喳的小鸟。

"那我们就搬到这条河的上游去，那里也有快活的小鸟和爬来爬去的鳖。"

"好的。"

就这样，在兰香的欢笑声中，老杨头带着兰香搬迁到了离乌江电站100多公里的上游。只不过依然是在河上，依然是在峡谷里，老杨头还是靠摆渡维持生活。

老杨头摆渡挣不了多少钱。清汤寡水的日子，他还是常常想办法给兰香开小灶。老杨头一筷子一筷子地把好吃的夹给兰香，兰香却趁老杨头不注意的时候，又把好吃的偷偷地夹回到老杨头的碗里。兰香学会了唱歌，学会了用棕叶子和青藤编织各种小花篮。她把花篮挂满了船舱，让生活的美好笼罩着老杨头。兰香爱美，喜欢新衣服，老杨头就趁着兰香熟睡的时候，借着月色到河里去捕鱼，去捕捞那些兰香心中美丽的企盼。

后来，河上修起了大桥，老杨头不再摆渡了，只能用他的船打鱼。老杨头依旧在黄昏洗他的船，依旧在疲倦的时候听兰香轻轻地唱。那歌声消除了他许多烦恼和疲劳。

女儿的成长是老杨头心中淡淡的喜悦。眼看兰香在一天天长大，老杨头也一天天变老了。

兰香20岁那年，乌江上游的水电站梯级开发正式开始了，老杨头所在的地方又变成了洪家渡电站的淹没区，整个乌江流域都在世人的关注中，变成永远的记忆。

那年，兰香有了自己的爱情，男方就是那个经常乘船到县城读书的小伙子。

第六章 守护生命中似淡实浓的真情

也就是在那年,老杨头生了病,估计过不了那个秋天。

兰香和他的爱人想带着老杨头一起外迁,迁到远方。她对老杨头说:"峡谷的外面,是个很美很美的世界!"

兰香告诉老杨头他们的决定时,老杨头迟疑了一会儿,微笑着说:"去吧,去吧,这是件好事儿。"

兰香和爱人一起到外迁地建房去了。那些夜晚,老杨头肚子疼得不行,用粗糙的大手死死摁住疼痛的部位,支撑着身体在峡谷中的河上漂泊。

那天,老杨头感觉稍微好些了,就坐在船头——这个女儿曾经依偎着自己的温暖的船头。他抚摸着有些湿润的船板,眼睛看着远方,那里,有兰香的梦境和新家。

兰香回来的时候,迎接她的只有这条船了。船浮在峡谷的河里,很孤单。

那些日子,那条船记住了兰香的眼泪。

有人愿意买下老杨头的那条船,可是兰香却不愿意。

那条小船在有些昏暗的峡谷里沉静着,它似乎在等待着什么。兰香回来了,脚步很轻,生怕惊醒了什么。她轻轻地抚摸着那条小船,那是一条载满了老杨头的辛酸和自己希望的船啊,船上的每一个凸凹,涩涩的,充满了人生的酸甜苦辣。

兰香拿出手帕,一点一点地学着老杨头的样子擦船。她把那条船擦得锃亮锃亮的,直到露出里面的木纹。

搬迁的那天,兰香把自己编织的花篮挂满了小船,然后听凭它慢慢地向峡谷深处漂去。

(黄泽)

人生感悟

有人说父爱如山,父亲就好像是孩子心中那座巍峨的高山,能够抵挡来自外界一切的风雨。所谓真爱无法计量,当子女有了自己的生活后,也要懂得适时地和父母一起分享喜悦,因为在父母的眼中,你永远都是那个在他怀中不曾长大的"小不点"。

SIMPLE LIFE ENDURES LONELINESS
淡定的人生耐得住寂寞

5. 只给过父亲一把剃须刀

15岁那年冬天，母亲因为疲劳过度猝死在车床前。半个月后，一直被诅咒的父亲赶来了，跪在母亲的遗像前涕泪长流。

我随父亲回到阔别已久的小镇，父亲待我很好，殷勤地嘘寒问暖。这一切又怎能消除整整6年的仇恨？6年前，他为了圆满自己的"爱情"，遗弃了我和母亲。我们母子相依为命，母亲不要他的资助，为了供养我读书拼命干活儿，直至生命的最后一刻！想到这些，钻心的痛就从每个毛囊里升腾起来。我要考上大学走出这个可憎的家！每天我努力读书，冷冰冰地对待他的笑脸。仰仗着一张张奖状，我以各种名目变着法子要钱。看到他忙不迭地从破旧的包里数钱给我，我就感到快意。无休止的索要使父亲清贫的生活更拮据了，为此父亲居然戒了烟，熬烟瘾时皱眉皱眼地难受，但仍对我有求必应。

那年我收到了全校第一份、来自一所著名航海学院的录取通知书。拿给父亲看时，他的狂喜瞬间被惊惧和失落所代替。看他木木地愣在那里，我心里有一种痛击对手后的快意。从此我就可以远离这个家，到大海上浪迹天涯了。

开学时，父亲执意要送我到远在厦门的学校。

报到前一天，我们住在一家廉价的小旅店里。清早起床，父亲正拿了枚刀片在镜子前刮胡子，脸上留下了几道或深或浅的刮痕，细红的血丝渗了出来。也许是离别在前，也许是父亲的确老了，我的心陡然酸了，一股骨肉亲情涌上心窝。我第一次语气轻柔地说："待会儿再刮吧，我到楼下买把刮胡刀。"父亲立刻转过脸，受宠若惊地看着我，良久才双眼潮红地说："家里有的，太浪费了。"父亲是心疼钱，一年前，父亲已经病退，日子更艰难了，何况还要支付我昂贵的学费。我低着头快步走出洗漱间，不愿他看见我的泪水。

第六章 守护生命中似淡实浓的真情

旅馆里的那瞬间的温情并没有维系多久。父亲回到小镇，我在学校读书，似乎两不相干，我的心重新叛逆，恢复了从前的淡漠。

4年后，我毕业了，开始了海上的漂泊生涯。

走的那天，父亲执意要到车站送我，同行的还有伯父和几位朋友。快上车时，一位朋友说了个笑话，大家都哄然大笑，唯独父亲一脸苦闷，低垂着湿湿的眼睛。伯父低声宽慰父亲："又不是再不回来，别这样板着脸……"就在人潮汹涌的站台上，父亲突然无助地、伤心地哭了，丝毫不在乎旁人的眼光。大颗眼泪顺着他脸上的沟壑艰难地流下来，我硬如钢铁的心也酸痛起来。

一向刚毅的父亲，竟这样把持不住。我突然想起，几天前，大大小小的报纸长篇累牍地报道一刚消息：香港"长胜"号货轮在南海遭海盗劫持，28名船员被五花大绑沉尸海底。父亲当时捧着报纸念念叨叨，想要对我说什么，我却一脸冷漠，逼得他最终又将话咽了回去。此刻望着父亲微白的双鬓和肆无忌惮的泪水，我刚想说些什么，一张口泪水就潸然而下。

半年多寂寞的航海生活渐渐磨去了我的年少轻狂。船到香港时，我给家里打了出海后的第一个电话。妹妹告诉我，我走后父亲的身体一直都不好，刚吃过药睡下了。妹妹还说，几天前父亲刮胡子时，不知道为什么手直抖，把脸都刮破了。我的眼睛模糊了，仿佛又看见几年前在旅馆父亲受宠若惊的神情……

挂断电话，我徒步跑出港区，去商店给父亲买了一个最好的电动剃须刀，然后打的去了邮局。邮局工作的女孩儿递来回执，我猛然想起什么，又向她讨回包裹，在包装盒下角的空白处，认真地写下："爸爸，我爱你！"女孩儿笑了，说可以写在附言栏里。我有些窘，笑了笑，转身走了。在很多不能安眠的日子里，我会想起骑在父亲脖子上的快乐童年，想起父亲离去时含泪的"对不起"……毕竟血浓于水，但习惯仍让我把爱写在不令人注意的一角。

4个月后，我从代理手中接过父亲病危的电报。

当我从美国的长滩飞回家中时，昔日身材魁梧的父亲已静静地睡在狭小的骨灰盒里了。

我来到父亲的书桌前，恍然见玻璃板底下，工工整整地压着一张狭长

SIMPLE LIFE ENDURES LONELINESS
淡定的人生耐得住寂寞

的纸条，正是从包裹盒上仔细剪下的那行字"爸爸，我爱你！"

伯父进来，哽咽着说，最后那些日子里，你父亲只要有力气，就拿着那只剃须刀，贴在早已刮得干干净净的脸颊上。父亲还时常和他说，那次在洗漱间晕倒时把刀摔了一下，用起来也没事儿，儿子买的，就是好啊……

抚着剃须刀黑亮的手柄，感觉到父亲曾经的手温，我不禁泪如雨下。这些年来，自己的偏执与冷漠在父亲心底留下了多少创伤，而他却只记得我的好，只记得这来得太迟的剃须刀。

（麦田）

人生感悟

> 当子女展开日渐丰腴的翅膀飞向属于自己的那片蓝天时，父母只能含泪遥望子女的远去，因为他们明白孩子终归是要有自己的生活的。只是，当子女终于在不经意间的回首遥看曾经给予的温暖时，才愕然发现一切都已远去。

6. 母亲，我怎么让你等了那么久

母亲真的老了，变得孩子般缠人，每次打电话来，总是满怀热忱地问：你什么时候回家？且不说相隔1000多里路，要转三次车，光是工作、孩子已经让我分身乏术，哪里还抽得出时间回家。母亲的耳朵不好，我解释了半天，她仍旧热切地问：你什么时候能回来？几次三番，我终于没有了耐心，在电话里大声嚷嚷，她终于听明白，默默挂了电话。隔几天，母亲又问同样的问题，只是那语调怯怯的，没有了底气。像个不甘心的孩子，明知问了也是白问，可就是忍不住。我心一软，沉吟了一下。

母亲见我没有烦，立刻开心起来。她欣喜地向我描述：后院的石榴都开花了，西瓜快熟了，你回来吧。我为难地说：那么忙，怎么能请得下假

第六章 守护生命中似淡实浓的真情

呢！她急急地说：你就说妈妈得了癌，只有半年的活头了！我立刻责怪她胡说，她呵呵地笑了。小时候，每逢刮风下雨，我不想去上学，便装肚子疼，被母亲识破，挨了一顿好骂。现在老了，她反而教着女儿说谎了，我又好气又好笑。这样的问答不停地重复着，我终于不忍心，告诉她下个月一定回去，母亲竟高兴得哽咽起来。

可不知怎么了，永远都有忙不完的事，每件事都比回家重要，最后，到底没能回去。电话那头的母亲，仿佛没有力气再说一个字，我满怀内疚：妈，生气了吧？母亲这一回听真了，她连忙说：孩子，我没有生你的气，我知道你忙。可是没几天，母亲的电话催得越发紧了。她说：葡萄熟了，梨熟了，快回来吃吧。我说：有什么稀罕，这里满街都是，花个十元八元就能吃个够。母亲不高兴了，我又耐下性子来哄她：不过，那些东西都是化肥和农药喂大的，哪有你种的好呢？母亲得意地笑起来。

星期六那天，气温特别高，我不敢出门，开了空调在家里待着。孩子嚷嚷雪糕没了，我只好下楼去买。在暑气蒸熏的街头，我忽然就看见了母亲的身影。看样子她刚下车，胳膊上挎着个篮子，背上背着沉甸甸的袋子，她弯着腰，左躲右闪着，怕别人碰了她的东西。在拥挤的人流里，母亲每走一步都很吃力。我大声地叫她，她急急抬起满是热汗的脸，四处寻找，看见我走过来，竟惊喜地说不出话来。一回到家，母亲就喜滋滋地往外捧那些东西。她的手青筋暴露，十指上都裹着胶布，手背上有结了痂的血口子。母亲笑着对我说：吃呀，你快吃呀，这全是我挑出来的。我这没有出过远门的母亲，只为着我的一句话，便千里迢迢地赶了来。她坐的是最便宜、没有空调的客车，车上又热又挤，但那些水灵灵的葡萄和梨子都完好无损。我想象不出，她一路上是如何过来的，我只知道，在这世上，凡有母亲的地方就有奇迹。母亲只住了3天，她说我太辛苦，起早贪黑地上班，还要照顾孩子，她干着急却帮不上忙。

厨房设施，她一样也不敢碰，生怕弄坏了。她自己悄悄去订了票，又悄悄地一个人走了。才回去一星期，母亲又说想我了，不住地催我回家。我苦笑：妈，你再耐心一些吧！第二天，我接到姨妈的电话：你妈妈病了，你快回来吧。我急得眼前发黑，泪眼婆娑地奔到车站，赶上了末班车。一路上，我心里默默祈祷。

SIMPLE LIFE ENDURES LONELINESS
淡定的人生耐得住寂寞

我希望这是母亲骗我的，我希望她好好的。我愿意听她的唠叨，愿意吃光她给我做的所有饭菜，愿意经常抽空来看她。

此时，我才知道，人活到80岁也是需要母亲的。车子终于到了村口，母亲小跑着过来，满脸的笑。我抱住她，又想哭又想笑，责怪道：你说什么不好，说自己有病，亏你想得出！

受了责备的母亲，仍然无限地欢喜，她只是想看到我。

母亲乐呵呵地忙进忙出，摆了一桌子好吃的东西，等着我的夸奖。我毫不留情地批评：红豆粥煮糊了；水煎包子的皮太厚；卤肉味道太咸。母亲的笑容顿时变得尴尬，她无奈地搔着头。我心里暗暗地笑，我知道，一旦我说什么东西好吃，母亲非得逼我吃一大堆，走的时候还要带上。就这样，我被她喂得肥肥白白，怎么都瘦不下去。而且，不贬低她，我怎么有机会占领灶台呢？

我给母亲做饭，跟她聊天，母亲长时间地凝视着我，眼露无比的疼爱。

无论我说什么，她都虔诚地半张着嘴，侧着耳朵凝神地听。就连午睡，她也坐在床边，笑眯眯地看着我。我说：既然这么疼我，为什么不跟着我住呢？她说住不惯城里。没待几天，我就急着要回去，母亲苦苦央求我再住一天。她说，今早已托人到城里去买菜了，一会儿准能回来，她一定要好好给我做顿饭。县城离这儿90多里路，母亲要把所有她认为好吃的东西都弄回来，让我吃下去，她才能心安。

从姨妈家回来的时候，母亲精心准备的菜肴，终于端上了桌，我不禁惊异——鱼鳞没有刮净、鸡块上是细密的鸡毛、香油金针菇竟然有头发丝。无论是荤的还是素的，都让人无法下筷。母亲年轻时那么爱干净，如今老了竟邋遢得这样。母亲见我挑来挑去就是不吃，她心疼地妥协了，送我去坐夜班车。天很黑，母亲挽着我的胳膊。她说，你走不惯乡下的路。她陪我上了车，不住地嘱咐东嘱咐西，车子都开了，才急着下去，衣角却被车门夹住，险些摔倒。我哽咽着，趴在车窗上大叫：妈，妈，你小心些！她没听清楚，边追着车跑边喊：孩子，我没有生你的气，我知道你忙！

这一回，母亲仿佛满足了，她竟没有再催过我回家，只是不断地对我

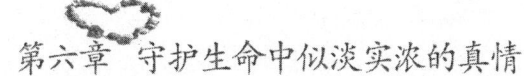

说些开心的事：家里添了只很乖的小牛犊；明年开春，她要在院子里种好多的花。听着听着，我的心得到一片温暖。到年底，我又接到姨妈的电话。她说：你妈妈病了，快回来吧。我哪里相信，我们前天才通的话，母亲说自己很好，叫我不要挂念。姨妈只是不住地催我，半信半疑的我还是回去了，并且买了一大袋母亲爱吃的油糕。车到村头的时候，我伸长脖子张望着，母亲没来接我，我心里颤颤地就有了种不祥的预感。

姨妈告诉我，给我打电话的时候，母亲就已经不在了，她走得很安详。半年前，母亲就被诊断出了癌症，只是她没有告诉任何人，仍和平常一样乐呵呵地忙到闭上眼睛，并且把自己的后事都安排妥当了。姨妈还告诉我，母亲老早就患了眼疾，看东西很费劲。我紧紧地把那袋油糕抱在胸前，一颗心仿佛被人挖走了似的。原来，母亲知道自己剩下的日子不多了，才不住地打电话叫我回家，她想再多看我几眼，再和我多说几句话。

原来，我挑剔着不肯下筷的饭菜，是她在视力模糊的情况下做的，我是多么地粗心！我走的那个晚上，她一个人是如何摸索到家，她跌倒了没有，我永远都无从知道了。母亲，在生命最后的时刻还快乐地告诉我，牵牛花爬满了旧烟囱，扁豆花开得像我小时候穿的紫衣裳。你留下所有的爱，所有的温暖，然后安静地离开。

我知道，你是这世上唯一不会生我气的人，唯一肯永远等着我的人，也就是仗着这份宠爱，我才敢让你等了那么久。可是，母亲啊，我真的有那么忙吗？

（刘继荣）

人生感悟

"树欲静而风不止，子欲养而亲不待。"如果我们在平日的生活中，多把一些浪费的时间匀一点给亲人，让对方快乐，那么最终我们就不会因为自己曾经的懈怠而后悔万分，因为这个世界上最宝贵的便是亲人的爱。

SIMPLE LIFE ENDURES LONELINESS
淡定的人生耐得住寂寞

7. 一生有个对不起的人

一

15岁之前，他有过一段锦衣玉食的日子。他的父母曾是小城里有头有脸的人物，伴随着他成长的当然尽是些夸奖恭维的话。直到有一天夜里，检察院的人敲开了他家的门。回头看见父母惨白的脸，他隐约感觉到生活从此会变个方向行驶了。

接下来的日子里，人们都像避瘟神一样躲着他。直到有一天，他放学，家门口坐着个人高马大的乡下女人。那是他的婶婶，在爷爷的葬礼上他看到过她。

她利索地拍去身上的土，粗声大气地说："小海，我是来接你的。"他一下子蹲在地上哭了起来，这些日子以来，从没有人给他个好脸色。女人扳了他的肩膀，说："大小伙子，哭啥嘛，天又没塌，有手有脚的。"

他跟着她来到了那个依山傍水叫北兴屯的地方，走到一间仿佛一脚就可以踹倒的低矮的草房前。她回头对他说，到家了。然后高一声低一声地喊二丫。他愣了，这样的房子也能住人吗？草房里走出来两个人，一个是喝得有点晕头转向的叔叔，一个是又黑又瘦的女孩，松松垮垮地穿着件大布衫。很显然，那是婶婶的衣服。

婶婶一到家就拎了猪食桶喂猪，骂声也跟着响起来："我要是不在家，这猪就得饿死。我嫁到你们老吴家，真是倒了八辈子霉。啥福没享着，还得干这种替人擦屁股养孩子的事⋯⋯"

二

想母亲的时候，他就拿她跟母亲对照。她抽旱烟，一嘴大黄牙，似乎是胃不好，吃过饭就不停地打嗝，几毛钱一袋的盖胃平她一把一把地吃。一家4口人挤在一个大火炕上，他很不习惯，尤其是她一沾炕，呼噜就打

第六章 守护生命中似淡实浓的真情

得山摇地动的。而母亲总是温柔浅笑，说话从来都没有大声过，就是训斥那些来家里的人，也都是微笑着，轻言细语，却能让来人冒出一头的汗。

很快，他到邻村的中学里上学了。城里的教学质量好，他的成绩在村中学里自然是最好的。

接下来的暑假，她扔给他一把镰刀，说："别在家吃闲饭，玉米地里的草都吃苗了。"他第一次进入一人高的玉米地，玉米一根根枝叶相连，整片玉米地就像个密不透风的蒸笼，人进去闷得喘不过气来。她割完了3条垄，他连半条垄都没割出来。她返回来，嘴里骂："真是你们老吴家人，干啥啥不行，吃啥啥不剩！"他听了，一声不吭，疯了一样抡起手里的镰刀割草。

暑假结束时，他已经像屯子里的孩子一样晒得黝黑了，细细的胳膊也变得粗壮了。他照着她家碎了半边的破镜子想：或者这辈子，就得在北兴屯里当个庄稼汉了吧。

接下来，平时吝啬得一分钱都要掰成两半花的她扯出一张50元的钱给他，说："你去街里上点冰棍回来卖卖，不然下学期你花啥。"

他犹豫着，二丫接过钱，说："哥，我跟你去。"

50元钱买了足足一袋子冰棍。他第一次背那么沉重而且冰冷的东西，背到村里的时候，又累又冻。接着，他就挨家挨户去卖。那次，除了还她的50元，他还挣了30多块钱。这是他这辈子第一次挣到钱，只是，那钱在他兜里还没焐热，就被她要了去。看到她沾着唾沫数钱的样子，他在心里鄙视，从没见过这么低俗贪财的女人。

在他眼里，她最大的爱好就是数钱，她说："攒够了钱，我也盖它三间大瓦房，让屯子里的人都看着眼红。"叔叔在旁边嘿嘿地笑。她一脚踹过去："要是你少喝几瓶马尿，我的房子早起来了。"

三

他父母的判决下来了，父亲是无期，母亲是15年。这就意味着，在成年之前，他只能待在她这里。听到这样的判决结果，她又骂"倒了八辈子霉"的话。他更加沉默，低眉顺眼。

纵是日子难熬，他还是考上了县里最好的高中。回到家，他一直迟迟不肯说。那样拿钱当命的女人，怎么肯再花钱送他上学？那天，她风风火

SIMPLE LIFE ENDURES LONELINESS

淡定的人生耐得住寂寞

火地从外面回来，一把揪住正在剁猪食菜的他的耳朵，说，小兔崽子，老黄家二小子考高中的成绩都发下来好几天了，你不会是啥也没考上吧？他手里的刀一偏，剁到了手上，血淌下来，眼泪也淌了下来。她转身，从灶台里扒出一点灰，帮他按上，仍问："天又没塌下来，有手有脚的，你哭个啥？到底考没考上？"

他把书包里的通知书扔给她看，她的脸上立刻绽开了一朵花，出门站在院外穷显摆：我家小海考上县一中了，比老黄家小子高出100多分，啧啧！

高中开学前那天晚上，她给了他一卷子毛票，说省着点花，我可不像你爸妈，不开银行，没有人送礼。他抬头，看着她硕大的一张脸，说："你让我上高中？"

她说："是啊，我上辈子欠你们老吴家的，这辈子还账呢，你们这帮要账鬼都快把我吃了。"

他的日子有了盼头，只要考上大学，申请了助学贷款，他就可以永远离开北兴屯了。这儿的风景美都是城里人说的，让他们来住一天两天行，让他们住一年半载试试？

四

他上了大学，每个假期都借口留在学校打工，不回去。

她开始向他要钱，以各种各样的借口。他做了一个项目，挣了一笔钱。在存钱的时候，他心思一动，拿出1万块，写了她的名字寄回去。从此，他们之间两清了，终于可以不再跟她有瓜葛了。可是他并没感觉到轻松。

这世界上，从此再无亲人，不知为什么，他忽然有种无依无靠的感觉。转身看见一个农家菜馆，他进去，要了一盘酸菜炖土豆丝。上来，全然不是她做的味儿。他想起接到录取通知书后，她出去了几天，风尘仆仆地回来，从三角兜里掏出一沓钱，说："你爸你妈总算没白混，他那些狐朋狗友凑了钱，让你上大学。"

他别过头，泪流了满脸。

有一次，他在城里遇到父亲昔日最好的朋友，他说："谢谢你们凑的那些钱。现在我大学毕业了。"那人脸上一片茫然："你上大学了？啥

第六章 守护生命中似淡实浓的真情

时候?"

他一瞬间明白了一切,那种酒肉朋友怎么会在没利的地方投资呢?

收到他的钱,她打来电话,张口就说:"兔崽子,你跟你那没良心的爹妈一样,就知道用钱砸。当初你爷临死想看他们一眼,他们都不来……"说着,她居然哭了起来。

他去了监狱,看到母亲,母亲早已没有了从前的颐指气使,而是叮嘱他:"小海,对她好点儿,她不容易啊!咱家好时,她来找过我,说想盖房,借点儿钱,我没借……咱家出事了,没想到她会把你接回去。就算是茅草棚,能让你住下来,能给你弄口饭吃,我也感激不尽了。"

他的泪也在眼圈里打转,这些年,她自己舍不得吃、舍不得穿,却从来没有缺过他的吃穿。他回到北兴屯,见到那一脚就可以踹倒的茅草房,心里居然暖暖的。

她没在,院子里扔着没剁完的猪食菜。邻居说,你回来啦,你快去吧,你婶快不行了。

他的脚一下子就软了,那么有底气骂人的她,怎么会不行了呢?

他在医院的走廊里就听见她在骂大夫:"我姚美芬一辈子什么没见过,想糊弄我的钱,没门儿!我的钱那可都是有用的,我要盖三间大瓦房呢,背山的,清一色的红砖……"

他站在她面前,说:"婶,咱的房明天就盖,我找人盖。"

她盯了他几秒钟,仍是骂:"你这小兔崽子,我供你吃供你喝供你上大学,你一走连个信儿都没有,你还有没有良心啊?"骂着骂着,她的眼泪和鼻涕一起流了下来。

出来,阳光仍是明晃晃的,二丫跟在他身后。他问:"她啥病?"

"胃癌。哥,你不知道她有多想你,你也不知道她有多疼你。她向你要的那些钱,她一分都没花,就是看病这么紧,她都不让动。我娘说,这是攒着给你成家的钱,她怕你没钱,也像大伯一样走歪路……"

他抬起头,以为这样泪就不会掉下来,可是,那些泪,经过了这么多年的蓄积,终于肆无忌惮地落了下来。这一生,他注定有一个对不起的人!

(金薇)

SIMPLE LIFE ENDURES LONELINESS
淡定的人生耐得住寂寞

> **人生感悟**
>
> 即使整个世界都背叛了你,却依然还是会有一双手臂张开着,那便是亲人的爱。这份爱就像是温暖我们整个人生的电暖炉,稳稳地为我们前方冰凉的人生输入更多的力量。但是我们也要学会去爱护它,珍惜它,这样我们的整个生命才会四季如春。

8. 只是你不知道,其实我也很爱你

她入土的那个中午,我还在回南宁的飞机上。手机是关了的,弟弟只好给我短信:姐,她12:35入土为安,爸爸吩咐你默哀10分钟。

下了飞机已经是下午1点,我看着手机上的短信,在人来人往的机场泪流满面。

我的左手很完美,皮肤细滑,五指纤纤。但我的右手缺了一根尾指,并且在断口的地方丑陋不堪,这是我20年来最心痛回忆的见证,与她有关。

我恨她,我很恨她

20年前,我才7岁,每天最常做的事情就是带着两岁的弟弟在村巷中来来去去地走。父母刚刚到县城里的医院工作,三班倒上班,又没有房子,所以我们姐弟俩在老家由奶奶带。

那时的奶奶守寡已经20年了。还不到50岁的人看起来像60多岁。她几乎不对我笑,偶尔会对弟弟笑一下。她喜欢男孩,我们都知道。和很多重男轻女的农村妇人一样,她有什么好吃的是从来不会先考虑我的。

即便是一条父母托人送回来的花裤子。那么长的裤子,暖和的灯芯绒面料,我好久就渴望拥有的一条裤子,这样我背着弟弟出去转悠的时候就不会冷得两腿发黑了。但她并不给我穿,即便知道我那两条裤子已经变短已经磨出了两个洞,她也只是冷冷地扫了我一眼:你还有别的裤子呢,这

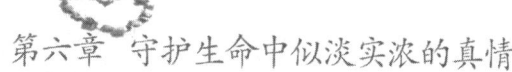
第六章 守护生命中似淡实浓的真情

么暖和的裤子留给仔仔以后穿！然后把裤子很郑重其事地锁入她屋内那个红黑色的柜子里。那个柜子已经放了很多新裤子、新衣服，在学校里，我说我有很多新衣服都没有人相信，因为我总是穿着打了补丁的旧衣服。

我现在有很多的新衣服，有的买回来也穿不上，可是我还是买，买的时候我总在想，我再也不要穿旧衣服。这种心态真是奇怪至极。但我却能从装满我三个衣柜的大量衣服里得到一种莫名其妙的安慰。它们让我再想不起那些不被相信的屈辱，那些站在门口看着她把我的新衣服锁入柜子里时的忿忿不平。

我开始恨她，这个都不把我当成她亲人的老女人。我才7岁，就要帮她喂猪，挑水，煮饭，还有，带着我很不听话总是哭闹的弟弟。我都不明白她为什么要把自己弄得那么忙，种好大的田地，整天都在田里忙，回来后总是骂我还没有煮饭。我觉得很累，有时候我会玩得忘记回家煮饭，她就很生气，她不打我，只用手在我的腰上、胳膊上拧，痛得我眼泪直打转，偏偏我又倔得厉害，从不认错。

晚上洗澡的时候，她在天井帮弟弟洗，逗弟弟玩，有时候会笑。我数着胳膊上的青紫，发誓我恨她，永远恨她。

我永远不能忘记那触目惊心的震撼

那一年冬天，我们那个小村落居然下了薄薄的一层雪，我从来没有见过雪这个东西，只觉得白晶晶实在很漂亮。她好像去了地里，那么冷还下田，村里的人赞她勤劳，而我觉得她只不过是为了人家的赞美才下田的。我带着弟弟去看雪，弟弟穿了好多衣服，像一个球一样，看起来真的很好笑，而我只顾着笑，没有看到眼前有一道铺了薄冰的水沟。我和弟弟跌到了水沟里，衣服全湿了，冷得说不上一句完整的话。幸好那水沟不深，我把弟弟拉上来，背起他飞快地往家里跑。我必须赶在她没有回来之前换上干净的衣服，不然她会拧死我的。

天气真的很冷，我好不容易才帮弟弟和自己都换上了暖和的干净衣服。那天不知道为什么她没有锁那个红黑柜子，我把自己和弟弟里里外外全都换上了新衣服，当然我换上了那条灯芯绒裤子。真的很暖和，而且刚刚合身。

· 153 ·

SIMPLE LIFE ENDURES LONELINESS
淡定的人生耐得住寂寞

穿好衣服，我忽然发现弟弟有些不对劲，摸了一下他的脸，很红很热。弟弟发烧了！我急得不行，想去买药，但又没有钱。忽然想起上次弟弟发烧的时候，她曾经从红黑柜子里拿钱送弟弟去卫生所。房间里的光线很暗，我几乎探了半个身子在柜子里使劲地寻找。

死丫头！我听二婶说你把弟弟掉到水沟里了！你在干什么？这时她的声音不亚于电视里老妖怪的出现。我一只手还攀在柜子里，另一只手则吓得把刚刚拿到手的东西掉在了地上。

你这个不争气的死丫头，竟然做起小偷来了！你敢偷我的钱？她冲了过来，狠狠地关上了红黑柜子的门，然后，我来不及抽走的手就传来了一阵钻心的疼痛。倔犟的我不愿意在她的面前表露脆弱，我只是闷闷地哼了一声。而她，很快察觉了弟弟的不对劲儿，一把抱起了弟弟就往外面冲。我暗暗松了口气，弟弟会没事了。我要趁她不在，看看我的手被那柜门夹成了什么样。

我的右手的整个小尾指由于她用力关柜门的缘故，被绞在了柜门的缝隙之间，痛得我几乎失去知觉。可是无论我怎么用力，不知道是因为整个手指被压碎还是因为柜门已经坏了，我怎么也抽不出我的右手。只知道那只手越来越痛。然后，我就真的痛到没有知觉了。

我醒来的时候，只有我一个人躺在床上。缠了灰色纱布的右手还在痛。幸好，那个老女人还知道救我。看在她为弟弟心急的份上，我也不怪她让我痛了。

接下来的三天，我都很安静。第一次为伤手换药那天，父母终于从县城来到我们姐弟俩的面前。妈妈小心翼翼地拆开我手上的纱布，我痛得厉害，不敢去看，当我的手感觉到冷冷的空气，紧接着我听到妈妈哇的一声大哭抱住我后，我转过头来看我的右手。

我永远不能忘记那一种触目惊心的震撼。

我很坚决地要求离开那个我煎熬了足足7年的家，并且坚持弟弟也要一起走。我再受不了那个老女人对我的虐待。走的时候，妈妈抱着弟弟，爸爸抱着我。我用一种很冰冷、很怨恨的眼神最后看她，她站在家门口的老槐树下，瘦而高，站得笔直。我决心，从此以后，我要把这个老女人从

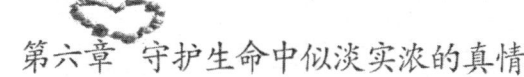 第六章 守护生命中似淡实浓的真情

我的记忆里完全地清除出去,再也不要记起。

再一次见她,已经是10年之后,而过去的10年里,弟弟倒是经常和父母一起回去探望她。而我,从来不去。残疾的右手成为我心里最尖利的一根刺,在我17岁那么自尊自卑的岁月里,刺得我和周围的人都伤痕累累。

我是被逼再见她的。我并不知道那个站在我家楼下的老太婆就是她。10年后,我长大了,她却被岁月无情地催老。我不认得这个老太婆,我经过她,准备上楼。

丫头。我听到了苍老的声音。接着我握紧右手的四个手指,心里那根刺开始扎我,扎得很痛。这个老太婆,她还有什么面目出现在我的面前?我想她甚至不记得我叫什么名字。我只是一个死丫头。

你来这里做什么?你滚!我大吼。

因为这一句话,从来极疼我的父亲给了我一巴掌。指着桌面上那堆草药吼:那是你奶奶,她65岁了!背着这堆给你的草药走了整整一天才到这里的!

我满眼是泪:我都残废了,要草药有什么用?

那一天,她始终不愿意走上楼来,又连夜一个人走了回去。父亲是推了车要去送她的,但她坚持没坐。父亲只好一直陪她走回去。而我,竟然一直又再过了10年,也没再去见她。我在中国的各个城市里游走,不是没有时间,也不是没有金钱,我只是不去看她,一次也不去。

你只是从来不知我也爱你

我只是不知道,我10年前见她的那一面,竟然是她活在人世的最后一面。

我跪在那堆黄土前,不知道为什么哭到停不下来。爸爸仿佛一夜老去,走到我的面前拉起我,也扬起了手。如果可以,我宁愿他真的打下来。但爸爸最终没有,只是哭着骂我:你怎么这么不孝呀!他指着那个红黑的老柜子说:你奶奶说,里面的东西全是给你的,谁也不给。

我摸摸我残疾的右手,发觉自己早不那么在意它的不全,它并没有影响我活得独立自尊,也没有影响我获得爱情。我用我的右手打开了柜子。

SIMPLE LIFE ENDURES LONELINESS
淡定的人生耐得住寂寞

然后，泪水再次和着周围人群的哗然而落下。那个柜子里都是什么呀，满满的全是钱，一毛、两毛的，一块、五块的，都分类地叠得整整齐齐。

小妍啊，老太太也算是对得起你，这么多年来一直念叨的就是怕你伤了手嫁不出去呀，平时肉都舍不得吃一顿，没想到为你存下这么多钱……爸爸悲声痛哭，扭了头不忍再看那些破旧整齐的零钞。弟在我身后抓紧我的右手：姐，你原谅她吧。

我已经无法形容心里的悔恨和悲伤。我原谅她，我怎么不原谅她呢？这些年，我从各个城市给她汇款，只是我从来不加只言片语，我只在心里想，给她钱，她自然会好好照顾自己。待我想通了，自然回去看她。

不知道如何面对，亦不知道如何找理由，我这么像足了她的倔犟。我明明知道她想见我，她只想见我一面，我能做却都不帮她做到。

爸爸告诉我，那堆钱一共有 55632.4 元。柜子里还有一些我小时候穿过的衣服，洗得很干净，都叠得很整齐。

我看着爸爸，说：爸，其实，我也爱她，我只是从来没有承认过。我看着那个红黑色的木柜子，心里一直在问：奶奶，你听到我在叫你了吗？就像我觉得你不爱我一样，你只是从来不知道我也很爱你。

（凌霜降）

人生感悟

有句话说得极对："我们总是对身边的人太过苛刻，而对陌生人太过客气。"生活中，我们常常因为一时的赌气，或者受了一点委屈，就让亲情背上沉重的包袱。其实，很多时候，最美好的关爱往往是看不见的，需要用心去感受，毕竟只有亲情才是我们最为深刻的牵绊。

第七章
Chapter7

——— 得之我幸,失之我命 ———

　　爱不是用来折磨的,恨也只能让自己痛苦!不必为流逝的爱情耿耿于怀。因为你再怎么不甘它也是失去了。因为深深爱过,所以心会痛。因为痛过,所以刻骨铭心。因为刻骨铭心所以无法忘记。那就把它深埋在心底吧,时间会将一切淡化,若干年之后再回头那些疼痛就已不如当初那般不可触摸!

Simple Life Endures Loneliness

淡定的人生耐得住寂寞

1. 我不能一直站在你身边唱悲伤的歌

一

很多年后，梁舒遇到卖米花糖的还是会跑上去买一块，拿回家，一小口一小口地吃掉它，然后抹干净掉下来的渣儿。就像是个仪式。

梁舒的很多事情都是宗陶没办法理解的。比如，她总爱买那种白色的地毯丝钩各种帘子，冰箱帘、空调帘、沙发帘，甚至连小小的凳子她也要钩上帘子。宗陶问她是不是准备跟他结婚时做嫁妆，梁舒的嘴角微微翘起，算是回答了他。她从来没说过不爱宗陶，但也从来没说过爱。

有一次宗陶发了脾气，他说："你能不能快刀子割肉给个痛快话，这样不死不活的，咱这婚到底是结还是不结？"

梁舒那边仍是没话，宗陶看过去，梁舒直淌泪，手里仍是握着那早就磨亮了的钩针。

宗陶叹了口气，靠过去，抱住她，自己有什么办法呢？宗陶问："真的没办法忘掉他吗？"

梁舒的眼泪越发汹涌。

二

宗陶在鱼市场找到关中时，他正穿戴着长长的皮手套跟人吵："说好了35块钱一斤不能挑，你那手往哪摆呢？"

宗陶走过去，关中"哟"了一声，他说："这么闲，来买螃蟹？随便挑，我给你最低价。"

宗陶说我能跟你谈谈吗？

关中一口气几乎吸掉了半支烟，他的眼睛瞅着街上，说："你们快结婚吧？"宗陶"嗯"了一声，过了好半天又说："梁舒不快乐！"

关中很大声地笑了几声，他说："她那是娇小姐的臭毛病，让她来卖3天螃蟹，每晚累得要扯猫尾巴上床，看她还提不提快乐的事儿！"

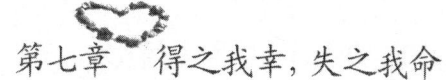
第七章　得之我幸，失之我命

宗陶骂了句脏话，他说："真他妈的不知道梁舒看上你什么了，就你，能给她什么！"

关中站起来，拍了拍宗陶的肩膀，他说："兄弟，这话算你说对了。"

三

那年梁舒15岁，爱吃米花糖，是个胖妞，最大的梦想就是能瘦下来，梳短发露出光洁修长的脖子，穿格子裙、海魂衫。可是米花糖好吃，肚子也总像是个无底洞。她不喜欢自己，她也讨厌同桌宗陶叫她梁小肥。

那是个普通的周六，阳光有点好，梁舒听到卖米花糖的敲锣声，追了三条街。没追上卖米花糖的，却看到几个人在围打一个男生。

梁舒犹豫了一下，冲过去喊："警察来了。"男人们如鸟兽散。蜷缩在地上的男生勉强站起来，冲梁舒龇牙咧嘴地笑。他说："美女救英雄。"那是第一次有人说梁舒是美女。梁舒抛了个白眼："你是小偷？"那人举了举手里的钢条："我捡的。"男生叫关中。梁舒笑，关中大侠？

关中是个好玩的人，总是晃荡着，梁舒以为他是无业游民。其实他在上一所技校，学电焊的。梁舒睁大眼睛说：火花四溅那种？关中拍了梁舒的脑袋一下：你以为是李咏砸蛋啊！

不知为什么，梁舒跟关中在一起很舒服。不像在宗陶面前，她总害怕说错话让他笑话。

某一天，走进一家小店，店主在钩各种各样的白色帘子。梁舒喜欢，叫嚷着要学。关中"切"了一声，说，你笨得跟熊似的，钩出这个我吃了。

梁舒不服气，买了针线跟店主学。买的钩针不好使，梁舒抱怨。没几日，关中送了跟店主一模一样的钩针。梁舒又惊又喜，问哪儿弄的。关中很得意，我们学校的车床啊，我自己磨的。

关中的手上血淋淋的，是水疱破了。梁舒的眼泪一下子涌了上来，她说："你傻啊！"

四

高二那年，梁舒跟关中坐在冷饮店里吃冰激凌。梁舒的父亲牵着个年轻的女孩进来。梁舒认得那女孩，是父亲的学生。

两边的错愕是一样的。梁舒父亲的眼里燃着一把火，他把梁舒拉回家，他说："你才多大，跟社会青年混？"梁舒也是不认输的，她说："教授是不是请每个学生都吃冰激凌？"梁舒父亲的目光暗了下来，他说："别

SIMPLE LIFE ENDURES LONELINESS
淡定的人生耐得住寂寞

告诉你妈。"梁舒说:"一样。"

梁舒回去继续把那杯冰激凌吃完。关中小心翼翼地问:"你爸是大官?"梁舒的手伸进关中的手里,五根手指跟关中的手指交叉,眼泪顺着面颊往下流。

关中笨手笨脚地用另一只手帮梁舒擦,泪却是越擦越多。她问:"你喜欢我吗?"关中点头。"会一直喜欢吗?"关中又点头。梁舒问:"一直是一辈子吗?"阳光透过落地窗暖暖地照进来,落到两个青春茂盛的男孩、女孩的脸上,一辈子太长,没人知道明天会怎样!

梁舒的父亲没有纵容梁舒跟关中继续来往。梁舒从来不知道一个教授会那么神通广大。他很快托有亲戚在公安局的学生对关中进行了一个彻底的调查。关中3岁时,不堪家庭暴力的母亲杀了父亲后被判无期。关中一直跟爷爷奶奶生活。几年前,爷爷奶奶相继过世,关中便自己过。

梁舒的父亲还打听到他的大学同学恰好在关中上学的技校当校长,一个电话过去,关中被请到了校长室。

那正是敏感而又自卑的年纪,关中面红耳赤地站在梁舒面前,他说:"我不配跟你做朋友,我也没求你啊!"

梁舒的眼泪刷地下来了。她说关中你没良心。关中一把抱住梁舒,胡乱地吻,梁舒挣扎出来,狠狠地给了关中一巴掌。

那之后,梁舒被父亲送到上海姑姑那儿上学。两年后,梁舒复读考进政法学院。入学的第一天,她遇到了来接新生的宗陶。他惊异于,只两年的工夫,时光就把一个胖胖的姑娘变成了眉目秀丽的丁香女孩。

五

梁舒再见到关中,是在大四那年的法庭上。梁舒是实习书记员,关中是被告,故意杀人。

梁舒以为伤口早已慢慢愈合,像什么都没有发生过一样,那注定是个插曲。可是见到关中,梁舒的胃撕心裂肺地疼了起来。

关中的目光始终落在梁舒身上,他什么都不说,什么都不辩解。梁舒找到了关中的卷宗,里面很多证据都经不起推敲。那个案子关中是被冤枉的,可是他不说,他说快点判了吧,最好是给颗花生粒吃,他活够了。

梁舒听到这话时,哭成了泪人。那一年,父亲的同学警告关中不成,便找了个借口把关中给开除了。这些年在社会上混,关中吃过的苦没人能知道。

第七章　得之我幸，失之我命

梁舒又一次走进了看守所，她说："我等你出来。"梁舒看到关中眼里的眼泪。他说："行，我结婚你要来当伴娘。"

六

关中出来梁舒就找不到他了。半年后，梁舒跟宗陶在鱼市场见到关中，他打着赤膊跟人吵架，他说："小心我削你。"

突然看到梁舒，关中下意识地拿了小凳子上的汗衫套上，他说："买啥，哥给你便宜。"

宗陶见了关中的那一晚，梁舒钩了一夜帘子。第二天天一亮，她就包好那些帘子来到鱼市场。鱼市场上人很多了，梁舒站在关中面前，她不管地上又是泥又是水，她把帘子打开，扔在地上，那些白色的线帘像在污水上盛开的一朵一朵的白莲花。

梁舒的眼睛很平静，她说："关中，你是个懦夫。从我认识你的那一天，你就是！"说完，挤出人群，泪流满面。

梁舒没有跟宗陶结婚，她去了新加坡。

某一日，梁舒收到宗陶的电子邮件，里面只有一句话，附件里有一首歌。那句话说："关中昨日死于交通事故。歌里面有一句词：我不能一直站在你身边唱悲伤的歌。"

梁舒坐在电脑前，久久不能回过神来。宗陶说得没错，这世界上最爱她的人始终是关中。他不能带给她幸福，所以宁愿松手。

不以占有为目的的爱情才是真正的爱情。只可惜，梁舒一直都以为那是退缩和懦弱。

（风为裳）

人生感悟

不要为流逝的爱情耿耿于怀，也不要为获得的甜蜜而沾沾自喜。因为爱情是两个人共同的感知，是需要得到彼此双方的共同认可的。如果彼此能够搭建起爱的桥梁，那么就请彼此相爱，忠守一生。如果彼此因为某些原因不能够牵手走下去，那么就请潇洒地放手，给对方解脱。

SIMPLE LIFE ENDURES LONELINESS

淡定的人生耐得住寂寞

2. 爱情就是彼此温暖，永不相弃

> 我始终在怀念，你说的那种近，有着温暖真实的质感，你说爱情就是彼此温暖，永不相弃。
>
> ——题记

在这样的光年，我们就这样遇见

生命是一个冗长的过程，时光以它特有的方式沿着特定的轨迹向前流窜。我们像两条未知的光线，在某一天，没有早一步，没有晚一步，就这样交汇了。

5月的人群在燥热的阳光下来来去去。远处一个个或隐或现的大烟筒涌放着黑密密的浓烟，集结、霸占了整个天空，吞噬了阳光的颜色，只剩下闷躁的感觉，让人混身不安。

暴雨来临之前，空气异乎寻常地闷热。行人在闷热里沉默前行，祈祷大雨落下之前回到带给自己安全温暖的地方。街边服装店门口的大喇叭播放着那些被老年人嗤之以鼻的说唱音乐。苏然站在这座陌生的城市的街角给安岩打电话，但电话那头传来的嘈杂声让她有种从未有过的反感，她挂了电话，关了机。她想也许在这个时候自己多少显得有点多余。只是在这样的场景里，她开始莫名地想念一个曾带给她无限温暖与安全感的男孩，想起第一次遇见安岩的时候，那时候的她莽莽撞撞的，一点都不像个女孩子，嘴里还不停地嘀咕着什么。人好像真的是很奇怪的动物，可以莫名其妙地一起等车，莫名其妙地开始攀谈，莫名其妙地一起下车，然后还莫名奇妙地进同一所学校。唯独不算莫名其妙的，是他们互报了彼此的名字。

一条街，一场雨，一句话，他们的一切从那一刻便拉开了序幕。总是频繁地遇见，在同样的地点，简单的语言，明媚的笑容。

后来，他说那场雨是为他们下的，因为它让他们遇见了彼此。好像他

第七章 得之我幸，失之我命

们熟悉起来是那么理所当然，甚至都可以没有太多过渡的阶段。她不知道安岩是怎么在她最需要的时候出现在自己身边，她也不知道安岩是怎么让所有认识他的人在自己面前帮他说好话的，但是她知道安岩所要的幸福她给不了。她知道自己一直以来就是一个没有安全感的孩子，四处迁徙，不安定。关于爱情，唯希曾告诉她说："爱情就是彼此温暖，永不相弃。"可是她知道自己可能没有办法再给安岩温暖，更无法提及永不相弃。

这个夏天，安岩，毕业了

6月，夏天以它仅有的方式靠近，似乎这注定是个离别的季节。安岩还是决定回老家南京，他说家里人已经为他安排好了一切。苏然只是沉默着，因为她知道，毕业，这样的分离是谁也避免不了的。

在最后的那次聚会上，安岩喝了很多，他帮苏然挡了很多酒。他同学开着玩笑说，安岩，你疼老婆，也用不着这么个疼法吧？安岩只是笑，然后一个劲儿地喝酒，他想或许没有比微笑更好的解释了。那场聚会一直持续到凌晨两点才散，那是个适合幻想、充满幻想的季节，栀子花逐渐开放了，还有野蔷薇、爬山虎在这个季节的围墙上蔓延开来。4年了，竟然是第一次这么晚还在校园里行走，他们并排走着，没有言语，安静得可以听见彼此的呼吸声。走到足球场的时候，安岩突然停了下来，他在足球场的台阶上坐了下来。安岩说，给我讲讲你的故事吧，这样我也可以安心地离开。

沉默片刻后，苏然开始说话，说那些在自己心里尘封了4年的往事。跟唯希认识几乎是从小就开始的，那些日子他们几乎是一起走过来的，他们在那个开始懂得爱情的年龄，约定好上同一所大学。那时候唯希说，爱情就是彼此温暖，永不相弃。可是说好了的幸福，有人却先走了。

4年前在青海市街头曾发生了一起车祸，迎面而来的货车直直地撞上一个年仅18岁的男孩，送往医院时因流血过多身亡。当时撞上的那一刻，苏然在对面的马路上撕心裂肺地叫喊，苏然一直都只是站在那里看着那一切，却没有办法挽回。那是一种深刻的痛苦，当时的那种无能为力好像能够把本来就不强大的外表全部撕裂，裸露出其中毫无防御的脆弱。可是一切终究没逃得过命运的安排。那天是她和唯希考上D大的日子，彼此都很开心，他们约好在芙蓉路见面，为实现了他们的约定好好地庆祝一下。她似乎已经幻想

SIMPLE LIFE ENDURES LONELINESS
淡定的人生耐得住寂寞

好以后的那些情节，过程，早就一遍一遍地在她的脑海里展开，延伸，最后枝叶丰满，即将盛开。可是在这即将盛开的时候，却一下子散场了。

沉淀了那么久的感情，她本以为可以面无表情、可以像是在诉说别人的故事一样，可是当她开始讲出第一句话的时候，她发现那些感情即使是在4年以后，也没有办法像预想的那样叙述得淡定和从容。她别过头，努力不让眼泪流下来，可是，她不知道该如何控制好自己的呼吸。一切都是注定的，无法阐述，这也许都是命运，"注定"这个词便将它诠释得淋漓尽致了。

那些彼此的照顾，与温暖的时光，只是再怎么温暖也无关爱情，苏然一直沉默不语。她想留住，可是她知道那一刻，再多的言语都会显得苍白无力，决定了的离开，谁也无法阻止。

安岩还是走了，离开的时候苏然去送他。当火车开动的那一刻，苏然站在月台上使劲地朝他挥手，然后眼泪就那么夺眶而出。苏然轻轻地喃喃地说，再见，再见，会再见的。

风是暖的，喜欢这种足以让人温馨一个季节的温度。她把手指张开，让风从指间掠过。她像是要抓住什么似的，可是经过手心的只是一片荒凉。其实谁也不会知道她有多么地不舍和难过，离开了也许就回不来了。从唯希离开的那一刻起，她比谁都清楚这个道理。

南京

苏然拨通了他的电话，她说自己已经在南京火车站。可安岩却说，公司马上有个重要的会议，暂时脱不开身，他让苏然自己找个地方先住下，等忙完了再去找她。

秋日的阳光被路旁密密的枫叶切割得支离破碎，零落的洒在柏油路上，像闪着光泽的水钻，街上的行人和汽车在这座城市里川流不息地滚动。南京，在她的字典里仿佛是个很遥远的城市，可是此时此刻她真实地存在于这个城市中。她来这座城市寻找她的温暖，可是此刻她却觉得安岩是如此地遥远，即使身在同一个城市，可是她感受到了从未有过的遥远。

初秋的午后，阳光被这座城市香樟的叶子切割得支离破碎。走在拥挤的人群中，目光游离。背景的喧闹，让她感觉多少有种深沉的寂寞与空虚。她低下头走到街道的长椅旁坐了下来，很多的路人甲和路人乙从她面前晃过。

第七章　得之我幸，失之我命

漫无目的地看着行色匆匆的路人，那些陌生的狰狞的面孔在她的视线中一晃而逝，然后看见对面坐着一个男人和一个女人。男人不时地转过脸去看身边那个恬静的女人。两个人的嘴都在有条不紊地张合着，就如两条吹不出泡泡的鱼在呼吸，时而扬起清浅的笑。琉璃的碎光映照着城市的半张脸，车忙，人忙，街道也忙。似乎就只能用忙碌来形容这座城市。她开始疯狂地想念安岩，那年夏天，宁静的海，淋过的雨，吃过的提拉米苏，期待过的夏天，炫耀过的笑脸。青春在喧哗，可是幸福却遗失在这个夏天，她还突然想起那天晚上他为她擦干眼泪抱着她说："苏然，如果可以，请允许我给你温暖。"

原来，我已不再是你的谁

绛蓝色的天空像是泼墨后的大肆渲染，洋洋洒洒地铺满了整个天空，晦涩地压抑着。凌晨的时刻，她仍在安岩所在的城市游走着。冷清的街道，不时有阵阵风吹过，她只想在最后别离的时候，走走安岩走过的街道，然后和着这座城市夜深的孤寂，一起拥抱，一起哭泣。

买了凌晨3点的火车票，她想或许她本来就不应该来这座城市，没有多少感情是真的可以彼此温暖，直至永不相弃的。

或许是太累了，上了火车苏然很快就入睡了，她在火车上做了一个梦。很多次了，它总是处心积虑地出现在她的梦魇里，她梦见，在一个阴雨天，她和安岩跪在佛祖面前，他们一起虔诚地许愿：让佛祖保佑他们相爱，然后永远在一起。可惜，佛祖太忙了，他根本就没有听到她的愿望。又或许，永远太远了，连佛祖也不知道它在哪里。

其他的，她已经不记得了，或许生命本来就是一场华丽的幻觉。有人醒了，有人宁愿沉醉其中。只是她醒了，所以没有办法再沉醉其中了。时间冲淡了他们之间原本就未曾开始的爱情，还没来得及回首，就已经有人远去。有些人注定只是一个过客，路过彼此的曾经，经年之后或许谁也不会记得谁是谁的谁。

苏然从包里拿出手机，开机，她给安岩按了这么一段文字，她说："安岩，你曾说如果可以，你愿意许我一世的温暖。可是当我带着我的温暖来到你的城市寻找那另一半缺失的温暖，想拥有你给的不离不弃时，我没想到我会看见这一幕。你知道吗？当我站在你公司门口，看着你拉着

SIMPLE LIFE ENDURES LONELINESS
淡定的人生耐得住寂寞

一个那么好看的女孩的时候，我彻底地嫉妒了，你们怎么可以那么般配，那么幸福。看着你们笑得那么灿烂，我竟有种从未有过的难过，因为到那一刻我才发现，原来，我已经不再是你的谁了。"

看着明亮的玻璃窗泛滥着恣意绽放的云，她想再也不会想起那些拥有过的季节，曾经那些熟悉的事物都被迫抛弃在那个夏天里。她把电话卡抛向窗外，她想或许这样是最好的告别方式。没有挣扎，没有挽留，更不会有悲伤。

后记：

在很久之后的某一天，苏然在杂志上看到一篇很长很长的文字，题目是《她说，爱情就是彼此温暖，永不相弃》。文中的女主角叫苏然，作者叫安岩。她擦擦眼角的泪水，她想只是同名，只会是同名。

7月的时候，苏然买了到南京的火车票，她没有告诉安岩，她只想给安岩一个惊喜。奔波了20多个小时到了南京，苏然想，自己的突然降临，肯定会让安岩高兴得不知所措。

（半夏）

人生感悟

所谓"缘分天注定"，我们不要把爱情想象得太过美好和苛刻。所有的一切都有它发展的必然性，爱情之中谁也不可能勉强得了谁，因为两个人在一起这也是生活，一种过日子。为此，我们讲究一切随缘，缘分未到，切勿强求；缘分到了，那就欢天喜地吧。

3. 战火中的华尔兹

1918年夏天，他以一名战地记者的身份，随战友们踏上了炮火纷纷的意大利前线。彼时，他不过18岁，满脑子都是火热的理想抱负。

在一次炮火袭击中，他的腿受了很严重的伤。从昏迷中醒来，他第一眼看

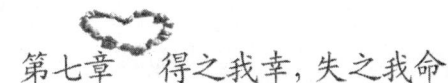

第七章　得之我幸，失之我命

到的就是一双美丽清澈的大眼睛。他顾不上疼痛，竟然咧开嘴笑了："我爱你!"这句话里到底有多少爱的成分，他自己也不清楚。她温和地瞪了他一眼，轻轻替他清洗腿部的伤口。在她眼里，他不过是个英俊而稚气未脱的大男孩。

由于伤口受到感染，主治医生建议将他的那条伤腿锯掉，她却极力反对。她的理由只有一个：他还这么年轻，不能就此永远失去一条腿。为了保住那条腿，她每隔一小时就用药水冲洗伤口。数日后，当他拄着拐杖在救护站的营房里来回走动时，她笑着打趣道："小男孩，你又可以回到家乡与你喜欢的女孩跳舞了。"他有些羞涩，却回答得一板一眼："我不喜欢和家乡的女孩跳舞，如果可能，我只希望和你跳。"他火热的表白，她不是听不懂，可她明白，他们之间不可能有结果，因为，她比他大8岁。他固执地一次一次去找她，丝毫不掩饰对她的爱。

她被调往另一前线阵地时，他正处在康复期。她走得匆忙，都没来得及告别。她给他留了一封信，信封里还夹着一枚从她手上摘下来的戒指。

不久后的一天下午，他拄着拐杖出现在她面前。那一刻，他们彼此的眼里都有太多的惊喜。"明天早晨5点钟的火车，我要回国了，我在火车站旁边的一家旅馆里等你。"他是临时接到的回国调令。

简陋的小屋里，门轻轻关上，这里是爱情的天地。她光着脚踩在他大大的脚板上，他们相拥相吻。他的脚果真有些笨拙，他还是那句话："我不会跳舞。"她用一阵热烈的吻回答了他："谁说你不会跳，这是世界上最浪漫的华尔兹。"是的，就是那曲美妙的华尔兹，陪着他们度过了那个终身难忘的夜。

黎明，晨光初显，一阵长长的鸣笛，将他和她载向不同的岸——她留在意大利，他回美国。列车启动，他从车窗里伸出脑袋，孩子气地向她喊："说，你说，你爱我……"风很快就把他的话打碎，散到空气中。她怔怔地看着他远离，却始终没能如他所愿大声而勇敢地说出"我爱你"。

那句话，在她的嘴角徘徊了良久，还是被她狠狠地掖回心里。随之被掖回的，还有她温热的泪。她爱他，却不想成为他的牵绊。

回国后，他成了英雄。他给她写信，一封又一封，叮嘱她照顾好自己，也绘声绘色地向她描述他们将来在美国的小家："美丽的华伦湖畔有一栋老房子，你是它的女主人。我在湖畔钓鱼，你负责烧煮……"可是，

SIMPLE LIFE ENDURES LONELINESS

淡定的人生耐得住寂寞

他的信渐渐不再得到她的回复。在意大利，她有自己的事业，还有一个男人一直在热烈地追求她。

他日日酗酒，摔摔打打，把日子过得一塌糊涂。他无论如何都不能理解，她曾经那样无私地把爱奉献给他，为何又在幸福唾手可得的时候决绝地转身。

觥筹交错的订婚宴会上，当她被那个男人拥着共跳华尔兹时，她的心突然为一个人而疼痛。她这才意识到，她与他的爱，早已深入她的骨子里了。她不声不响地逃离，急急奔向那个美丽的华伦湖畔。她要告诉他，她爱他，不再犹豫。

但是，上帝同他们开了一个残酷的玩笑。再次相见，彼此已恍若隔世。他那张曾经热烈又单纯的脸，已被一层又一层的沧桑裹住："再也回不到从前了，尽管现在的我还是那么渴望拥抱你，可我做不到了。"面对她晶莹的泪水，他再也无力向她敞开自己热情的怀抱。

轻轻地一松手，就是一生。华伦湖一别，他们终生都没有再见。那个爱笑、有几分腼腆害羞又勇敢热烈的男孩，在此后的生涯中变成了一个世人眼里桀骜、孤僻的硬汉。她只知道他在写作，成了一名作家，还知道他获得了诺贝尔文学奖。他结过4次婚，却在62岁那年结束了自己的生命。

他就是海明威，她则是让他一生无法忘怀的艾妮格·考茨基。她36岁结婚，92岁逝世，一直在红十字会从事护理事业，曾获国际卫生组织最高荣誉奖——南丁格尔护士奖。

她在回忆录中说，她生命里的70年是与海明威紧紧相连的。70年里，她一直在想，假如当时他上前抱一抱她，他们的命运或许就是另外一种样子。可是，命运又会给人安排多少"假如"？战火中那曲浪漫美妙的华尔兹，终究没有在现实生活里演绎成一段王子与公主的幸福童话。

（梅寒）

人生感悟

> 既然已经错过了爱情的花期，那么就让它成为生命中一场最为美好的邂逅吧。我们只需将这段往事轻轻地记留心间，在往后那些随心的日子里，偶尔翻出来细细品味，其实也是一种最为浪漫的享受。

第七章　得之我幸，失之我命

4. 死了都要爱

　　吴松涛原本经营一家规模不小的酒店，后来因为经营不善，赔个血本无归。吴松涛只好在火车站附近摆了一个小摊子，靠给行人擦皮鞋谋生。
　　这天，吴松涛正低头数铁盒子里的硬币，一个女人站在他面前。吴松涛头也不抬地说："擦皮鞋两块钱，不黑不亮不要钱。"可是，女人并没有坐下来擦皮鞋，也没有离开。吴松涛抬头一看，只见女人的怀里抱着一个不满周岁的孩子。
　　女人问："你真的不认识我了？"
　　吴松涛仔细一看，尴尬不已，她竟然是雪儿！
　　雪儿指着孩子说："这是你的女儿，我不能让孩子从小就没有爸爸。"
　　原来，雪儿曾是吴松涛酒店里的服务员。雪儿长得漂亮，吴松涛有意无意地总想靠近她，雪儿也挺喜欢这个年轻英俊的老板，半推半就地和他发生了关系。其实，吴松涛就是想和雪儿玩玩儿，并没有真想讨她做老婆。吴松涛担心雪儿会缠住自己不放，开始故意和酒店里的其她女孩子眉来眼去。雪儿忍无可忍，告诉吴松涛："我怀孕了，你必须对我负责。"吴松涛从兜里掏出2000块钱甩给雪儿："那你就去把孩子打掉，我是不会和你结婚的。"雪儿的眼泪唰唰地流下来，把钱撕得粉碎摔在吴松涛脸上，哭着跑出了酒店。自从雪儿走后，酒店的生意一天不如一天。很多店员都觉得吴松涛无情无义，工作上出工不出力，甚至趁机捣乱、捞油水。半年后，酒店倒闭关门了。
　　吴松涛告诉雪儿，他现在根本没有能力养活她们母女。雪儿说，她不图金、不图银，就图有个家，能安安稳稳地过日子。雪儿抱着女儿小雪，跟着吴松涛住进了他租住的破旧屋子。
　　吴松涛虽然还是天天到火车站去擦皮鞋，可是因为有了雪儿的照顾，他的脸色变得红润起来，衣服也比以前干净了许多。雪儿买来一台缝纫

SIMPLE LIFE ENDURES LONELINESS
淡定的人生耐得住寂寞

机,找到一些加工衣服的零活儿,赚钱补贴家用。

直到这个时候,吴松涛才感觉到雪儿的珍贵,他对自己以前的所作所为痛悔不已。吴松涛问雪儿为什么不恨他,雪儿说:"以前的事都过去了,只要你以后对我们娘俩好,不要再把我们赶出家门就行。"

听完雪儿的话,吴松涛心里酸酸的,真想抽自己几巴掌。为了报答雪儿,吴松涛开始拼命想办法赚钱,他要让雪儿和女儿过上好日子。可是,靠擦皮鞋发财是不可能的。雪儿告诉吴松涛,有一家服装厂倒闭了,仓库里积压了很多过时的衣服。"那些衣服肯定特别便宜,不如买回来一些,然后我在家里加工一下,你送到批发市场去卖,肯定可以赚钱。"

吴松涛来到那家服装厂,果然像雪儿所说的那样,那些积压的衣服便宜得就像白给一样。吴松涛兴奋地叫来一辆出租车,买了一大堆衣服运回家。雪儿不让吴松涛再去火车站擦皮鞋了,让他在家里给自己打下手,她则没日没夜地对衣服进行拆解和加工。一个多月后,那堆过时的衣服在雪儿的手中变成了新潮、漂亮的服装。

吴松涛把服装送到批发市场,仅仅一天工夫就卖了个精光。看着手里厚厚的钞票,吴松涛忍不住泪流满面。回家路过首饰店的时候,吴松涛毫不犹豫地给雪儿买了一枚漂亮的钻戒。

回到家里,吴松涛把钻戒给雪儿戴在手上,雪儿一下子钻进吴松涛的怀里委屈地哭起来。这是吴松涛第二次见到雪儿流眼泪,第一次是雪儿从酒店离开的时候。

这天晚上,吴松涛和雪儿破天荒地带着女儿到饭店吃饭庆祝。在饭店的大厅里,吴松涛变魔术似的从身后掏出一支玫瑰花,当着所有人的面跪在雪儿面前:"嫁给我吧,我会一辈子对你好的,绝不变心,绝不背叛!"雪儿含着眼泪接过玫瑰花:"我终于等到你这句话了。"

自从找到了赚钱的途径后,吴松涛索性把服装厂所有的积压衣服都买下来。他找到一家作坊,让雪儿前去指导那里的工人对衣服进行加工,他则在批发市场销售。几个月过去,他们赚到了很多钱,吴松涛终于可以翻身了。

要过年了,吴松涛想带雪儿去补拍婚纱照,然后回一趟雪儿的老家,

第七章　得之我幸，失之我命

他这个女婿再不拜见丈母娘实在说不过去。雪儿提出去"纤手影楼"，吴松涛一口答应。在影楼里，摄影师不停地称赞他们一家三口很幸福，吴松涛心里明白，自己今天的幸福全都是雪儿带来的。

一周后，吴松涛去影楼取照片，吃惊地发现照片上只有他自己的影像，雪儿和小雪根本没有照上去。影楼经理告诉吴松涛，他们也不知道这是怎么回事，并不停地赔礼道歉，让吴松涛领着妻子、女儿再来补照一次。

沮丧的吴松涛拿着只有自己的婚纱照回到家，让他大为震惊的是，雪儿竟然激动得满脸通红，嘴里不停地说"照得真好"。吴松涛很纳闷，可是因为急着要赶汽车回雪儿老家，他只得暂时把照片的事放到一边。吴松涛买了很多礼物，一家三口坐了一天的汽车，总算到了雪儿家。站在家门口，雪儿让吴松涛先进去，她带着小雪去邻居家串个门。

吴松涛虽然感觉有点不对劲，但还是拎着大堆的礼物走进雪儿家。雪儿家的门开着，却没有人。当吴松涛走进客厅的时候，顿时愣住了，墙壁上悬挂着雪儿的大幅黑白照片，围着两条黑纱。

一个中年妇女走过来，看到吴松涛，愣了一下。吴松涛已经吃惊得说不出话来，用手指着墙上雪儿的照片。中年妇女说："你是雪儿以前的同事吧？我是她的妈妈。"

雪儿妈妈含着眼泪告诉吴松涛，3年前雪儿从酒店打工回来的时候已有身孕，可是不管家里人怎么劝说，她就是不肯打掉孩子。因为雪儿心情不好，吃不下饭导致营养不良，生孩子的时候又是难产，她和刚刚出世的女儿一起离开了人世……

吴松涛手里的礼物一下子滑落到地上，他跟跟跄跄地走出了雪儿家。吴松涛终于明白了，他为什么看不到婚纱照上的雪儿和小雪。

泪流满面的吴松涛坐着汽车回到家，雪儿和小雪已经回来了。雪儿准备了一桌子丰盛的饭菜，吴松涛冲上前，把雪儿和小雪一下子抱在怀里。

雪儿问吴松涛："你现在知道我和小雪的情况了，还会爱我们吗？"

吴松涛流着眼泪说："爱！不管你们是人是鬼我都不在乎，只要我们能永远在一起。"

这时，影楼的经理和雪儿的母亲笑着从里屋走出来。原来，这一切都是雪儿提前安排好的，她是担心吴松涛有钱之后又会花心，所以故意设计

SIMPLE LIFE ENDURES LONELINESS
淡定的人生耐得住寂寞

来考验他。

知道事情真相后，吴松涛抱着雪儿呜呜大声哭起来："差一点把我吓死，你们要是真的死了，我也不活了。"吴松涛从兜里掏出一瓶安眠药，那是他在回家的路上买的，准备自杀。

是谁说的"男人有钱就变坏"？吴松涛发誓：这辈子都不会再做背叛妻子和女儿的事情，死了都要爱，永远不分开。

（虫子）

> **人生感悟**
>
> 古希腊诗人荷马曾说过："过去的事已经过去，过去的事无法挽回。"的确，昨日的情景已经不能被列入到如今的画册。那么，我们又为什么不好好把握现在，珍惜此时此刻的拥有呢？得之即喜，失之则安，好好守护如今的幸福吧。

5. 一张爱情存折

海跟梅子的婚姻已经接近10年的时候，海跟梅子说到时候庆祝一下，现在离婚率这样高，我们俩能走这么久，值得庆祝的。梅子说就两个人庆祝吧，把孩子送到奶奶家里，两个人好好享受吧。海同意了。

海每天都在想，到那一天送样什么礼物给梅子呢？项链？梅子的脖子的皮肤很白、很细的，一定很适合的。可是梅子好像没有说过要项链啊。戒指？还是结婚的时候，他送给梅子一个景泰蓝戒指。10块钱买的，那时候家里经济挺紧张的，又是在山村里，结个婚一共才花了不到100元。那时候梅子是委屈的。后来虽然搬到海工作的城里了，生活也好点了，可是梅子总是舍不得，要买一个小小的戒指就得花几百元。虽然那个景泰蓝的戒指已经退色了，但是梅子还是保存得很好。就买戒指吧。

终于到了他们的结婚纪念日了。两个人在一个不是很热闹的餐厅见面

第七章　得之我幸，失之我命

了——梅子特意回了娘家，从娘家来赴这个约会。海穿着白色的衬衫，看上去很精神。梅子也特意打扮了一下，还略施薄粉，穿了一套咖啡色的套裙，头发盘了起来。海发现这些年梅子是有点老了，但是梅子在他眼里还是最美丽的女人。

海为梅子拉开椅子，两个人坐了下来。梅子细心地发现海的脸上有一小片伤。她用她不再细腻的手去摸海的脸上的伤疤，说：才一天没在家，你是怎么了？

海握住梅子的手，轻轻拉到嘴边，吻了一下说：没事的，刮胡子的时候不小心。

梅子想抽回手，她有点不自在了。海从口袋里掏出精挑细选的戒指，打开盒子，取出来给梅子戴上了。梅子的手轻颤了一下。海的心里顿时有种异样的甜蜜。结婚10年了，梅子还是这样青涩。

梅子抽回手，把戒指放到面前仔细端详。她知道，眼前的这个男人是爱她的。她没有选错人。梅子从包里拿出一个盒子，递给了海。海小心地打开，是一款最新的波导手机。海一直想买的，可是怕梅子不舍得，因为梅子一向很节约的，尽管现在家里条件已经允许了，但是海一直没提。今天梅子居然自己给海买了回来。海真想抱一抱梅子。10年的婚庆是浪漫的。

又过了5年。海现在当了局长了，应酬也多了，很少回家的。梅子总是一个人在家，孩子已经外出上学去了，星期天有时也不回来。梅子便参加了社区的志愿服务，专门去为一些孤寡老人服务，过得也很充实。直到有一天，她打开门回家时，碰到海跟一个比她要年轻得多的女人在自己跟海睡过的床上做自己跟海做过的事。她一阵眩晕，几乎立刻就要倒下了。

过后，梅子的身体一直不好，海觉得对不起梅子，没少请名医。但是梅子一天天瘦了下去，终于到了弥留之际。梅子用微弱的声音让海从立柜里拿出一个小木匣子，那还是海有一回出差在外地买的。梅子把一直装在贴身口袋里的钥匙颤抖着递给了海，示意海打开。海接过钥匙，手居然颤抖得几次都把钥匙放不到锁孔里。海在猜测里面会有些什么令他吃惊的东西。

木匣子终于打开了。海看到里面有一些他以前恋爱时送给梅子的东西，这么多年了，梅子都保存得好好的。海的眼睛有点湿润了。海一样一

SIMPLE LIFE ENDURES LONELINESS

淡定的人生耐得住寂寞

样地看,每一样都能勾起他的回忆。盒子的底部平躺着一本薄薄的笔记本。海一看是当时他发表第一篇作品时,乡广播站给他的奖励。海在想这是梅子的日记?他看了一眼梅子,梅子闭着眼,好像很累,但是好像很安详。

打开第一页,扉页上写着四个娟秀的字——爱的存折。接着翻开,海的泪大滴大滴地落在了本子上:

——1985年12月18日,我终于嫁给海了。先在我们的爱的存折里存上10000吧,看我们怎么用吧。

——1986年3月8日,海给我捎回来一条红围巾,存进去50。

——1987年2月5日,生女儿难产了。我听到海在手术室外面跟医生说保大人,孩子还可以再要的。存进去500吧。

——1989年5月1日,海说单位放假了,让我陪他出去玩,我不舍得花钱,海生气了。取出来100吧。

——1995年12月18日,海送了我想了很久却没有说过的戒指给我。我真的很爱他啊。加1000吧。

——1998年11月9日,海现在越来越忙了,我们很久没有说什么话了。今天我们为孩子的成绩问题吵了几句,这是结婚这么多年来的第一次争吵。取出来1000吧。

——1999年2月5日,海又喝多了,我刚问了一句他就开始发脾气。取出来200吧。

——1999年11月23日,居然有好多天没有往里面存一点点。

——2000年4月1日,我的世界塌下来了。还有2450,现在一分也没有了。我的爱情存折空了,空了……

海再也看不下去了。他看到最高峰的时候,梅子在里面累计存了130000多啊。从当初的1万基数,到13万。从13万到零的时候,他知道梅子真的受不了了。可是现在好像已经晚了。海摇了摇头,不,一定要用爱再去滋润她。海泪眼朦胧地望向梅子,梅子好像已经睡着了。他去握梅子的手才发现,梅子已经永远地离他而去了。海放声大哭,可是梅子已经听不见了。

(小昭)

第七章 得之我幸，失之我命

> **人生感悟**
>
> 因为爱过，所以痛过；因为痛过，所以刻骨铭心。可是面对已经逝去的东西，你即便此时哀号不已，肝肠寸断，可是曾经的美好毕竟已经逝去了。如果不懂得珍惜，那么就请放对方安稳地离去，然后让时间来填补一切的创伤。

6. 没在青春美貌时遇见

她和他认识的时候，都不是那么年轻了，已经进入大龄青年的行列。是别人介绍的。

他们约在一家海鲜餐馆门前见面，她简单收拾了一下，提早去了几分钟。没想到，他却迟到了，直到过了约定时间几分钟，他才匆忙赶到。

竟然是个好看的男子，褪去了小男生的青涩和单薄，神情略显沉稳，衣服穿得也很有品位。一见面，他就急急道歉，说路口塞车，足足塞了45分钟，请她一定原谅。

她笑，没关系的。暗自算了算，如果不塞车，他会比她到得早。那么，他不是故意的。她相信他的话，再说，即使迟到几分钟又怎样？他已经道歉了。

两个人就进了餐馆，找了个靠窗的位置坐下。他把菜单递给她，想吃什么就点什么。

她还是笑，小声说一句，我减肥呢。

他也笑，不用啊，胖点儿怎么了？只要健康就好，再说，你不胖啊。

她其实真的有一点点胖，只是那么一点点，自己会介意，他却真的不介意。他索性拿过来菜单，也不看价格，招牌菜，一连点了好几个。

感觉得出来，他对她的印象不错。而她也是，觉得从外表论，自己甚至有点配不上他。但她并没表现出一点点自卑，从容地和他说话。他更是处处照顾

SIMPLE LIFE ENDURES LONELINESS

淡定的人生耐得住寂寞

她的感受，体贴她，如体贴一个小女生，让她感觉到被宠爱的温暖。

就这样慢慢接近了，过了半年的样子，他提出了结婚，她同意了。她觉得自己终究还是个有福气的女子，在这样的年纪，还能遇到这样温和、体贴又英俊的他。

结婚前几天，他们的好朋友帮着他们收拾新家，有她和他单身时的一些物品，其中，也包括各自的旧相册。大家翻出来看，于是看到了最年轻时候的他们。

那时候的他，那么英俊挺拔，穿着白衬衣和牛仔裤，戴很酷的腕表，眼神里，带着不羁的味道。而那时的她，也有那么一点点胖，但非常漂亮，眉目中，满是清高，满是骄傲。

有朋友"呀"了一声，对他俩说，可惜你们没早几年碰上，那才真的叫金童玉女。

他笑了，她也笑，却没有说话。那一刻，他们心里都很明白，幸好，他们没有早几年遇到，不然不会走到一起。那时候的他，叛逆不羁，喜欢那种个性冷酷的瘦削女孩，并不是她那种。而那时候的她，对男孩子更是格外挑剔，要求对方的品貌俱佳，更要守时，讲信用。最容不得男人迟到，从不给他们任何辩解的机会……他们，就是这样，因为挑剔，因为不够宽容，在最年轻的光阴里一再错过爱情。

而现在，他们都在情感的磨砺中成熟起来，内心不再浮躁不安，渐渐宽厚而平和，都懂得了为对方着想。所以现在碰上，对他们来说，才是最好的。

所以，真的不用遗憾，没有在最青春美貌时遇见，因为我们要的，终究不是那一场天崩地裂的爱恋，而是天长地久的温暖相伴。

（韦三玉）

人生感悟

爱情本来就是个不可琢磨的东西，它神秘而且喜怒无常。不论我们在什么时候遇到，我们都不用欢喜或者遗憾，因为命运的红线那头定然是那个懂你并且会和你携手一生的人，最终的完美结果才是我们最为期待的幸福。

第七章　得之我幸，失之我命

7. 只要爱着，就是幸福的

认识木子是因为那把该死的伞。

阴雨天气已经持续了半个多月，莫菲出门总是带着那把旧旧的粉红色的油纸伞。虽然阴雨天气带这种伞有些不合时宜，但她依然坚持带上它。她说，这是外婆留给她的。

暖洋洋的午后。天气放晴，暖暖的风充斥着雨后的空气，不动声色地侵略着，干净的空气让人提神，莫菲隔着透明的大玻璃在咖啡吧里深深地吸了口气。也许是天气的关系吧，最近头痛得更加厉害了。

坐在角落里的是一个年轻的男孩。金色乱乱的头发，质地很好的黑色纯棉 T 恤，肥大纯白的长裤，样子有点夸张的大头皮鞋，浑身叮叮铛铛的银饰，宽宽的肩膀上挎着一个大大的旅行包。目不转睛地盯着手中的咖啡，这让莫菲怀疑是不是他杯子里有只蟑螂。

手机的提示音又响了，1:15 分，又到做事的时间了。莫菲慵懒地抬起眼皮，转身出去。

公车站点永远都是那么多人，莫菲厌倦地看着周围这些既陌生又熟悉的人，每天喧嚣嘈杂地为生活奔命，可是自己到了这步田地，又是在坚持什么呢？

"小姐，你的伞。"

思绪被打断，目光定格在这个金色头发笑容灿烂的男人身上。

"谢谢，"107 路公车飞一般过来，莫菲挤在一群人中上了车，冲他挥了挥手，"Bye bey。"

莫菲一直很守时，除了爱情。就在那一刻开始，爱情故事开始慢动作发生。

回到公司，打开笔记本，文件井然有序地铺在桌面上。可莫菲的思绪一片混乱。头，又痛了起来。

思绪停格在那张大大的笑脸，莫菲由衷地笑了，或许自己不能再这样

Simple Life Endures Loneliness
淡定的人生耐得住寂寞

孩子气了，相信那可笑的一见钟情。

时针指向 2 点钟，OK，是见客户的时间了，莫菲向接待室走去。

莫菲是广告部的主管，可是在她身上找不到任何 Office Lady（白领丽人）身上所具有的通性，除了精明。今天她又穿了一身 T 恤、牛仔上班，对此老总已经提醒过她几次了，可莫菲觉得年轻人靠的是能力，与着装无关。

四楼的接待室安静得吓人，莫菲远远地望去，一个金色的脑袋，似曾相识，她径直走过去，绕到他面前。

"嘿！真巧！又见面了！小迷糊！"木子开心地调侃。

"怎么是你？"

"为什么不能是我？"木子夸张地瞪大双眼。

"这可不是小 case（小事一桩），你保证你能行？"莫菲表示怀疑。

"X 大的毕业证书可以证明吗？"木子顽皮地笑了笑。

"If you think u can, you can（如果你认为你行，你就一定行）。"

"OK，谈公事。"计划在很轻松的气氛下谈定。

莫菲真没有想到有一副街头少年样子的木子谈起工作时这样地专业。

"喝杯咖啡怎么样，蓝山？"木子诚恳地邀请。

"Let's go。"莫菲愉快地应邀。

咖啡吧里的灯光总是那么暧昧，悠扬的音乐缓缓地飘散在屋子里的每一个角落。

"如果有人赞扬你的美貌，你会不会觉得是一种奉承？"

"我本来就很漂亮不是吗？不用别人讲出来，不过我会觉得这个人很肤浅。"

"真不幸，这个肤浅的人就是我。"

"呵，这种话我每天都要听上 N 次。"

"自信的女人真是可怕！不过我喜欢征服这种女子。"

莫菲奇怪地睁大了眼睛："欢迎骚扰。"

弹钢琴是莫菲闲暇的时候最大的消遣，可是她的水平远远不及木子，所以她总是在有空的时候去他家偷艺。公司不忙的时候，莫菲就会买上一打虎牌啤酒，一条红双喜的香烟，去木子的家。在那里，还有最香浓的咖啡等着她。

木子有美好的职业而且收入不菲，可家里却简单得要命。一台笔记本，其他的地方到处都塞满了软件和 CD。

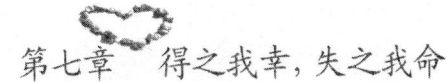

第七章　得之我幸，失之我命

钢琴静静地站在阳台旁，午后的阳光洒满了整个房间。气氛变得有些暧昧，莫菲坐在琴旁手指间流淌出《欢乐颂》的音符。

"为何你的琴声那样地哀伤？"

琴声戛然停止，莫菲点燃一只香烟，蓝烟漂了一室。

"我有吗？这是《欢乐颂》，你不是不知道吧？"

嘴里叼着烟，莫菲继续她未完的曲子。

"你是我见过的第二个一边吸烟一边弹钢琴的人。"

"第二个？那么第一个是谁？"

"是我。原本吸烟和弹钢琴是完全不搭界的两回事，可是当一个人同时拥有这两种习惯的时候也就不奇怪了，对吗？"

时间一点一点地过去了。在一起闲谈的时间越来越多，练琴的时间越来越少了，莫菲觉得自己终于插上了翅膀，快乐得可以飞了，木子煮的咖啡总是那么香，也许更吸引她的，是那个人。

莫菲一直以为木子是一个快乐的人。一个阴沉的傍晚，当醉酒的木子闯进莫菲的家时，眼前的一切枪毙了她所有的自以为是。

他双眼通红，一看就知道喝的不少。

"你怎么了？"

"……"

"我不会再问第二遍。进来吧！"莫菲帮他脱掉衣服，转身拿到洗手间去洗。

莫菲突然感到很心酸，这都是她应该做的吗？他进来了，没有说话，可是她感觉到他就在身后。木子轻轻地揉着她的头发慢慢地贴在脸上，屋子好静，连心跳都那么明显。

"你为什么要爱我？"声音有些沙哑。

动作在这一刻完全停止，莫菲转过身去默默地看着他。

"我什么都不能给你。"

莫菲怒不可遏："你以为我要的是什么？！"

门被重重地摔上了。

该死的天又在下雨，就在泪水快要奔腾而出的一刹那，一双手从背后轻轻地环住她。

爱情也许就是在瞬间产生的，刹那便是永恒。

一双从背后拥抱的手，还有寒冷的空气里唯一温热的唇。

Simple life endures loneliness

淡定的人生耐得住寂寞

"别走,留下来。只要你不后悔。""你有权利知道,我爱你!但你必须等我忘记一个人……""爱你,这两个字是这么轻易说出口的吗?在你没有做好准备之前,请不要说爱我!"

木子决心要忘记的那个人终于在两个星期后出现了。在莫菲的家门口,那个女孩等了好久的样子,可能她也知道了他们的事。女孩很美,简简单单的样子。"你先上去吧!"木子对莫菲说,莫菲转身进了楼道,楼梯永远指向一个地方,可那天她怎么也找不到方向了。

从阳台望去,一双背影是那么地刺眼,他们一直在说着话,女孩很激动,木子很平静。女孩走了,木子转过身去,却看到阳台上那双忧伤的眼。

屋子里响起了那首《爱情是蓝色的》,淡淡的忧伤。

"不想听听我的故事吗?"

"……"

"她不爱我,她只爱钱,每次她被抛弃后都会来找我。我对她说我们完了。莫菲,不只是关系的结束,而是我的心完全被你占据了,你的出现让我决心忘记她,一切都结束了,原因就是你!"

"你不可以爱我,我不可能给你幸福的!你知道吗?我有病的!爱上一个快要死的人是多么可笑的事情!"

木子惊讶地望着莫菲。

"什么病?医不医得好?"

"脑癌。我走了,我不想伤害任何人。"

"不要走!"木子紧紧地抱住她。

"就算你还有一秒钟的生命,和你在一起我就是幸福的!莫菲,你知道吗?和你在一起的每一天,我都那么地快乐。如果你离开我,我的生活该怎么继续?你告诉我!"

"我不愿意伤害我自己所爱的人,也许趁早离开,伤痛可以减到最低,不是吗?"

"我不在乎你是不是有病的,我不在乎你哪天清晨是不是就永远地离开我。我只在乎你是不是爱我,是不是热爱这世界。只要你有勇气,就算是为了我,你要勇敢一点,活下去!"

"木子,我们都清醒一下好不好?你会后悔的!"

"决不后悔!"

第七章 得之我幸，失之我命

"我头好痛！"

"我抱你去休息。"

爱情就在始料未及的情况下发生了。在一起的日子幸福得要快死掉，莫菲想知道这幸福可以维系多久，有时候上天注定的东西，是人力再强也改变不了的。

莫菲经常头痛，呕吐，她住院了。开始化疗的那几天，头发一撮撮地掉，莫菲恐惧地闭上眼睛，把头埋在被子里大喊大叫。她变得很神经质，害怕见人，她说她不想让别人看到她生病的样子，好丑！起码在她死后，莫菲在人们的心目中，永远是那个漂亮可爱的女孩子。

木子每天都守在病床前，给她最大的鼓励，每天给她买她最爱的吃的"德芙巧克力"；给她放她最喜欢的CD；煮最香浓的蓝山咖啡；每天都对她说"我爱你"；每天都赞美她是世界上最漂亮的病人。

莫菲真的看不见了。

莫菲的视力明显下降，医生说是瘤长的太大了压迫视神经，影响了视力，她必须马上动手术。成功，就可以活下来。失败，就要永远告别这个世界了。

木子得知这个消息后，拼命地酗酒，烟抽得好凶，他不敢去见她，他怕自己会忍不住流泪。他开始拼命地录东西给她，录贝多芬的《命运交响乐》，录他最想对她说的话。他怕失去她。

手术前，亲戚朋友都在流泪。

"妈，他在吗？"

"他在，要他和你说几句话吧？"

"莫菲，你要为我活下来，你是我生存在这个世界上的希望，你不要丢下我。手术时你要给自己点信心哦。我在这里等你，为你祈祷，等你好了，我们一起抽烟，一起喝啤酒，一起疯，一起相爱。木子在等你。你要记得！不要仍下我一个人……"

声音哽咽了，他哭了。

"木子，让我摸一下你的脸，我想记住你的样子。"

"时间到了，进去吧。"医生催道。

莫菲得到了一个吻，可她知道那嘴唇不是他的。

莫菲再也没有回到这个世界上，也许她早已经在另一个世界和木子重逢了。因为木子在那次酒醉之后，在赶往医院的途中，死于车祸。手里还拿

SIMPLE LIFE ENDURES LONELINESS
淡定的人生耐得住寂寞

着他录给莫菲的带子，原本是要在她手术时鼓励她的。发现他时，离莫菲的手术还有半个小时，莫菲的妈妈就是拿着这盘带子和莫菲对话的。她想要女儿知道木子在等她，要她坚强一点，也许这也是木子最想看到的。

莫菲在临死前还固执地认为木子还活着，等她回来喝那杯最浓的蓝山咖啡……

她是带着希望和幸福离开的。

莫菲和木子真正地在一起了，不管以哪种方式，生也好，死也好。相爱的心永远在一起。只要爱着，就是幸福的。

（佚名）

> **人生感悟**
>
> 有些缘分天生便已经注定，即便是彼此生命已经走到了死亡的边缘，却依旧能够跨越死亡的距离读懂彼此的心。因为不管爱情以何种形式降临，生也好，死也罢，相爱的人的心是永远连在一起的。

8. 人生若只如初见

1928年那个夏天之前，他们曾有过几面之缘，她只知他是上海平民女校的教员，二人却没有交往过。那个山雨欲来风满楼的夏日，命运的大手翻云覆雨，将一对原本陌路的人牵到了一起。

他因用"茅盾"的笔名发表《幻灭》、《动摇》、《追求》三部曲，引起左翼文人在报纸杂志上对他进行批判，他正苦闷无着。她的情况也好不到哪里去，在刚刚过去的"二七"北伐战争中，她从战马上跌下来负伤，住在上海朋友家里。那年夏天，她希望朋友能帮助她办理前往苏联的手续，而他正有意前往日本。朋友在中间一撮合，天涯孤旅，他们就成了彼此的伴。1928年7月初，他们一起踏上了由上海开往日本的小商船。

漫漫的海上航行单调又辛苦，他们却因为有了彼此相伴，不再寂寞。他常常约她到舱外，凭栏远眺，看碧海蓝天、鸥鸟飞翔。船在无边的海上

第七章　得之我幸，失之我命

慢慢行驶，他们的心也在一点点向着彼此靠近。

对于他的身世，他那桩由父母之命、媒妁之言定下的不幸婚姻，她听得很多，也越发在心底里同情敬慕这位才华出众的作家。他对她的喜欢，更是不加掩饰。他给朋友写信，绘声绘色地描述她的穿戴，她的一颦一笑。甚至她脑后一小缕少白的头发在海风里被掀卷成灰色，他都意兴盎然地写下来，读给她听，读完二人相视开心大笑。他把印了她名字的名片一张张丢到海里，拍着手大笑："看，秦德君跳海了。"他叫她"阿姐"，她叫他"小淘气"，尽管他比她整整大了10岁。

在日本，同是天涯漂泊人的异乡情结，让他们走得更近。她在学校读书，他便天天往她住的女子宿舍跑。他迫切希望能创作出自己的第二部作品，可他没有素材，她便把女友胡兰畦逃婚和参加革命的经历讲给他听。他没去过四川，她就把那里的一山一水及当地的风土人情详详尽尽地娓娓道来。她讲，他写。他写好一章，她帮他把里面的人物对话改成四川方言，以求更好的表达效果。

那是一段忙碌又幸福的日子。小说写完后，取名为《虹》。她说，四川多彩虹，彩虹有一股妖气，又有一股迷人的魔力。《虹》在《小说月报》刊出，反响非同一般。人们记住了他的名字，而《虹》背后的这一段故事可能就鲜有人知了。

由友情到爱情，从来都是两相情愿不知不觉的事情。他们相恋，同居，她怀了他的孩子。孩子自然是不能要的，因为贫穷，也因为他们还有事业梦想。

1929年冬天，由于在日本的中国共产党组织遭到破坏，平时与他们交往的一些朋友也被捕了。1930年4月，他们被迫回到上海，先住旅馆，后住到朋友家里。他带着她去看望自己的家人，公开了他们的关系。那时，他想着同结发妻子离婚，给她一个名分，可他却低估了家庭的力量。结发妻子的哭闹，母亲的逼迫，让他左右为难。

那样的境地，是她不能忍受的，她提出分手。他只能给她一个承诺——4年之约，他要用4年的时间赚取足够的稿费，支付与结发妻子的离婚费用。

她并没等到那个4年之约结束，分手不过数月，他已决然回归家庭。她再度去医院，打掉了腹中的胎儿，那是他和她的第二个孩子。身心的双重伤痛，

SIMPLE LIFE ENDURES LONELINESS
淡定的人生耐得住寂寞

让她一病不起，她被人悄悄送回四川老家养病。他留在上海，为人夫，为人父。一别4年，恍惚又是一世。当初那些爱的誓言，随风飘逝了。

抗日战争爆发后，他去重庆参加进步文艺活动，和她见过几面。"1938年在重庆天官府7号，在郭沫若领导的文化工作委员会的大门口，那天阴雨绵绵，我穿着玫瑰红晴雨两用衣正要进门，冷不防同正从里面出来的茅盾撞了个满怀。他手里拿着黑雨伞。我们不约而同地都站住了，彼此都不知说什么好。我的喉头梗塞住了，他低下头去，不敢正眼看我。他还是那样消瘦，那般憔悴，我倒有些可怜他了。"在她的自传《火凤凰——秦德君和她的一个世纪》一书中，她记录了当年的久别重逢。

他和她的故事，曾经被封存了好久。因他是人们喜欢的革命作家，因她有着传奇的经历，把她与他连到一起，对他的名声似乎是一种玷污。是的，她与左翼文人缠绵悱恻过，也曾同军阀逢场作戏，与国民党高官周旋。她数次入狱，几度死里逃生，活到95岁高龄。她把自己的一生献给了爱，在那段相知相恋的岁月里，他和她，曾经心心相系牵手走过。这份爱情，可以被岁月的风尘淹没，却无法从他和她的生命中剔除。

"人生若只如初见，何事秋风悲画扇。等闲变却故人心，却道故人心易变。"是的，人生若只如初见，所有往事都化为红尘一笑，只留下初见时的惊艳、倾情，而忘却也许有过的背叛、伤怀、无奈和悲痛。这是何等美妙的人生境界。

(梅寒)

人生感悟

人生一世，花开一季，谁都想让此生了无遗憾，谁都想让自己所做的每一件事都永远完美，从而达到自己预期的目的，但是这只能是一种美好的幻想。所谓"命里有时终须有，命里无时莫强求"，尤其是爱情，如果终究不属于你，那么就请笑着忘却吧。

第 八 章
Chapter8

——— 诱惑向左,幸福向右 ———

　　欲望像海水,总是越喝越渴的,诱惑像罂粟,总是一条不归路。有的人一生中想要追求的东西太多。要知道在无边无际的诱惑和欲望面前,想要保持一颗平和之心是多么的重要。

SIMPLE LIFE ENDURES LONELINESS
淡定的人生耐得住寂寞

1. 流年似水，水如流年

认识他的时候，都还很年轻。夏初的荷一样，都还是含苞欲放的年纪，少年不知愁滋味，只叹每天时光总是如此地慢，仿佛总也没有尽头。

只是他英俊得让人眼晕，又是学生会的主席，真诚、热情，才华横溢，不知道有多少女生暗恋他。当然包括她。虽然她丑。不但丑，个子也低，和一米八零的他比起来，她像只丑小鸭，唯一的优点是白，白得有些虚弱，看了让人怜爱。还有，她文笔好，是学生会的宣传部长，长期和他合作，爱上他更是情理之中。

上帝其实对每个人都是公平的。似乎要挽救她平庸的外貌，于是把他和她安排在一起工作，像所有陷入了爱情的女子一样，每当看到他，她把头低下，羞红了脸，并且第一次拿起毛针，小心地织起今生第一件毛衣。

当她把那件手工极差的毛衣交给他时，她看得出他内心的感动，就从那个刹那开始，她得到了他的心。

当她依在高大英俊的他身边时，周围的人都对他们侧目而视，她的内心是骄傲的、美丽的，甚至是得意的。可是他，却做不到心无芥蒂，毕竟，现实的粗砺和想象中的女孩子相差太远。他身边的女孩子应该是高高的个子，长长的发，美丽的容貌让所有人心动。因为他心动的女人是张曼玉那样妩媚动人。虽然他知道爱情不应该附加上任何条件，但是，看到别人惊诧的眼光还是觉得沮丧。于是他就无缘无故地发些小脾气，她也总是不往心里去，原谅着他的任性和蛮不讲理。但仿佛越是这样，他心里越是不平，他要的，是漂亮女孩子的蛮不讲理，是女孩子的任性和撒娇。

分手的原因太简单。他的好友来看他，带着自己的女朋友，那个女孩白衣白裙，长的发，修长的腿，一又眼睛水汪汪，像湖水一样透明清澈，仙女一样地站在他面前。他的心忽然暗下来，他做不了《简爱》中的罗切斯特，那种尴尬让他的心理难以承受，因为他可以有更好的漂亮的女孩在

第八章 诱惑向左，幸福向右

身边，纵然她们都只是平庸的，或者根本不会写文章。她看出了他的尴尬，心疼着，恨不得自己美貌如花。

好友的到来，成了他们爱情的结束，那个冬天，他们没有在一起过圣诞节。而他早已不穿她织的那件手工拙劣的毛衣，因为有漂亮的女孩子给他买了那年的新款式，而他也终于如愿，找了会撒娇的女孩子在身边，但却总是在某一个时刻，茫然若失。

直到大学毕业，他再没看她谈过恋爱，她总是一个人独来独往，扎到图书馆里苦读。他不知道，她把自己所有的爱凝固成了琥珀，放在书里，一个人，慢慢地读。

毕业后她出了国，因为毕业考她是全校第一名。他留了下来，和那个漂亮女孩很快结了婚。结了婚的女孩变成了不可理喻的女人，那时认为是撒娇的变成了刁蛮，有了孩子更是状如黄脸婆，衣服上永远有污渍。他甚至不愿意回那个家，因为永远是无休无止的争吵，心灵永远无法沟通。于是他总想起在大洋彼岸的她来，那个才情横溢的她，不会不懂他的。

韶华如水。光阴似箭，总是红了樱桃绿了芭蕉，有一天他看镜中的自己，竟然有了白发，10年这么快就过去了吗？

她回来探亲，约他吃饭。他惊诧地发现，时光没有在她身上留下任何痕迹，却让她比从前看起来更年轻，也漂亮了。相比较而言，他成了满目沧桑的老男人。

她嫣然一笑，告诉他，她做了整容手术。当时是为了他，好回国后再来找他，可做完了发现爱已经去了，她不再是她，换了的不只是脸，还有心。

她看得出他的悔。一切都已经来不及了，她给时他不要；他要了，可是，她已经不爱了。

有一天他坐在电视机前看无聊的电视剧，电视里，一个男孩儿问一个女孩子，你爱我吗？那个女孩子说，我不爱你，我会费尽心力为你织成唯一的一件毛衣吗？很普通的几句对话，却让他刹那泪如泉涌。

男孩儿说，我也爱你。女孩问，你怎么证明你爱我？男孩儿说，如果有一碗粥，我让给你喝。

妻子在一旁讥讽地笑着，什么狗屁爱情，全是假的。他茫然地坐着，

Simple Life Endures Loneliness
淡定的人生耐得住寂寞

谁也不知道那件毛衣和那碗粥里的爱情，如果还有来生，他一定会对她说：如果有一碗粥，我让给你喝。

（佚名）

人生感悟

人生的欲望有很多种，然而大部分人总是会被这些乱花般的欲望所迷惑。尤其是在爱情这条路上，如果你不能够为你的心灵腾出一方清净，那么你就会陷入欲望的深渊而不可自拔。等到醒悟时，才发现原来你早已失去了生命中曾经最为干净、纯洁的那份感情。

2. 婚姻合不合适脚知道

和他结婚之前，她曾经有过一个男友。男友的各方面条件都很出色，是她心目中勾画了千万遍的白马王子形象。爱情曾经让她如沐春风，使她一度以为自己的感情生活注定是圆满幸福的。但王子爱上别的姑娘，骑着白马远去了，她赌气一样嫁给他，带着一种报复甚至是自虐的心理。

她长得清纯娟秀，身材高挑，看起来几乎比他还高；而他相貌平平，身材瘦削，几乎一阵风就能把他刮倒，没有一点男人的阳刚。婚后不久，她就为自己当初的草率之举后悔不迭，他自然就成了出气筒。

他很有自知之明，所有家务活他都抢着做，除了生孩子不会，别的活几乎都不让她插手。在家中，她是那么高傲，颐指气使，像一个女王；而他是那么自卑，唯唯诺诺，像一个仆人。她越发瞧不起他，一看见他就气不打一处来。他赔着笑脸让着她。她没轻没重地打他，打着打着自己倒先哭了……

她白天从不和他一起上街，怕没面子。傍晚时分，他会小心翼翼地提出陪她上外面走走，散散心。心情好的时候，她会答应他，哪里人少、哪里黑暗就往哪里走。晚风吹起来有时候很冷，看到她缩着肩膀，他会主动

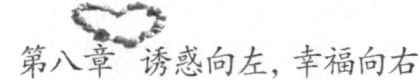

第八章 诱惑向左，幸福向右

用手揽住她，她马上触电般快走一步，让立功心切的那条手臂尴尬地悬在半空……

除了上班，她很少出去。所有的衣服和鞋子几乎都是他给买的。令她惊奇的是，他买回来的衣服和鞋子都很合适，不同牌子的衣服和鞋子即使型号相同，大小也是略有差异的，他竟能做到分毫不差。站在镜子前孤芳自赏的她心里想着，一种暖暖的感觉刹那间传遍全身。

她迷恋上网络，缘由是通过QQ，前一个男友主动联系上了她。那个曾经负心的男人向她道歉，希望和她再续前缘。她轻易地原谅了他，在网上他们忘情地互诉衷肠。读着对方情意绵绵的话语，她仿佛听到自己的家庭布帛般撕裂的声音……

网络毕竟虚幻，她更需要真实的爱情，于是决定见面。她的生日马上到了，时间就定在她生日的那天中午。

她突然想送情人一件礼物，看到离约会还有一点时间，她飞奔到附近的超市，直奔男鞋专柜区，想买一双皮鞋送给自己最爱的男人。正当打包要走的时候，突然听到相邻的女鞋专柜区传来一阵女人的笑声。她抬眼望去，看到一个男人身穿裙子，脚蹬一双高跟鞋在那里步履艰难地走来走去。天啊！这个被周围人指指点点骂作"神经病"的男人竟然是自己的丈夫！

"你怎么不带你太太来？你总这样自己试，买回去能合适吗？"柜台小姐问他。

"没问题的！她的衣服和鞋子我都试穿过。她的身材和我差不多，她穿的衣服我穿着也大小基本合适。只是她穿的鞋子要小一些，挤脚挤到我几乎受不了，她穿就可以了。"

"你太太怎么不自己来试衣服啊？"

"她啊，她经常出差。知道吗？今天是她的生日！"

"你太太一定长得很漂亮！"

"是啊！是啊！"穿着高跟鞋，痛得龇牙咧嘴的他笑了。

周围的人发出了一阵善意的笑声，一大滴眼泪无声地挂在她精心装扮过的面颊上……

从此，她不再登录那个QQ号，断绝了和那个"白马王子"的一切往来。

SIMPLE LIFE ENDURES LONELINESS
淡定的人生耐得住寂寞

她决定守护住这份弥足珍贵却曾经被忽略的感情。她心中明白，自己的婚姻合不合适，她的脚全都知道。

（清山）

> **人生感悟**
>
> 婚姻的激情来源于生活中对彼此的爱，因为当婚姻远离了谈恋爱时的轰轰烈烈后，便把所有的幸福都归结于平日的生活中去。可是在婚姻这扇门前，还有许多无止境的来自外界的诱惑，如果我们无法抵挡，那么就只能为自己在欲望驱使下犯下的错埋单，那个时候肯定追悔莫及。

3. 197 根白发

马江明因为贪污罪，被判 3 年有期徒刑。妻子许淡如每月都会去探监，颠簸大半天，见面半小时。

许淡如每次去都带个大包袱，里面装着马江明爱吃的小菜，喜欢抽的烟，想要的茶叶，还有书。她告诉马江明，婆婆身体很好，女儿学习也好，她们都很想他。尤其是婆婆，总念叨儿子为什么不往家里打电话。

许淡如一直对婆婆和孩子说，马江明出国了，要 3 年才能回来。婆婆瘫痪在床，经受不住打击。女儿还小，如果知道父亲是犯人，还能在学校里抬起头吗？许淡如拿定主意，能瞒一天算一天。马江明案发是在离家较远的城市，所以，老家没几个人知道他进了监狱。

看着日渐苍老的妻子，马江明十分惭愧。许淡如却突然绕到他身后说："别动，有根白头发！"她说着，用力一揪。马江明苦笑，不想拔，可妻子执意要拔下来。许淡如想，丈夫才 40 岁，不能因为身在监狱就不顾体面。

许淡如的手指在丈夫浓密的头发间穿梭，她发现了越来越多的白发。她毫不迟疑地把白头发都拔了下来，并将它们收集起来。

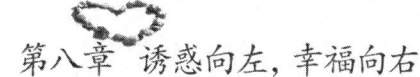

第八章 诱惑向左，幸福向右

每到探视日，许淡如都会来到监狱，送吃的，送喝的，拔除丈夫新长的白头发。探视日，成了马江明的节日。

终于过了3年，马江明出狱了。许淡如给丈夫买了新的西装、领带和皮鞋，还特意去超市买来一大堆写着英文字母的礼物，她要让婆婆和女儿相信，马江明真的从国外回来了。

回到家，许淡如拿出多年的积蓄，让马江明开个小公司。许淡如对婆婆说，马江明是想留在母亲身边尽孝。婆婆笑得合不拢嘴。

马江明十分辛苦地打拼，公司很快有了起色。不管多忙，一到下班时间，马江明都准时回家。员工们说，像马江明这样的模范丈夫，真是世间少有。了解马江明的人都说，马江明像变了一个人，以前他可是出了名地贪玩。

吃过晚饭，马江明会挽着妻子的手一起散步。他们走过小城的角角落落，却唯独不去护城河。以前，马江明最喜欢在河边散步。

"到河边走走吧，那儿空气好。"许淡如直接提出来。

马江明犹豫一下，跟了过去。坐在桥墩上，许淡如说："这已经不是过去的护城河了。"马江明低下头，心里惭愧。就是在这护城河边的柳树下，他认识了那个女孩。他对她一见钟情，带她到另一个城市，他们住到了一起。为了满足女孩的虚荣，他要给她最好的享受，为此一次次地将手伸向公款。可是，入狱3年，女孩一次都没去看过他。

"我知道那个女孩，别恨她，一切都是你的错。"许淡如突然说。

马江明一下子呆住了，一直以来，他以为这件事妻子并不知道。

许淡如叹了口气，从口袋里掏出一只小盒子，递给马江明。这是庆祝他出狱的礼物，她早就想送给他了。

马江明疑惑地打开盒子，里面是一绺白发，系着红色的蝴蝶结。

"我数过了，一共197根。"许淡如微笑着说。

泪水不知不觉模糊了马江明的双眼，这份礼物，他得珍惜一辈子。

许淡如转过身，长舒一口气。正是用这一根根白发，她战胜了那个女孩。就在一年前的一天，女孩哭着跑来找她，想知道马江明在哪所监狱，哪天是探视日，她很想念他。许淡如不动声色，她拿出盒子里的白发，取出马江明身穿囚服的照片，告诉女孩，他已经不再是从前风流倜傥、令人敬畏的马江明了，他是阶下囚，除了白发和囚服，一无所有。

SIMPLE LIFE ENDURES LONELINESS
淡定的人生耐得住寂寞

女孩哭着跑开，说她要走得远远的，永远都不再回来。

(叶梓马)

人生感悟

> 有多少人在婚姻这座围墙里能够耐得住寂寞？人生最大的遗憾莫过于错误地坚持了不该坚持的，轻易地放弃了不该放弃的。而对于那些轻易就被外界的诱惑所迷倒的人，最终必将为自己曾经的决断而付出代价。

4. 惜取眼前人

最青涩的年纪，他和她相遇。

都是穷孩子出身，来上大学时，他口袋里只有100块钱，而她穿着母亲手缝的内衣。那时他们想，一定要在北京这座城市站住脚。

那时，她20，他21。

没有钱花前月下，但两个人的爱情一点也不少，坐在湖边，一边读书一边谈情。他随手采了手边的草，给她编一个草的戒指，然后小心翼翼地套在她的手上。她笑着说，好看。

那个戒指，她趁他不备夹在了书里，后来，一直偷偷戴。他说，将来有了钱，就给她买金的买银的钻石的。这时候的话，她信。

大四那年，他们偷食禁果，她怀上了。

那时学校里校风很严，学校里知道了这件事情。她一个人承担了下来，没有说出他的名字，虽然所有同学老师知道是他，可是她说，不，不是他的，与他没有关系。两个人的前程，不能全都耽搁了，她要让他知道，她有多爱他，甚至可以为他放弃自己的一切。

他跪在她面前，你放心，我们说过相爱一辈子的。毕业后我找好工作就接你回来，你先回家，等待我，好吗？

她无法在北京再待下去，回了老家。他也守信用，每天一个电话，两

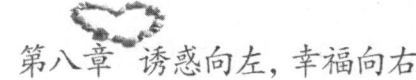

第八章 诱惑向左，幸福向右

个月回来一次，毕业时，他如愿留在北京，而且进了中直机关。他是农村孩子，在这里没根没业，有同事就介绍女孩子给他，是北京女孩子，父母是高干，有车有房不算，还能对他的前途有极大帮助。

那时，他有些动摇了。

是啊，她在乡村，只是一个没有毕业的女孩子，还快生孩子了，将来还能有什么前途？那一刻，在情感的天平上，他做了倾斜，可是，他还是良心发现，觉得这样做不妥。

生孩子的时候，她打来电话，说，此时，多想你在身边。

他赶回去是两个月后，看到敞着怀给孩子吃奶的她，披头散发，大襟上沾着饭粒子，面色很黄，怀里的孩子叫着。他灰败得很，想着北京追求自己的美丽女子，简直是天与地。

她看出他的慌张，也看出了他的迟疑。她说，如果你不方便，我不会拖累你的，真的，我可以再嫁别人，我亦知道，今天和昨天的你，不可同日而语了。

此时的他，是羞愧的，是难以和人诉说的惭愧，可他想不要她也是真的。于是，他掏出一张银行卡，那是两万块钱，于她而言，是很大的一笔数字了吧。他撒了谎，不说不爱，只说，我要出国，不知何时才能回来，你不要等待我了吧。

他并没有出国，而是和一个高干子女谈起了恋爱，去吃马克西姆餐厅的西餐，学着穿西服、打领带，去弹着钢琴的五星级宾馆里喝咖啡，也用英语说亲爱的，总之，他要把旧的那套全部抛弃掉，他要开始新的爱情、新的生活。

怕她打扰，他换了手机号，和所有同学朋友说他要出国了，正在办手续。

而她干脆给了他更干脆的消息，她说，我嫁人了，不要担心我，你我，尘缘已尽。

他这才放下了一颗心，从此张扬着自己的现代时尚爱情，把自己融入到北京人圈子中。但有时他也慌张，是在梦里，他遇到她，她眼泪汪汪的，一遍遍地问：你不是说要和我好一辈子吗？

醒来一身冷汗，还好，她结了婚，没给自己找麻烦。看来，钱能摆平一切的。

SIMPLE LIFE ENDURES LONELINESS
淡定的人生耐得住寂寞

不久，他也结婚了。婚后三年，果然也出了国，他渐渐忘却她。因为现在的太太厉害不算，还是一副小姐脾气，假如知道他还有一个儿子，断然是轻饶不了他的。所以，他口风很紧，瞒得厉害。

几年之后，太太和一个荷兰人好上了，提出了离婚。他领着小女儿在美国过生活，还好，生意做得不错，不久，做了一个国际大公司的副总，梦里，常常想起她来，她过得还好吗？

他知道已经没有想她的资格，是他放弃她的，是他不要她。可现在，他没有想同床共枕多年的妻，想的却是他。

她是一朵朴素的小小兰花，那样淡定，从来不张扬，没有要过他半件东西，他甚至连一粒扣子也没有买给过她。

又过了几年，他回国，辗转了好几个人打听她，四处打听她，可一直没有她的消息。

于是，他一个飞往四川，去找她。

回到她待的家乡，他看到了她。

在一个乡镇企业做会计，还是那样清秀清瘦，穿着碎花的裙子。35岁的女人，看起来脸上却已有了沧海桑田。

他以为她会哭，会惊住，她却只是云淡风轻地问：回来了？仿佛他昨天才刚刚出门，仿佛他不曾离开。

两个人静静坐下，他随意翻她的书，她仍然是这么喜欢看书，却翻到那枚戒指。瞬间，他仿佛被击中一般，这么多年，她还留着这枚草戒指？

你？他说。

她静静地笑着，这是我收到的第一枚戒指，所以，我要珍惜。

那么，你不怕你的丈夫说你？他注意到，她手指光光的，根本没有戒指。她头也没抬，声音平静地说，我一直没有结婚。

他惊住，你——

她说，当年，是为了让你死心，让你安心，我想，爱一个人，就给他最大的自由吧。而你和我说过一辈子，那么，让我守着自己的爱情，一辈子吧。

扑通一声他跪倒：亲人，原谅我。

她扶起他，走，带你去看儿子吧。

儿子已经上高一，远远地看到时，他的眼泪再也忍不住了。高大英俊

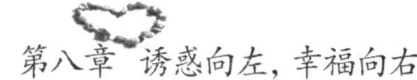

第八章 诱惑向左，幸福向右

挺拔的儿子，一如他的当年。他想跑过去，她却拦住了他，不要吧，孩子以为他爸爸在美国，而且，已经离开人世。我一直告诉他，爸爸有多爱他，多疼他。

他轻轻扶住她的肩问，我，是不是还有机会？

她安静地笑着，我已经不爱，你知道的，没有爱情在原地等待你。可我也不能爱别人，我愿意和儿子这样过，一直到老。

那一刻他才知道什么是"此情可待成追忆，只是当时已惘然"。

她还是把他当成了朋友，带他转来转去，看小城风景，做手工水饺给他吃，但一切已经落幕，与爱情无关了。可她心中还是有他，只是那尘世间的一个影子，她曾经爱过的，要过的，许诺过的，到这时她才知道，爱情，有时就是一个人的事情。

他走的时候，她给了一样东西。

是当年他给她的那张银行卡。她说，有些东西，不是钱能买来的，比如，爱情。

上飞机的时候，他说，原谅我。而她轻轻地拥抱了他一下，然后说：看，你也长了白头发，都中年了，好好地过吧，我根本不曾恨过你，谢谢你曾经给我的爱。

至此，他终于明白，他丢了一颗金子一般的心。

回来的飞机上，他把那张她和儿子的照片看了又看，然后捂在胸口，泪如雨下，他从此明白，什么叫一诺千金，什么叫永远。

所以，当他的妻子后悔了回到他身边时，他安静地接纳了她，并且说，回来了就好。妻子哭着问他为什么，他说，因为我明白，珍惜眼前比什么都重要。

（苏小乙）

人生感悟

面对诱惑，如果我们多一些思索，多一份清醒，就将不会深陷生活的陷阱。生活中的诱惑可以说是无处不在的，但是只要我们擦亮眼睛，用自己的慧眼，抵制住诱惑，那么我们就一定能够收获幸福。

SIMPLE LIFE ENDURES LONELINESS
淡定的人生耐得住寂寞

5. 十粒花生米的爱情

她一直患有轻度贫血。那时，她和他恋得如七月的骄阳。那个眉慈面善的老中医一边开着药方，一边看着她和他把诊所当结婚登记所的亲热劲儿，意味深长地说："小伙子，记着每天给她吃十粒花生米，花生补血，对她有好处。"

走出医院的时候，她挽着他的手臂，头亲昵地靠在他的肩头撒娇："我要吃花生，你得亲自给我剥！"他真的去买了许多花生，带壳的，不是那种现成的花生米。

他每天为她剥十粒花生米，亲自送到她的嘴里，微笑地着看她吃。要是遇上出差或有事，他会打电话或发短信提醒她不要忘记吃花生。她和他就在花生的吃吃剥剥中，走进了结婚礼堂。

婚后，他依然履行着十粒花生米的承诺。倒是她，对这十粒花生米渐渐淡漠了。有时，他喂她吃，她头一偏，嘟着嘴说不想吃。他多劝一句，她就皱起眉，面露不悦："我就是不想吃嘛，你干吗逼我吃？"

再后来，她对他说："你就只知道花生米。你能不能像别人那样给老婆买名牌服装，开车接老婆上下班，一个礼拜下趟馆子改善生活啊？真没出息呀你！"他在她的嗔怪声中沉默了半响，心像被什么东西狠狠地刺着了，疼痛不堪。可他什么也没说，依然剥着花生米，不管她吃不吃。她越来越感觉失衡。常想，凭什么别的女人出入都是小车，我就只能挤公交车？凭什么别的女人买名牌，眼睛都不眨一下，我却得盘算个没完没了？

她的脾气变得很坏，时不时朝着他大呼小叫。他要稍稍反驳几句，她更是指桑骂槐，闹得不可开交。对自己的婚姻不满意了，探出墙头看看外边的花花世界，也就再自然不过了。她是在一次商品交易会上遇到陈的。她长得很有几分姿色，陈看上去一表人才，这是一种很容易发生故事的组合。都是有家庭的人，彼此纠缠在一起，似乎更自在，对谁都不是一种亏

第八章 诱惑向左，幸福向右

欠。陈是一家公司的营销部经理，开着一辆黑色奔驰。对年薪几十万的他来说，买件名牌服饰送套高档化妆品，比普通人家上菜市场买菜还要简单。也许最初，她真的只是在寻找某种补偿。就像这个城市里的某些人，要了自己想要的，一转身就可以忘记这些东西是谁给的。好比网上玩游戏，游戏结束了，退出程序，连再见都不必说，现代人都习惯了。

可她终是落了伍。她不满足。她偏偏要在天平的一端放上感情这种虚无的东西。甚至，她还想到了天长地久，想到了白头偕老。那个晚上，她不知怎么的，突然想起了花生。她对陈说："我有贫血，花生可以补血，我想吃花生。"陈一脸惊讶："想吃就去买啊！多简单！"她用脉脉含情的眼光投向他："我想你给我剥花生！"陈捏了捏她娇翘的鼻子："傻瓜，你就不能买现成的花生米？"她不依不饶："不！我就要你为我剥花生！"陈哈哈大笑："好好好，我为你剥花生，行了吧？"陈真的为她剥起花生，亲自喂她吃，甚至比她的他更温柔。

她想，剥花生实在太简单了，谁不会啊？而自己竟嫁给了一个只会为她剥花生米的人。她对自己的婚姻有了更深的挫败感，她想要改变，非常强烈地想要改变。她对陈影影绰绰地坦露心迹："如果我们早认识几年，该多好！"陈微笑："现在也不迟啊！"她的脸微微泛红，嘟哝了一句："总归是有遗憾吧。"陈似笑非笑地看着她："难道你愿意放弃现有的一切？"她的心怦怦乱跳，她一直在时间里煎熬自己。该不该对丈夫摊牌？可他对自己一直很好，怎么说得出口？她不知道该怎么办，只好用冷漠代替心底不停翻腾的那股暗涌。

他在她无声的抵抗中终于失去了信心。不多久，他就独自去了南方，一无所有地走了。她对他的出走，起初还带些愧疚。心灵上的十字架，压得她隐隐不安。可渐渐地，她习惯了。她想，也许他离开自己，会更好。她还想，追求幸福，该是生命赋予的权利吧。她就用这样的方式卸下了自己身上的担子，为自己找到开脱的借口。她开始这样对陈直截了当："我可以放弃现有一切，你会吗？"陈看到她竟不敢回视，他支支吾吾："不会吧？用不着吧？我们现在这样不是挺好？"他的言辞闪烁，令她有些失望。

一天晚上，他拿着计算器，对着一堆数据报表算个不停。她呆坐在客厅，一边吃着零食，一边看着无聊的电视，有点郁闷。她想了想，拿了袋

Simple Life Endures Loneliness
淡定的人生耐得住寂寞

花生走近陈身后,双手环住陈的脖子,温声细语地央求:"休息一下,给我剥花生嘛!"他皱皱眉,不耐烦地把她的手甩了下来,继续埋头计算。她不甘心,把花生袋朝他桌上一扔,赌气坐到了他前面。她以为他会放下手中的活为她剥几颗花生。可她没想到,他抓起那袋花生,没头没脑地向她狠狠砸过来。一袋花生像冬雨一样撒播下来,夹杂着他八十分贝的怒吼声,一起砸了她一身。她惊呆了,大哭着跑了出去,而身后的他,竟没有半点反应。她回到了自己的家,眼泪恣意横流。她开始疯了似的砸东西,发泄自己。当她抓起一个蓝色的陶质贮存罐狠命地砸向地面时,在一记清脆的碎裂声中,无数的花生米"哗"一下蹦了出来,就像陨落的流星似的,撒了满满一地。这是他在临去南方之前为她剥好的。

她刹时呆住了。她想起了他剥花生米的情景,充满着关爱与疼惜。而她,竟早已麻木,变得无动于衷。她突然觉得,那每一颗花生米,就仿佛一个承诺,是他对她,最晶莹、最虔诚的承诺。

那瞬间,她终于明了,原来再高贵的名牌服饰,再豪华的进口轿车,都不及这每天的十粒花生米。

(寂寞飞行)

人生感悟

当凡尘之心已经被过多的欲望所驱使,当虚荣心在我们灵魂深处越渐强盛,这个时候幸福也同样悄悄地将要离我们而去了。人生在世,切勿过分注重虚名薄利,虚荣不过是文过饰非的装饰品,和幸福是永远相悖而驰的两条道路。

6. 桂花丛中的爱情

打工的日子很精彩,打工的日子也很无奈。

我的精彩,来自于我长相的靓丽。拿我们同宿舍吴大姐的话说,我天

第八章 诱惑向左，幸福向右

生丽质，是全厂最漂亮的女孩子。再加上农家出身的我善良质朴，进灯具厂打工以后，我就成了厂里男孩子们目光的焦点，呼啦啦涌上来好多追求者，如众星捧月。

我是月，而星星有几颗，连我自己都不知道。我真的很是骄傲了一段日子，正是情窦初开的青春年华，被这么多男孩子倾慕，当然得意。

我的无奈，则缘于宿舍窗外的那条臭水沟。

我住厂里的女工集体宿舍，一楼，6个人同一个房间。宿舍的隔壁，是一家快餐店，快餐店的厨房后面，一条小沟经过我们的窗前，剩饭剩菜、洗菜洗碗的污水就由这条沟排向下水道。但这条沟的排水性能不好，一年四季积满污秽，一到热天，剩饭剩菜的馊味、腐肉烂菜帮子的恶臭，一齐从窗户外飘进来，熏得我们几个人无法喘气。

我们向厂长反映，厂长说，那条沟是快餐店的地盘，你们找快餐店吧。我们找快餐店老板交涉，快餐店老板一脸惊讶："你们这样金枝玉叶？这点味都受不了？受不了关上窗户呀！"

气愤不过，我们与快餐店的老板吵了一架。这快餐店老板是本地人，牛气得很，过去，他隔三差五的还让人将臭水沟疏通一下；吵架之后，他与我们对上了，连疏通的活都不派人做。恶臭熏天，我们咬牙切齿，但无能为力，唯一能做的，就是关紧窗户，一天到晚都不能打开透气。

6个人就像闷在罐头盒里的沙丁鱼，大家都说，这样的日子，受罪。

中秋节的下午，厂里放了半天假。我刚回宿舍，脚跟脚地就来了3个男孩子，都是来请我和他们共度节日的。如果一个人来请，我兴许还会考虑，3个人同时来请，除了歉意的微笑，我再不能做别的。吴大姐说，这好办，大家就在这个宿舍里来个大聚会。

我们拿出厂里分的月饼，3个男孩子出去买来饮料、啤酒和熟食。9个人挤满一屋，觥筹交错，笑语喧哗，倒也有些节日的气氛。只是宿舍里不通风，多少有点闷得难受。话题自然而然地就说到了关着的窗户，说到窗外的臭水沟。

吴大姐带着责备的口吻对3个男孩子说："亏你们还想追叶眉，你们就让叶眉在这样的宿舍里闷着？叶眉说了，谁能将窗外的那条臭水沟填平了，她就嫁给谁。"

SIMPLE LIFE ENDURES LONELINESS
淡定的人生耐得住寂寞

3个男孩齐刷刷地看我。我一惊，我什么时候说过这样的话？抬头看吴大姐，吴大姐是一脸诡异的笑，还拼命朝我眨眼睛。我知道，她是想利用3个男孩对我的追求，而解决我们一直无法解决的难题。我没有反驳，只是红着脸，拿起面前的饮料，呷了一口又一口。

"这好办，我去求厂长，让他给叶眉调个宿舍。"马兵说。

林刚立即附和："我与厂里管后勤的主任关系不错，求这点事应该没问题。"

只有夏志新低头不语，满腹心事。

我料定夏志新是在思考如何才能将臭水沟填平。吴大姐听了马兵和林刚的回答非常失望，这不是她需要的结果，所以，她也对夏志新充满了期待。

其实，在这3个男孩子中，我对夏志新也最有好感。他长得帅气，脑瓜子也灵活，还懂得浪漫，他是追求我的男孩子中，唯一给我写情书的。

第二天傍晚，我回到宿舍，宿舍里的姐妹们有说有笑，而且，宿舍的窗户第一次敞开了，宿舍里不但没有臭水沟的异味，还弥漫着一种桂花的芳香。吴大姐格外兴奋，将我领到窗前，得意地说："我昨天的小计谋起作用了。"我看时，就见窗台上铺了一层桂花，米粒般大的花朵，一朵挨着一朵，密密麻麻，少说也有上千朵，那淡白的花朵，散发出浓郁的芳香，沁人心脾。而窗外的臭水沟，虽说没被填平，但被人清理过了，而且，很明显地，被人用清水冲洗过，干干净净，没有一点污迹。

"这会是谁干的？他们3个人中的谁？"吴大姐问我。我只觉神清气爽，精神为之一震，我想到了夏志新，昨天只有他默然无语，只可能是他，而且，我也希望是他。

于是，第二天见到夏志新时，我决定向他道谢。但我还没来得及开口，他突然神秘兮兮地对我说，要带我去看一样东西。我问他是什么，他也不说。我跟着他一直来到厂外一个居民区，他将我领进一间房子，不大，但窗明几净，一应家具俱全。他问我："喜欢吗？喜欢我就将这房子租下来，我们在这里住。"

我愣住了，继而脸上发烧，心里发毛："你让我，让我和你……""同居"两字我还是没勇气说出口。夏志新却急迫地说："我喜欢你。再说，这样，你就不用在那间宿舍里受罪了。"

第八章 诱惑向左，幸福向右

我觉得受到了侮辱。想不到夏志新昨天低头沉思，思考出来的，竟是这样的主意。这么说，那臭水沟不是他洗的？那桂花不是他放的？我说："有了那些桂花，在宿舍里不再是遭罪，而是享受。"夏志新一脸懵懂："桂花？什么桂花？"我这才彻底清楚，一句话都不说，愤然抽身，将夏志新一个人晾在那里干瞪眼。

自此之后，我们宿舍窗台上的桂花一日一换，换上来的桂花更新鲜、更芬芳，但仍是密密麻麻，上千朵。而窗外的小沟，也总是被人洗得干干净净，毫无异味。一连半个月，天天如此。

是谁在默默地做着这些？这对我有着极大的诱惑，我决定弄清楚这人是谁。

半个月后的一天，我请了假，窝在宿舍里，躲在床后的帏幔中，想亲眼见见往窗台上放花的人。下午上班铃响过的时候，那人终于出现了，是我们厂的唐强。

看着唐强小心翼翼地将窗台上已经有些干枯的桂花收起来，装进一只塑料袋里，再将新的桂花铺在窗台上，然后拎着水桶清洗窗外的水沟，我没有半点的惊喜，相反，有的只是失望。

唐强在我们厂是最不出众的男孩子，个子不高，而且黑瘦黑瘦的。在厂里，从来没听到他高声说过话，也没见他有什么朋友，总是不声不响地干自己的活，低眉顺眼，形单影只。

直到唐强将那条水沟收拾干净，离开，我都没有勇气从帏幔后面走出来。我知道，唐强做这些，是为了我。因为在我们宿舍，其他5个姐妹要么已经结婚，要么早就有了男友，而且宿舍里的姐妹谁都与唐强没有什么交往，他不可能为了别人来做这事，只有一种可能，他也在暗恋我。

但这样一个清汤挂面的男孩，真的是我无法相得中的。

我一直没有将这件事情挑破，只是在厂里上班时，自觉不自觉地开始关注唐强。我发现，每天中午吃饭的时候，唐强就不见了，而每天下午上班，他都会迟到半个小时。我知道，他是去清理小沟去了。而且我也从同事的嘴里，了解到一些唐强的情况，他是河北人，家在农村，他的家境，像他的长相一样清苦。

月末发工资的时候，我特地留意了一下，我发现，唐强被扣掉了200

SIMPLE LIFE ENDURES LONELINESS
淡定的人生耐得住寂寞

块钱的工资，而扣钱的原因，是他每天下午上班都迟到。

我很想告诉唐强，叫他别这样做，为了我他被扣工资犯不着。因为，无论他怎样做，我不会喜欢上他的，他与我，不配。但我无法启齿，我知道，将事情说破，我就欠下了他的一份人情。我自欺欺人地想，装作不知道是他在默默地为我做事，我们谁的心里都不会有负担。

所以我一直不与唐强说这件事，唐强也不主动与我套近乎，似乎他真的没为我做过什么。只是我们窗台上的桂花仍每天换一次，窗外的小沟每天都洗得干干净净，唐强的工资，也因每天的迟到而被扣除一部分。我尽力想让自己坦然，但心里隐隐的，还是有些惭愧。有时，我甚至突发奇想，要是为我做这些事的，是夏志新该多好哇。哪怕是马兵和林刚，我也能接受，可偏偏就是这个平淡无奇的唐强。

日子就这样黑白更替，窗台上的桂花换了一茬又一茬。终于有一日，窗台上的桂花都是干枯的，香气，也淡若游丝。我知道，桂花早就谢了。

虽然唐强仍然天天清洗小沟，但快餐店产生的污物层出不穷，异味还是有的。此时，桂花的香味太淡，已经无法遮盖水沟的气味，敞开两个月的窗户，终于又重新紧紧地关上了。

自从我们的窗户重新关上后，窗台上，渐渐不见了桂花，小水沟又渐渐地积满了秽物，我们六姐妹，又成了闷在罐头盒里的沙丁鱼。唐强开始准点上班了。我以为我的心里会轻松，但却没来由地，有了微微的惆怅，偶尔的恍惚。一下班，回到宿舍，我总忍不住来到窗前，看看窗台上是不是有桂花那淡白的细小的身影。但，每一次都是失望。

大约有十来次的失望之后，我们有了一次惊喜。那天中午休息的时候，我们发现，快餐店的老板在带着人填平那条臭水沟，快餐店厨房的后面，一溜儿摆上4只大塑料桶，剩菜剩饭再不是倒在沟里，而是倒在桶里，还盖上了盖子。折磨我们大半年的臭气异味终于没有了。

我们欢喜若狂，快餐店的老板却咬牙切齿，赌咒发狠说："告我的状？没你好果子吃！"我们这才打听清楚，是有人告了状，说快餐店存在卫生问题。卫生部门来人检查，发现了臭水沟，不但罚了快餐店老板的款，还限期填平水沟，解决卫生问题，不然，不准营业。

看着快餐店老板咬牙切齿的模样，我的心里竟隐隐地有了担忧。我猜

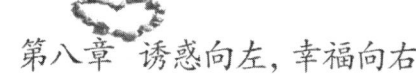
第八章 诱惑向左，幸福向右

得到，这告状的人会是谁。我猜得到，那么，快餐店老板也猜得到，每天，唐强清理水沟，他是看得到的。这快餐店老板是个霸道的本地人，他会不会做出什么过分的事来？

我们宿舍的窗户终于可以打开了，但我的心里却是忐忑不安。终于，半个月后，还是出事了，有天晚上，加完班后，唐强一个人回宿舍，在路上被几个人打了。

听到这个消息，我在宿舍里再也待不住了，连夜赶到了医院。唐强的头上缠着纱布，脸上也有好几块淤青。当听说我是专程来看他的时候，他激动得手足无措，一个劲儿地说："真没想到。太、太谢谢你了。"看着他一身的伤痕，却是满脸的兴奋，我无比愧疚，我真诚地说："我知道，是那个快餐店老板叫人打你的，你这都是为了我。说谢谢的应该是我。"

他愣住了，然后不好意思地低下头，问："你都知道了？"

"知道。我看见你在我们窗台上放花。还有……"我不想再隐瞒什么。

唐强头低得更厉害，像个做错事的孩子，好半天，他才轻声地、结结巴巴地说："请你原谅，我知道，我不配爱你。但是，我就是忍不住喜欢你，想帮你做点事情。我本来是想偷偷地做，不让你知道。你，你现在都知道了，别怪我，我，我不会打扰你的。"

我为什么要责怪他，爱一个人有什么错？看着他那副诚惶诚恐的模样，我于心不忍，说："谁怪你了？我只想知道，那些放在窗台上的桂花，是哪里来的？"唐强仍低着头，说："离我们厂3里路的地方有个栖贤路，那条街的花坛里种的就是桂花树，我每天中午去那里，不敢摘花，我就故意骑着自行车撞树，就会有花落下来，然后，一朵一朵地捡……"

一朵一朵地捡，上千朵的小桂花要捡到什么时候？要撞几次才能撞下这么多的花？我的心就在那一刻轻颤起来，我脱口而出："那些花现在都哪儿去了，能不能送给我？"

唐强的眼里顿时有了光芒，他激动地说："我将那些干花做了两个枕头，枕着睡觉可香呢。我一直想送一个给你，又不敢。"

第二天，唐强出院，我从他那里拿来了那个桂花枕头，拥在怀里，确实有淡淡的香气萦绕全身。这就像他对我的爱，虽不显山露水，却悄然入心，经久不散。当天，我就宣布了一条消息：我，与唐强，恋爱了。

Simple Life Endures Loneliness
淡定的人生耐得住寂寞

这消息，震惊了全厂。夏志新忿忿不平地说："这是鲜花与牛粪的爱情。"他的意思是说，唐强配不上我。我说："人有好几种，有一种人外表像鲜花，心地却像牛粪。有一种人，外表像牛粪，心地却像鲜花。唐强就是后者。"

唐强听了我公布的消息，也是愣得像根木头。但突然，他就手舞足蹈起来，竟连蹦带跳地跑到快餐店去。我以为他要找快餐店老板报仇，吓得赶紧跟了过去。他却见了快餐店老板就鞠躬，连声道谢："谢谢你，谢谢你。没有你，我哪能得到叶眉的爱？我做梦都没有想到哇。"弄得快餐店老板不知所措。而我，也是哭笑不得。

（方冠晴）

> **人生感悟**
>
> 平淡朴实的爱就如同悠悠散发清香的茉莉，尽管它较小不惹人注目，但是它的淡雅芬芳却沁人扑鼻。其实人这一生所要求的东西并不多，只要能够珍惜眼前，用最朴实无华的心态去看待眼前的生活，那么你才能收获最美好的爱情。

7. 只能爱你七分

我正专心致志地看电视剧，杜平凡说："我们离婚吧。"

他很严肃，不像跟我开玩笑。浮上我脑海的第一个念头是：他肯定炒股亏大了，或者是得了绝症，怕连累我。我坚决地摇头，油然而生一股要跟他共患难的豪情。

他的第二句话将我打入地狱："我爱上了别人，对不起。"

"什么时候？"我努力沉住气。

"半年了，是旅行时认识的。她是导游，很单纯，人又热情。"也许意识到自己赞美的词语用得过多，他刹住了，愧疚地看着我。

"有多爱？"

第八章 诱惑向左,幸福向右

"十分爱。"

"她也爱你吗?"

"爱。"

我没再问下去,问得太细只会让自己伤得更深,不如给自己留点儿颜面。

回忆跟他在一起的日子,我们很幸福。可是,既然人家已经喜新厌旧,我还干吗死不放手呢?我长长吐了一口气:"一切就按你的意思办吧。有人能将你这个祸害从我身边领走,我真是感激不尽。"他惊讶地看着我,他知道我并不是一个心胸豁达的女人。

"其实我也对你有审美疲劳。"你把我看得轻如鸿毛,就别指望自己还是我心中的泰山。

他深感愧疚,决定把家里的一切都留给我和孩子。

离婚前,他约我一起吃饭。几杯酒下肚,他的话多起来,他说,希望得到我的祝福。他还主动说起那个女孩,她朝气蓬勃,跟她在一起,他有被点燃的感觉。想起自己也曾年轻漂亮、朝气蓬勃,也曾经那样吸引他,我与那个女子,只是隔了10年的光阴,却被鲜明地贴上了旧爱与新欢的标签。

"她很天真,一点儿小事都能让她感到满足。比如,跟她去购物,抽奖得了一块香皂;送她一块20元的电子表;带她去吃北京饺子;给她买一个土渣儿饼……她都会欣喜若狂。跟她在一起,我很放松,我可以抽烟抽得屋子里一股烟味,我也可以玩通宵麻将,跟朋友拼酒……"他陶醉在自己的幸福里,眼波温柔。

而我,像所有黄脸婆一样,精打细算,过问他的每一笔开支,买双袜子都要货比三家。我不许他抽烟,禁止他喝酒,更反对他吆三喝四地赌博。

"和她在一起,我感觉心跳加速,干什么都充满力量。"他显然已有几分醉意。

我打断他:"从此以后,我不再是你的黄脸婆,不再是你不用付工资的佣人。我可以节省下为你熨衣服、配领带的时间,来打扮自己;我可以节省下为你买衣物的钱,给自己挑几件拿得出手的时装;我可以不用绞尽脑汁地搜索鱼的N种做法,不用讨好你的胃,想吃饭我就做,不想做饭,

SIMPLE LIFE ENDURES LONELINESS

淡定的人生耐得住寂寞

我可以带女儿去吃快餐；我可以不再担心你抽烟伤了肺，喝酒伤了肝；我不用再为你洗吐得一塌糊涂的被单，不用再在你醉了酒，睡在街边某个角落时，一边哭一边满大街地找；我可以不用再操心你老家的亲戚今天谁做寿、明天谁娶媳妇；不用再每个月给你爸妈寄生活费；不用每年跟你坐半天的车，提着大包小包走10多里山路，只为陪你父母吃顿年夜饭……是啊，离婚，真是太好了！"说完这些，我泪如泉涌，而他则愣愣地看着我。

我一直都表现得很冷静，可是，一点点酒精就把我的内心出卖了。30多岁的女人，谁不在意自己经营多年的婚姻？

我又笑起来："离吧，离了看你能得意多久！你十分爱她是吧？她也十分爱你是吧？走到一起后，共同生活几年，看你还会不会见到她就心跳加速。她现在能给你的都是10年前我给过你的，你就折腾去吧！等你折腾够了就会发现，你只是把我们走过的路又重复了一遍而已。"

"你醉了？"他有些紧张地看着我。

"我没有天真单纯过吗？我没有年轻美丽过吗？我把你送的一只铜戒指、一本书、一枚书签视若珍宝，冒着严寒为你织手套。我也十分地爱过，可是走进婚姻，女人的角色就复杂了，在爱的同时，有了很多责任。她不可能再十分专注地爱一个人，她要从这十分爱中分出一分爱公公婆婆，又要从中分出一分来爱自己的父母，还要从中分一分来爱孩子。十分的爱经过婚姻的洗礼，便只剩了七分。因此，当另一份十分的爱袭击她的幸福时，她就无以抵挡……"

最终，我们没有离婚，他改变了主意。他说我清醒的时候没有醉酒的时候理智，也没有醉酒的时候聪明。

（蒋英姿）

人生感悟

古语有："百年修得同船渡，千年修得共枕眠。"夫妻的结合本就是前世修来的福分，如果不懂得珍惜，婚外出墙，那么即便是从情人身上找到了短暂的快乐，最后还是会留下恒久的伤痛。请收回你那颗即将出轨的心，好好守护身边的爱人、家庭，幸福快乐地过一生。

第八章 诱惑向左，幸福向右

8. 一盘生葱的爱情

他，是南方人，她，则是地道的北方人。她是他的初恋，更确切地讲，当初他对她一直处于暗恋的旋涡中不能自拔。上大学的时候，他的目光一直追随着她，可是，她对他却并不在意。她的身边有一位白马王子，那个高高帅帅的男生。而他，只能把心中对她所有的爱恋埋藏在心底。

毕业时，她的白马王子离开了她，为了一个更好的前程。她天天以泪洗面，极快地憔悴下来。不知为什么，他知道这件事情后，并没有太多的高兴，更多的则是心痛。他已经习惯了默默地爱着她，习惯了只要她好他就快乐。这个时候，他默默地走到她身边，用笨拙的话语安慰她。她对他却是冷漠的，因为她从来没有喜欢过他。他的外表憨憨的、胖胖的、黑黑的，根本不是她喜欢的类型。但她也并不拒绝他，只是淡淡地甚至有些漠然地看着他为她做的一切。

当春风再一次吹拂她的脸庞时，那场让她刻骨铭心的失恋已在煦风轻扬的季节淡去了。她一点点地恢复，仿佛重生一般，花儿般的笑颜又重新浮上了她的脸庞。而他，看到她康复的样子，高兴极了，但他却不会讲什么，依旧如故，默默地陪在她身旁。他爱她，就包括爱她的一切缺点。这样做，他并不觉得有失尊严。他认为既然爱了，就应该无怨无悔。而她，觉得开始有点喜欢上了他，有些依赖他。但她认为，离爱还很遥远。

转眼她和他都要毕业了，她甚至没有征求他的意见，就直接去了北方的一座城市，而他，却追随着她也到了这里。本来，在南方那座城市，他的家人早已给他联系好了一家不错的公司，但他连想都没想就拒绝了。她和他分别进了不同的公司。同在一个陌生的城市打工，难免心神俱疲，这个时候，她就很想找一个依靠，给她一点家的温暖。明明知道他一直愿意做她的依靠，可她却不愿意把自己的一生交付于他，因为她觉得自己一直不爱他。不爱，又如何依靠？再说，他也不能提供给她想象中的生活。

SIMPLE LIFE ENDURES LONELINESS

淡定的人生耐得住寂寞

他明白她的顾虑，清楚她的想法，他知道这种事是不能强求的。他只是对她说，有什么事随时可以找他，他永远会在她的身边支持她、帮助她。他告诉她，一切都是他心甘情愿的，爱一个人没有理由。于是，她心安。她会在工作遇到麻烦时向他倾诉，在孤独寂寞时，她会自然地想到他的陪伴。

两人一起吃饭的时候，她一定会要一盘京酱肉丝，肉丝的下面是切得整整齐齐的生葱，她很爱吃用豆腐皮裹上肉丝和葱丝一起吃。还有就是市场上刚有新葱的时候，她会买回来，沾上甜面酱吃。而他，却是从来不吃生葱的，他不喜欢那个味道。但看到她那么喜欢吃，所以，只要出去吃饭，他点的第一道菜就是京酱肉丝，而且他看着菜谱学会了做法，做的比餐馆还好。他还会给她买来新鲜的小葱，洗得干干净净的放在盘中。当看她津津有味地吃着时，他的心中涌动的是无比的满足。甚至他不忘时时买些口香糖，因为他知道，有时候她明明极想吃生葱却不敢吃，怕吃完后口中有异味。所以，他给她时时备好口香糖。

他是南方人，煲得一手好汤。她的胃不太好，有时间的时候，他总是变着花样煲各种汤给她喝。她口中虽然不说什么，但心中却暖流翻滚，为他的这份耐心细腻，为他对自己无微不至的呵护。她不是没想过，嫁给他应该是幸福的，可是，她却总说服不了自己膨胀的内心，总有着那么一些不甘心。

日子就这样一天天地过去。渐渐地，她在公司中站住了脚，并不断地提薪、升职。她的生活变得五光十色，认识的人越来越多。她是个善于把握机会的人，她希望凭着年轻聪明能干，能过上富足优裕的生活。所以，没有多久，她就和一位青年才俊——一个拥有数百万身价的男人订了婚。对他，她不是没有歉意，她一直知道他默默而执著地爱着他，可她，却从来没有给过他一点希望。他为她付出了那么多，而她却只能在心中轻轻地道一声对不起。听到她低着头，低低地告诉他订婚的消息时，他心痛不已。但他依旧努力装出笑脸，恭喜了她，然后转身离去。

以后的日子，他们渐渐失去了联系，他只能从别人那里断断续续听到一些她的消息，听说她过得不错，已不再工作了，回家当了全职太太。只要她幸福，他也就心安了。他依旧做着那份工作，日子过得不好不坏。也不是没有女孩子喜欢他，可他心中除了她却装不进任何人。过了两年多，在一个大学同学的聚会上，他才再见到她。看到她身边有了一个可爱的女儿，她依旧那么美

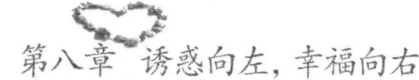
第八章 诱惑向左，幸福向右

丽。可是，她的话却很少，笑容也有些刻意，对自己的老公绝口不提。不知为什么，凭他对她的了解，他觉得她的日子并不像别人说的那样幸福。

他的猜测是对的，她生活得并不幸福。婚姻就如一双鞋，合不合适，只有自己知道。她是过上了让许多人羡慕的日子，甚至称得上有些奢华。但她没想到的是，那个当初声称爱她不悔的男人，那个在别人眼中高高在上的男人，回到家却动不动就露出一副狰狞的嘴脸，稍有不如意，就会对她挥拳相向。而每次当她下定决心逃离那个男人的魔掌时，一看到女儿无辜而可怜的目光，心又不由得软下来，只能一次次地吞下痛苦和屈辱。

接到他的电话时，她既高兴又犹豫。她知道，他因为她一直没有结婚，所以她对他一直有着深深的歉疚。不止一次地，她会想到他的种种好处，想到如果当初和他在一起，现在的日子该是何等幸福。可是，她知道一切都已经晚了，人生不可能重新来过。

他带她去了以前两人经常去的那家干净的小饭馆。坐下来，他依旧和以前一样，先给她要了京酱肉丝这道菜，同时要了一小碟甜面酱和一小把绿油油的小葱。有一点变了的是，他也吃起了生葱。于是她不解地看着他，他只是轻轻一笑，告诉她，自从她离开他后，他就活在对她的回忆中，于是，他试着开始吃以前她爱吃的生葱，不为什么，只因这样做，能让他心中好受一些，好像她从未远离他一样。

她的泪，一滴滴地掉下来。她终于明白，其实她曾经拥有人间最大的幸福，但她太贪心了，对本来手中握着的幸福视而不见，伸出手，想去抓住更多。却不想，在手松开的那一刻，属于她的幸福永远失去了。而她所抓住的，只不过是虚假的繁华罢了，不但虚，还有一些残酷。而现在，她只能赶紧拿起餐纸拭泪，装作吃生葱时不小心辣了一下，抬起头，强装一副幸福的模样。

（楚熊）

人生感悟

很多单纯的幸福之所以往往被我们生生地错过，起因就是因为我们的贪恋。如果我们能够让浮躁的心灵沉静下来，放下心中那些过多的贪婪欲望，我们也就真的守护住了自己的希望和幸福。

第九章
Chapter 9

—— 放下会让你的心灵刹那间开满鲜花 ——

　　折磨内心的是自己，让包袱永随心间的是自己，让自己放下的还是自己。别在犹豫别在徘徊，失去始终是失去了，当一切已成定局时，不要一直沉溺于过去，一往直前的追逐。懂得放下：是内心的一种解脱；懂得放下：是生活又一次新的开始；懂得放下：是一次获得新生事物的开始。

SIMPLE LIFE ENDURES LONELINESS
淡定的人生耐得住寂寞

1. 有一种永远,是永不再见

他被女友抛弃了。她是趁他上班时走的,留下一封简短的信,要他不要找她,她再也不回来了。

突然的变故把他弄傻了,呆呆地望着空空的家。相爱的5年变成支离破碎的片断,像锋利的玻璃碴子扎着他的心。

他找遍了所有她有可能去的地方,打坏了一个手机,终于探到了一点信息,她还在本市,和另一个男人在一起。

从未有过的失败感挫伤了他的心。5年啊,他一心一意,那么地爱她待她那么好,她却用爱上别人的方式辱没了他。

愤怒像迅速膨胀的气球在他身体里生长,他疯了一样地找她,已不再是为了挽救灰飞烟灭的爱,而是为了和她一起破釜沉舟地毁灭。反正他不打算活了,也就不要什么未来了,索性辞了职,哪怕挖地三尺也要找到她。

他只知道她住在某个小区,不知道确切地址。这难不倒他,他带着她的照片,去那个小区转悠,逢人就拿出照片问,饿了就去小区入口处的一家小饭馆吃点东西。

饭馆很小,十来个平方的店面里摆了6张铺着绿色桌布的桌子,看上去干净而素雅,和它的主人气质很相符,那是位脸上总挂着暖暖笑容的年轻女子,一身兼了老板和服务生、洗碗工等多个角色。

第一次到小区,他就问过她。她看了看照片,很抱歉地说没见过。

那一次,他要了一盘清炒竹笋,吃着吃着,就落了泪。这道菜,因为他爱吃,女友已操练到炉火纯青,可现在,他买的鲜笋都烂在了厨房里,再也没人烧给他吃了。他觉得那些烂掉的竹笋就像他的人生,因为女友的离去而彻底毁了。

时间一天天过去,没人告诉他她在哪里,焦虑像泼在怒火上的油,让

第九章 放下会让你的心灵刹那间开满鲜花

他更加狂躁、更加执著，胡子长了衣服也脏了，使他看上去就像个愤怒的疯子。

那天，他在小区转了一会儿，天下起了雨，他没带伞，雨水淋在身上，像他的心，又冷又硬。当他徘徊在雨里犹豫着是继续找还是回家时，遇上了饭馆的女主人，她愣了一下就把伞擎到他头上说：秋雨太冷，会把人淋出病来的，快到店里避一会儿。

然后，不由分说地把他拽进店里，按到凳子上，又让厨师给他烧了碗姜汤。

那碗热热的姜汤好像把他的心烘暖了，他的眼，慢慢潮湿。女子坐到他对面，细声轻语地问他要找的人找到了没。他摇了摇头。

女子就问：她是你什么人？

他不想说，闷着头抽烟。她就笑了笑：把心事说出来也许你会轻松点。

他突然有点不好意思，就把女朋友弃自己而去以及自己为什么要找她一一说了。

女子说：这样啊。

他瞪了她一眼，觉得她轻描淡写的口气有点嘲笑的意味。女子笑着说：给你讲讲我的故事吧。

然后，他就知道了女子是来自山东乡下的一个小镇，17岁时，和来她家做帮工的小伙子一见钟情。因为小伙子家太穷，父母死活不同意。次年春天，她和小伙子的私奔事件成了小镇的轰动性新闻。她原以为从此以后将和心爱的人过上幸福甜蜜的生活，可事实并不是这样的。3年后，那个信誓旦旦要爱她一辈子的人另有所爱，人间蒸发一样抛下她走掉了。那段日子糟透了，她身在异乡，举目无亲，想回老家，可一想当初轰轰烈烈地私奔，如今却落得灰头土脸一个人回，还不知被人嘲笑成什么样呢。她想到过死，也曾有过像和他一样的想法，找到小伙子和他同归于尽。最终，她还是熬过了被抛弃的痛苦煎熬，选择一个人勇敢地生活。于是，来到青岛，她捡过垃圾，做过清洁工，最后，在这家小店做了服务员，一干就是几年。有了积蓄的小店老板另起炉灶开了家大店，就把小店转给她了。因为她的小店饭菜干净，服务态度好，生意很是红火，更令她倍感幸福的还

SIMPLE LIFE ENDURES LONELINESS
淡定的人生耐得住寂寞

是遇到了深爱她的丈夫。

她说：我非常感谢他对我的抛弃，不然，我现在还在天寒地冻的东北山区做农忙短工，永远不会有机会和幸福相遇。

他有些茫然地看着她：可是，我恨她，我们说过要永远……可她太自私了，把我扔给痛苦，一个人拥抱幸福去了。

我也有过这样的想法。你怎么不想想，她抛下你去拥抱幸福，同时也给了你机会呀，你也可以重新寻找幸福。

我还会有幸福吗？他问。

当然会，你看，现在的我，不就很幸福吗？记得有位作家说过，有一种永远是永不再见，失去是为了更好地开始。

他怔怔地望着窗外，雨已停了，小区的街道干净而宁静。

别找她了。她伸出手，等他来握：我就是例子，以后会更好，重新开始吧。

他握住她伸来的手，重重点头，把女友的照片放在桌上：如果你看见她，帮我还给她。

我还会替你谢谢她，因为她给了你重新寻找幸福的机会。

他诚挚地笑了笑，起身走了。

望着他的背影，女子回头望着站在厨房门口的男子，笑了。是的，她撒了谎，他们确实是为爱私奔了，但，她却从未遭到过抛弃，他们一直相亲相爱地生活在一起。可，如果谎言能够让一个正在走向犯罪的人生转向光明，我们为什么不能勇敢地不真诚一次？让谎言的花，结个美丽的果子。

（佟晨绪）

人生感悟

俗话说："事能知足心常乐，人到无求品自高。"放下是一种成全，成全了对方也成全了自己。因为只有在生活中懂得知足，才能成为世界上最富有的人、最快乐的人。放下心中堆积的怨恨，给自己和他人一条宽阔大道吧。

第九章 放下会让你的心灵刹那间开满鲜花

2. 有一种幸福叫成全

那年，她16岁，第一次喜欢上一个男生。他不算很高，斯斯文文的，但很喜欢踢足球，有着一把低沉的好嗓音，成绩很好，常是班上的第一名。虽然在当时，早恋已经不是什么大问题，女生追男生也不再是新闻，她更不是那种内向的女孩，但是她从来没有想过要向他表白，只是觉得，能一直这样远远地欣赏他，就很好了。

那时，她常常为在路上碰到他打声招呼高兴个半天，常常放学也不回去，而是上运动场一圈又一圈地慢跑，只为了看他踢球。她还学着叠幸运星，每天在那小纸条上写一句想对他说的话，叠成小幸运星，快乐地放在大瓶子里。

她常常看着他想，像他那样的男生，应该是会喜欢那种温柔体贴的女孩吧，那种有着一把乌黑的长长直直的头发，有着一双水汪汪的大眼睛，开心的时候会抿嘴一笑的女孩。

她的头发很乌黑，但只短短的到耳际边。她有一双大眼睛，但常常因为大笑而眯成一条缝。她常常照着镜子想，如果有一天她成了那种女孩，他会不会喜欢上她。但想归想，她还是每个月都跑去理发店把稍微长长一点的头发剪短到耳际边，还是一遇到好笑的事情就哈哈大笑起来，笑得眼睛眯成一条缝。

她19岁，考上一所不算很好但也不差的大学。他正常发挥，考取了另外一所城市的重点大学。她坐着火车离开这个生她养她的小城时，浮上心头的是她点点滴滴与他的回忆。

大学生活是以二十几天艰苦的军训生活拉开序幕的。晚上临睡前，其他女生都躲在被窝里偷偷打电话跟男友互诉相思之情，她好多次按完那几个熟悉的数字键，始终没有按下那个呼叫键。19年来，她第一次知道什么叫思念，原来，思念就一种可以让人莫名其妙地掉下眼泪的力量。

4年的大学生活不算太长，活泼可爱的她身边从来不缺少追求者，但

SIMPLE LIFE ENDURES LONELINESS
淡定的人生耐得住寂寞

她却选择单身。好事者问起原因时，她总淡淡一笑，说："学业为重嘛。"她也确实在很努力地学习，只为了考他那所大学的研究生。

4年来她的头发不断变长，她没有再剪短。一次旧同学聚会时，大家看到她时都眼前一亮，一把乌黑的长长直直的头发，水汪汪的大眼睛因恰到好处的眼影而更显光彩，白里透红的皮肤，时不时抿嘴一笑，都认不出这是昔日的小活宝。

他见到她时也不禁心神一动，但当时他的手正挽着另一个女子的纤纤细腰。她看着他身边那个比自己更温柔妩媚的女子，很好地掩饰了心里的一丝失落，只淡淡对他一笑，说："好久不见了。"

她22岁，以第一名的成绩考上了他那所大学的研究生。他没有继续考研，进了一间外资企业，工作出色，年薪很快就达到了6位数。她继续过着单调甚至枯燥的学生生活，并且坚持单身。

一次放假回家，一进门母亲就把她拉过一边，语重心长地说："女儿啊，读书是好事。但女人始终是要嫁人生子的，这才是归宿啊。"她点了点头，进房间整理带回来的行李。先从箱子里拿出来的是一瓶满满的幸运星，摆在书架上。书架上一排幸运星的瓶子，都是满满的，刚好6瓶。

她25岁，凭着重点大学的硕士学历和优秀的成绩，很快就找到一份很好的工作，月薪上万。他这时已自己开公司，生意越做越大。第三间分公司开业的时候，他跟一个副市长的千金结婚了，双喜临门。她出席了那场盛大的婚礼，听到旁边的人说起新郎年轻有为，一表人才；新娘家世显赫，留洋归来，貌美如花，真是一对璧人。她看着他春风得意的笑脸，心里竟也荡起一种幸福的感觉，莫名的感觉，仿佛他身边那个笑容如花的女子就是自己一样。

她26岁，嫁给了公司的一个同事，两个人从相识到结婚不到半年的时间，短到她都不知道两人是否恋爱过。他们的婚礼在她的极力要求下搞得很简单，只邀请了几个至亲好友。当晚她喝了很多酒，第一次喝那么多酒，没有醉，却吐得一塌糊涂。她在洗手间看着镜子里那张在水汽蒸腾下的脸，第一次有种想痛哭一场的冲动。但终于，她还是把妆补好后走出去继续扮演幸福新娘的角色。她的外套的衣袋里，有她早上仓促叠好的一颗幸运星，里面写着："今天，我嫁做他人妇了。可是我知道，我爱的是你。"

她36岁，过着平静的小康生活。一日在街上巧遇一旧同学，闲聊起他，

第九章 放下会让你的心灵刹那间开满鲜花

竟得知他生意失败，沉重打击后终日流连酒吧，妻离子散。她找了好几天后，终于在一间小酒吧找到他。她没有骂他，只是递给他一本存折，那里面是她所有的积蓄，然后对他说："我相信你可以重头再来的。"他打开存折，巨额的数字让他不可置信，那些所谓的亲朋好友在听到他说了"借钱"两个字就冷眼相向避而不见，她不过是一个快让他淡忘名字的老同学，却如此慷慨大方？她依旧淡淡一笑，说："朋友不是应该互相帮助的吗？"

当晚她的丈夫知道了后，一个重重的巴掌立刻甩了过来，大吼道："上百万一声不吭就全给了他，你是不是看上人家了！"她被那巴掌击倒在地，没流泪也没说话，更没有回答她丈夫的质问。虽然她从来没有向别人承认过她爱他，但她也决不会向别人否认她爱他。

她40岁，那年他的公司已经成为同行业里最具竞争力的几间大公司之一。那晚他带着200万元和他公司的10%股份转让书到她家。她的丈夫一边乐呵呵地说："不必这么客气嘛，朋友之间互相帮助是应该的。"一边在股份转让书上签下名字。她没说什么，只说了句："不如留下来吃顿饭。"他没有不答应的理由。

饭菜端上来时，他惊讶地发现自己最爱吃的几样菜都有。但他抬头看到她一脸恬静地为丈夫、儿子夹菜时，心里一下子释然了，觉得是自己想多了。临走的时候他从口袋里拿出一张请贴，笑笑说："希望你们到时都可以来。"她以为是他又有分公司开业，不以为意，接过随手放在沙发上。送走他转身回厨房洗碗的时候，突然听到她丈夫大声说："人一有钱就风流，这句话果然没错啊。看你这个旧同学，这么快又娶第二个了。"她的手一颤，被一个破碗的缺口划了一下，血一下子涌了出来，一滴接一滴不停往下滴。她看着那片泛着微红的水，突然想起15年前那个笑容如花的女子的那身婚纱，似乎就是这个颜色。

她55岁，一天突然在家里昏倒，被送去医院。一番检查后，医生脸色沉重，要把她丈夫叫到一边说话。她毕竟是个聪明的女人。叫住医生，她很认真地问："我还可以活几天？"3个月，电影里的桥段用得多了，没想到真应了人生如戏这句话。执意不肯住院，她回到家里开始为自己准备后事。一个人活了大半辈子，要交代的事多着呢。收到消息的亲朋好友纷纷赶来见最后一面。他是最后一个。她躺在床上，已经开始神智不清，但一

SIMPLE LIFE ENDURES LONELINESS

淡定的人生耐得住寂寞

看到他手上那颗幸运星，立刻清醒了过来，似是回光返照。

"这是给我的吗?"她指了指那颗幸运星，脸上竟露出一丝笑容。他连忙回答："啊，是，是啊。这是我带来给你的。"真是无心插柳，这不过是他刚出机场时碰到的那个为红十字筹款的小女孩送的，他当时急着来见她，接过来时都没看清是什么东西就赶着上车了，一路握着也不知觉。她接过那颗幸运星，紧握着放在胸前好一会儿不放。终于，她指了指旁边的桌子，那上面也放了一颗幸运星，那是她昨晚花了一个多小时才叠好的，缓缓对他说道："在我以前住的房子里，还有39罐幸运星。等我火化的时候，你把那些连同这两颗和我放在一起，好吗?"他还没来得及回答，她已经合上眼睛，一脸安详。

她火化那天，他按照她的遗愿把那些幸运星撒在她身上，39罐，不小心滚落一两颗在地也没人发现。他转身要走的时候，忽然发现地上还有两颗。捡起来，他想，算了，就当是留个纪念吧。

他70岁。一天，他戴着老花眼镜在花园里看书时。4岁的小孙子突然拿着两张小纸条，兴冲冲地跑到他面前，嚷道："爷爷，爷爷，教我识字。"他扶了扶眼镜，看清第一张小纸条上的字："杰，你今天穿的那身蓝色球服很好看哦。还有，6这个号码我也很喜欢，呵呵。"他皱了皱眉，问孙子："这两张小纸条你从哪里找来的?""这不是纸条啊，这是你放在书桌上那两颗小星星啊。我拆开它，就发现里面有字了哦!"他一愣，再去看那第二张小纸条："杰，有一种幸福是有一个能让你不顾一切去爱他一辈子的人。"

"有一种幸福是有一个能让你不顾一切去爱他一辈子的人。"

他念着，念着，泪流满面。

（佚名）

人生感悟

刘若英的歌中唱道："……成全了你的潇洒与冒险，成全了我的碧海蓝天，她需你的海誓山盟蜜语甜言，我只有一句不后悔的成全……"爱情的伟大就在于适时地放下，成全对方的幸福，让自己潇洒地面对自己的那方碧海蓝天。

第九章 放下会让你的心灵刹那间开满鲜花

3. 美丽烟火与黑白默片

一

小方说，他要采访一个刚刚在香港获了奖的青年摄影师。

一周后，小方完成了采访稿。看到摄影师本人的照片时，我愣了一下，他怎么可以长得这样合我心意？

我把小方叫来，批评了一下他的稿子，然后名正言顺地要来摄影师赵永家的电话。

一直到傍晚，我才拨出那串号码，约赵永家在两岸咖啡馆见面，说是需要给采访稿补充一些内容。他简单地说了个好字就挂了电话。

赵永家五官清俊，有些内向，我问什么他答什么。他几乎没有主动说过话，对我似乎也没有什么好奇心，把这次见面完全当成工作。

所有要问的问题都问完后，我一边喝咖啡一边怔怔地看着他，心想：傻瓜，你真的被他吸引住了吗？他比你小啊。

我冷静下来，和他说再见。他跟着站起身。

在门口，他问我能不能搭他一程。我笑了笑，当然。

并排坐在出租车里，我告诉司机地址时，右手忽然被他握住了，他非常笃定又温柔地握住了我的手。我笑了。

爱情就是这样的吧？我已经很久很久没有爱过了。

二

其实，我也不太清楚自己为什么会迷上赵永家。用冷酷的现实眼光打量，他除了长得清俊，物质条件可谓一塌糊涂，没房、没车、没积蓄，只有理想——摄影这个理想，显然没有太大前途。

在出租车里，赵永家握住我的手时，我就知道他是真正的摄影师，因为他有一双洞察力惊人的眼睛。在两岸咖啡馆的时候，他已经看出来我在想些什么了。我伪装得再端庄，也瞒不过他，瞒不过自己。就算那天他没

SIMPLE LIFE ENDURES LONELINESS
淡定的人生耐得住寂寞

有握我的手，之后我也会不断地借各种名义见他，见他，见他。

和赵永家每次见面都是我埋单，我也经常给他买东西，从打火机到衣服，从领带到房租。其实那天我并没打算替他付房租，只是在他家里接到了房东的电话，然后悄无声息地留下了一叠钱。做这样的事情我有些难堪，但不伸出援手我也会不安，我不能假装看不到他的困窘。

我爱他，想尽可能地帮助他，但我不愿意感情跟金钱扯上关系，好像我是通过钱来操纵他、控制他，我不喜欢关系变得如此复杂而现实。

快乐的时候非常快乐，卑微的时候也极其卑微。和穷人谈恋爱不是我的擅长，我相信也不是大多数女人所愿意的。这不仅仅关系到自己的钱包，也涉及到如何维持两人的尊严。女人往往宁愿接受施舍，也不愿意慷慨解囊，因为这意味着自己在做可怜的倒贴买卖。所以，我不想把自己置于如此境地。

拖拖拉拉又继续了两个多月，我屡次想要和赵永家分手，屡次话到嘴边又咽了下去。我知道，如果一旦分手了，他就再也不会出现，不会纠缠我，也不会挽留我。

有一天我抱着他，低声说，开家店吧。

做什么？他问。

婚纱摄影啊，我说，这一行利润很大的。

不。他简洁地拒绝了。

如果我开了，找你来打理生意呢？我试探地问。其实，我并没有做好要把积蓄都砸进去的准备，但我真心地想帮他一把。帮他也是帮我自己，爱一个一无所有的穷困艺术家真的太辛苦了，把他转型成商人会好一些。

不。他仍然拒绝。

我一边松了口气，庆幸自己保全了钱，一边也哀伤着这份感情找不到出路。

我四处托人替他物色工作，有家广告公司答应聘用他，拍一些商业广告之类。我非常高兴，但赵永家却对朝九晚五的工作不感兴趣。

什么才是你感兴趣的？一天到晚在街上拍行人的腿，在天桥上拍飞驰的汽车，在城市角落里拍残疾的乞丐，在地铁里拍流浪艺人？是不是只有看到社会底层，你才觉得有安全感？或者，你觉得自己就是他们中的一

第九章 放下会让你的心灵刹那间开满鲜花

员?这些话在我心里咆哮了一遍,没有吼出来,我不想刺伤他。

在我心里,爱情构造起来的城堡已经被风雨吹得七零八落。我非常清楚地知道自己和赵永家不是同一类人,我积极向上,打拼事业,为了更大的房子、更好的车子、更多的年薪;而他,不是为这些活着。在一起的半年时间里,我偷偷地计算过他的收入,非常讶异他竟然能够活下来。我怀疑在没有我的时候,是不是也有别的傻姑娘以爱情的名义为他提供帮助,而我只是傻姑娘中的一员?

三

我变得越来越冷静,游手好闲为兴趣而活这样的美事,大家都想做,可是最终都要努力工作。你可以为了艺术而活,但我不能为了你的理想、你的艺术而活。

那年秋天我搬家了,搬得非常利索。他当然找得到我,比如通过杂志社,通过手机,可他没有来找我,一次也没有。

我们的恋情,就这样彼此心知肚明地结束了。

我的生活又恢复了以前的节奏,和编辑开会,确定选题,选图片,和广告商签合同,和赞助商谈每期杂志的赠品……中间还出了几次差,最远的一次去了东京,比较近的是去温州拍廊桥。

张建是温州人,得知我在温州,他连夜开车从上海赶来,请我吃饭。就是那一晚,我们的关系从暧昧发展成了相恋。

不久,我和张建结婚了,他追了我一年多总算功德完满。我们的婚礼很豪华,我站在燕楼的门口迎接各路宾客,站了足有3小时。

我爱张建吗?不算爱,我只是喜欢他、欣赏他,我对他的感情是平静的。他能够给我安全感,安全感说穿了就是衣食无忧。

我们去欧洲度蜜月,我觉得去欧洲挺俗的,更想去非洲。张建不喜欢冒险,他觉得欧洲就很好。

蜜月后回到上海,杂志社一大堆事务都堆在办公桌上,一桩桩、一件件。期间张建打来电话,半真半假地说,如果觉得累就不要工作了,我养着你嘛。

有一个很大的牛皮纸信封,沉甸甸的。我狐疑地拆开,是厚厚一沓照片。我一张张慢慢看过去,是我,全是我——我在地铁里等待,我在便利

SIMPLE LIFE ENDURES LONELINESS
淡定的人生耐得住寂寞

店买东西，我在商场试穿衣服，我在办公室发脾气，我在人群里匆匆走路，我等车，我回头，我闯红灯，我着急地和别人说着什么，我微笑地和同事一起吃饭，我和张建约会，我和女友喝咖啡，我在酒吧里和陌生人划拳，回家路上我捡到一只流浪猫，我站在燕楼门口，我和张建在机场，我和父母拥别，我消失在安检处……

几十张照片，全是我。

我哭了，我突然知道，有一个人如此之深地爱着我。虽然这样的表达方式有些极端，但作为一个摄影师，他的方式是完美的，他拍出了生活中真正的我。我不知道在日常生活中我是这样美，我还看到了镜头后面那双悲伤的眼睛。

他知道自己什么都不能给我，于是听任我渐行渐远。他旁观着我的生活，用偷拍来抵抗思念，他是那样地思念我。

我知道我失去了什么，但是我更冷静地知道，为了真实而残酷的生活，我必须舍弃什么。没有一个人的幸福是完美的，人只能选择相对正确的生活。

我抓起电话拨出那串号码，但是到了最后一个数字，我黯然放下了电话。我已经是张建的妻子，虽然现在还没有完全适应这个全新的身份，但我正在努力。赵永家，只是我结婚之前的一段插曲，我不应该再和他有任何纠葛。就算他拍的这些照片感动了我，我也要把它们安安静静地葬在心里。

四

5个月过去了，我又收到了一个牛皮纸信封。我掂在手里寻思着，他又拍了我什么？

拆开信封，一怔，里面不是我。是张建跟另外一个女人的照片，傻瓜都看得出来他们是什么关系。

我不知道应该怎么反应，足足愣了10分钟才回过神来。我双手抱住头，努力让自己冷静冷静。不要抓狂，不要给张建打电话，这是一定要面对面才能问明白的事情。

可是，赵永家为什么要跟踪张建拍下这些照片？我抽了口冷气，平稳了一下心情，把小方叫进来，旁敲侧击地迂回了许久，问题才绕到赵永家

第九章 放下会让你的心灵刹那间开满鲜花

身上。

我假装不在意地探问赵永家的近况。小方说,他现在混得很好了,听说在私家侦探社上班,专门替有问题的夫妻拍对方外遇的照片,做这个很来钱的。

我皱了一下眉。小方又滔滔不绝说了许多话,我已经听不进去了,挥挥手让他出去。

我满脑子都是那些照片,可是他为什么要帮我呢?我曾经那样伤害过他,一声不吭了结了我们的恋情,并且在很短的时间内另结新欢,他应该恨我才对。

他应该恨我。想到这里,我突然打了个寒战,一下子清醒过来。他免费帮我查张建的底细,并不是心疼我傻傻地蒙在鼓里,而是要让我的婚姻破碎,他要让我难受。

是的,他并不是出自好意,他只是报复。

我把照片塞进抽屉深处,假装什么事也没有发生。

我们沉默地过招。

五

后来,赵永家又寄过几个信封。我厌倦了或者说更精明了,拆都不拆,直接一把火烧了。他要告诉我的都是我不想知道的,既然如此,何必看?不管是他想诉说对我的思念,还是揭穿我婚姻的内幕,都是对我的打扰。

再后来,听说赵永家结婚了,他果然再没有闲工夫关注我的生活。在很多年前,我们热烈地爱过一场,最终我们都和正确的人平静地结婚了。

我想,只有同样走进婚姻,赵永家才会明白一个无奈的真理:爱情短暂得就像烟花,我们被它的美丽所感动,但它实际上是靠不住的海市蜃楼。

我们曾经爱过一场,把生活变成情节生动、对白感人的彩色电影,无比绚烂,但激情要付出心力,渐渐地,时光带走了青春,残余的力气仅供与生活握手言和。说到底,生活其实是黑白默片,它安静、平淡,收纳所有疲惫的人。

凝望美丽烟火时,你想用照片挽留住刹那,可平淡的生活就是黑白默

SIMPLE LIFE ENDURES LONELINESS
淡定的人生耐得住寂寞

片，除了真相什么也不会有——要知道，你不一定有勇气、有决心、有能力直面真相。

我们也不能经常欣赏烟火，老了、累了、困了，只想洗个热水澡，好好睡上一觉。窗外的烟火再美，也是另一个世界的事。

（小语聒噪）

人生感悟

> 其实人与人之间的相遇就像是流星，瞬间迸发出令人羡慕的火花，却注定只是匆匆而过。懂得适时地放下，才不会因此让心中的阴影聚结。学会放下吧，幸福是需要自己来成全的，而不是永无止境的牵扯，那样只会让双方都感觉到痛苦。

4. 薄荷的青春

薄荷生于水乡，从小随邻家的姐妹一起采红菱、剥莲蓬，闲暇时编制苇席，洁白的苇篾在她手中上下翻飞，曾是水乡最美的一道风景。

薄荷16岁的那个夏天，几名美院学生来水乡写生，就住在薄荷家的小院里。有位个子颀长的男生除了画荷，还以薄荷为模特，画了几幅人物肖像。他笔下的薄荷青春俏丽，有着水乡女子特有的灵性与美好，望望那个帅气的男生，再看看画中的自己，薄荷惊喜到不敢相信自己的眼睛。男生对薄荷说："你这般聪颖，不如也学画吧？"薄荷有些迟疑："那，你能教我？"男生笑着点头。从此，勤奋的薄荷拿起了画笔，她的进步令所有人都为之惊叹。薄荷酷爱画荷，在她迷上中国画之后，更是一发而不可收。荷叶的铺张，莲蓬的矗立，荷花的皎洁与美丽，无一不在薄荷笔下生动浮现。

薄荷考上美院的第二年，与同学一起去看画展，邂逅了画展的主人，正是当年为她画像的男生。当初帅气的男生已然成为高大俊朗的男人，四

第九章 放下会让你的心灵刹那间开满鲜花

目相对，时光在刹那间流转，薄荷心底有细细的喜悦嫣然绽放。她终于相信，原来在心中反复怀想一个人的时候，上天是会有感应的。但他又仿佛不再是旧日的他，他早已在圈中小有名气，身边更是蜂蝶缱绻，如薄荷这般单纯的女孩怎敌万种风情的魅惑？

几天后，薄荷捧了大叠的画稿上门讨教，他悉心指点，一如当年的认真，薄荷满眼崇拜道："何时才能与你共办画展呢？"他微笑："等你笔下的荷花画出水汽的时候吧！"从此，除了画画，薄荷都像个小小的影子一路追随着他，却又不敢说出年少时的梦里总有他的笑容荡漾。暑期来临，薄荷返回水乡，终日头顶一盏荷叶坐在船上画形形色色的荷。她沾得满身馨香，心却如莲蓬上的蜻蜓，只停留在那个人的名字上。

一个有雨的午后，薄荷独自撑伞在湖面荡舟，船至湖心时，她遇见另一条船，船上坐的竟是他与一名女子。俩人喁喁细语，女子的长发风情地缠绕在他颈上，无人注意伞下的薄荷。但薄荷分明听见女子问他："那个总跟着你的小丫头到底是谁啊？"他淡淡一句："一个学画的孩子而已。"听到这里，薄荷的泪水打在湖面上泛起一圈圈涟漪。冬天到了，湖面的残荷寂寞无声，而远处的城市里正在举行一场热闹的婚礼，他终于迎娶了那位风情女子。薄荷送上一对荷花枕，但人未到场。

薄荷毕业那年，被作为优等生选送到国外去进修，许多个夜晚，梦里都是水乡的清荷，而清荷转瞬间又全部化成他的笑容。一天，薄荷终究抑制不住思念打越洋电话给他，电话另一端嘈杂无比，夹杂着孩子的哭声。她突然不知该说什么，于是默默挂掉，年少时候的爱恋要用多少年才能够忘记？

回国后不久，薄荷邂逅了一场平和的爱情。这个男人如同一块家常的棉布，很贴心、很踏实，薄荷第一次懂得，原来两情相悦可以这般地轻松美好。薄荷决定嫁给他，并随他去另一座遥远的城市。

婚前，薄荷想办一场画展，似是完成一场夙愿，也是对自己青春过往的最好诠释。纯棉样的男子含笑不语，许久之后只讲了三个字：我理解。画展筹备之前，薄荷去了他的家，他正在画室里面打游戏，身边堆满孩子的玩具，当初那个风情的女子正充满警惕地瞪视着她，薄荷咽下了未出口的话。

SIMPLE LIFE ENDURES LONELINESS
淡定的人生耐得住寂寞

画展上的薄荷穿一袭白裙，上面是手绘的莲蓬和小鱼，她微笑着迎接来宾，心中在隐隐期待着什么，他到底还是没有出现。画展结束前，她的那幅《薄荷的青春》被人高价购买，并未留下姓名，只有一行熟悉的字体：你的青春我路过。

（碧螺）

> **人生感悟**
>
> 青春是一个人一生中最为明亮的刹那繁华，但光阴荏苒，再美好的时光也只不过转瞬即逝。曾经最美的那个瞬间，只能作为一场极为珍贵的回忆常留心间。不管前方的道路你还将邂逅什么，这都将是一场最为美丽单纯的路过。

5. 当爱已成往事

卡尔加里是加拿大艾伯塔省南部的一座城市，位于洛矶山脉东南，海拔约1050米，城市西面可遥望洛矶山脉，东面是广阔的大草原。卡尔加里"Calgary"一词的意思是"清澈流动的水"。

卡城原为农业地区，20世纪70年代迅速崛起为世界石油中心，石油工业与日化工业非常集中，是一座新兴的石油工业城市。这里气候四季分明，7月平均温度是22.7℃，1月平均温度是－9℃，有点像我们国家北方的天气。

在太湖边上住了20多年，我喜欢它的温润柔和与悠悠古情。所以刚开始到这里的时候，一点也不习惯，总是想念太湖，想念莲花、梅林、桂花，想念苏。过去的一切总是重重叠叠来到我的梦里，醒来，泪，便湿了枕巾。之所以选择卡尔加里，是因为它远离了城市的喧嚣，这里有独特的文化特色，有着典型的西部牛仔豪放淳朴的浪漫气息，有着纯朴奔放原野的浓厚气息，让人有种回归自然的感觉。

第九章 放下会让你的心灵刹那间开满鲜花

我需要一种全新的生活，我需要将过去彻底地忘记，所以我只有选择离开。离开生我养我的父母，离开美丽的太湖，离开我爱着的苏。我将自己彻底地放逐，只身踏上异国他乡。求学的旅途异常艰辛，首先我的家庭并不富裕，我要自己支付学费和生活费，所以当别人休息的时候我得打工，一份工是不行的，记得最多的时候一天得打三份工。另外，语言也不过关，这是最重要的也是最困难的，除了工作学习，每天我差不多只有四五个小时的睡眠。而且还要面对一个人的生活，一个人的乡愁。

其实，来卡尔加里最初的日子，我并没有体会到这里的异国风情，我没时间，也没心情。甚至曾想过自己为什么要选择独自离开，为什么要选择流落他乡。

仅仅因为，爱。那些难堪的，难忘的，难忍的，错爱。

苏是我的表哥，他的母亲是我的大姨，他叫苏峰，我叫苏媚。我的母亲和苏峰的母亲碰巧都嫁了苏姓的人，又碰巧住得很近，所以有了记忆便有了苏。从小我就不叫他哥，也不叫他的名字，我只叫他苏，所有的人当中，也只有我这样叫他，虽然母亲说我没大没小，可是我喜欢，我知道苏也喜欢。

小的时候，并不知道情爱，但却一直觉得我应该嫁给苏，做他的新娘，像大姨和大姨夫，像爸爸妈妈那样，我会和苏度过一生，甚至度过轮回。小的时候，没有人可以欺负我，苏会一直在我的身边。那条上学的路，无论春夏秋冬，他都会牵着我的小手，他的手，一直都好暖。虽然现在天南地北，他的手，仍然暖在我的记忆里。

很小的时候，苏就不怎么爱说话，但他会用怜爱的眼神看我。直到长大了，他不再牵我的手，但他的眼里的怜爱一日更甚一日，纠缠着痛苦和无奈。原来爱是一回事，可不可以爱又是另外一回事。我爱苏，我知道苏也爱我，可是，我却不可以爱苏，苏也不可以爱我。只因为，我们的母亲是亲生的姐妹，这不是她们的错，也不是我们的错。那么是谁错种了姻缘，又是谁错弹了情弦，月老手中的红线，缠绵着谁的哀愁？

卡尔加里那些最初艰难的日子，那些个孤枕难眠的夜里，我总会听到苏叫我的声音："妹，媚。"他低低地，哽咽地，痛苦地喊着我的名字。我爱苏，我要他快乐，所以我得离开，离得远远的，远到海角天涯。

SIMPLE LIFE ENDURES LONELINESS
淡定的人生耐得住寂寞

我爱苏，我要他快乐。

很多时候，这成了我的信念，支撑着我一个人在卡尔加里的生活。虽然，对苏的思念刻骨般疼痛。很多个月圆的夜晚，我都仿佛看到太湖上的月光，仿佛看到那如精灵般的莲花，仿佛看到苏眼里水样的泪光。我在别人的国家、别人的城市独自漂泊，没有人可以看到我的眼泪，我装出来的坚强在听到苏结婚的消息时刹那崩溃。他终于结婚了，终于娶了别的女人，他的生活终于和我没有一丝牵连了。

卡尔加里的雪漫天飞舞，我穿着单薄的衣衫瑟缩在风里，一个人漫无边际地走。我的大脑一片空白，这不是我想要的结果吗？为什么我的世界却仿佛到了末日？我在渐黑的街道上行走，雪花落在我的脸上，我却感觉不到冷。卡尔加里的夜晚很安静，少有行人。那晚有如昼的车灯刺伤了我的眼。

很多年了，想起那晚的心痛，依然有如痛在昨日。那晚如昼的车灯也一直亮在我的生命里。命运是公平的，当他从你身边拿走一些什么的时候，他会送给你另外的一些。

Mike 的车撞了我，他把我送到了医院。我昏迷了两天，不是因为车的碰伤，而是我心力交瘁。我承载了太多的东西了，一个女人独在异乡的艰难，那些难言的乡愁，那些无法遗忘的爱情，那些强自忍受的痛苦。

Mike 每天来陪我，他姓季，名东洋，比我大 5 岁。老家是东北人，自幼移民到加拿大。他有着北方人的豪爽，也有着南方人的细致，他幽默，他善良，他认真，他也执著。重要的是，他爱我，他说我是上天送给他的姻缘，那么多人，为什么他的车单单撞到了我？他说，他爱我的坚强，爱我的温柔，爱我的洁身自好。我那颗冰冷的心，在东洋的热情中日渐温暖，我苍白的脸孔，日渐红润。

大学毕业，我有了自己的工作，开始有自己稳定的生活。与东洋相处了半年，我开始渐渐接受他的爱情。东洋是一个与苏不同的男人，虽然，我还是无法忘记苏。有的时候我会和东洋说起太湖，说起"郎骑竹马来，绕床弄青梅"。说起那不该的错爱，说起苏娶了妻，有了儿子，换了工作。我眼里会有盈盈的泪光，为苏，也为东洋握住我的大手，别样的温暖。

在卡尔加里的第 7 年，听母亲说，苏的儿子已经 5 岁了。在苏结婚 6

第九章 放下会让你的心灵刹那间开满鲜花

年以后,在和东洋相处了3年以后,我结婚了。我嫁给了季东洋,一个加藉华人,一个深爱我的男人,一个我也爱着的男人。是的,对东洋的爱,一点一滴地汇聚,从感动到感受,一天一点爱恋,渐渐滋长的情意。结婚的那天,我穿长长的白色婚纱,听教堂里神的祝福,我微笑,幸福得坦然。因为在卡尔加里8年艰难的日子,嫁给东洋时我仍是处子之身,因为爱了苏我才离开祖国,而嫁给东洋的时候,我可以肯定,我爱的是东洋。

现在我有两个女儿,她们乖巧可爱。东洋除了上班以外,都会早早回来,除草、种花、修家里的门窗、栅栏……反正,他总有做不完的事。周六、周日休息的时候,他会带着我们去购物,一家人会去旅游。我们去了好多地方,这个充满浪漫、淳朴的国家,我渐渐领略了它的风情。我学会了划雪,学会了游泳,学会了做各种西式的点心。我的工作很得老板的赏识,我的生活平静而又温馨。东洋一直很爱我,很爱他的一双女儿。

卡尔加里,我生活了20多年了,母亲和父亲来过三次,我和东洋一直没有回去。故乡那片梅林一定开得更加绚丽了,苏的儿子也有20岁了吧。20多年了,我从来没有联系过苏,我从母亲那里得到我想听到的有关苏的消息。我想他一定过得很快乐吧,因为苏是一个负责而又坦荡的男人。我也从来没有后悔过离开苏,因为真的无奈。我相信命运,命运让我忍受了那么多痛苦以后,它给了我东洋,给了我一双女儿,给了我平静幸福的生活。

夏日的阳光,暖暖地照在我的身上,花园的秋千上,我飘起的黑发,风吹起的长裙,女儿似铃般的笑声。空气里有浓浓的青草的味道,那是因为东洋刚刚剪了草坪。我眯起了双眼,想起了曾经的江南,想起了曾经的苏,当爱已成往事,唯有深深的祝福。

(苏媚)

人生感悟

当爱已成往事,我们就干净利落地放下,用心底的祝福给彼此一片可以飞得更高的洁净天空。不要再给自己编造那些不切实际、如此忧伤的网,告诉自己,轻松点,不要总是把自己绷到无法呼吸。

SIMPLE LIFE ENDURES LONELINESS
淡定的人生耐得住寂寞

6. 一个"二手"女人最好的底牌

29 岁的华丽转身

出了民政局，白杨问李薇要不要用车送她一程。李薇狠狠地瞪大眼睛，送出两个网球大的白眼，冷冷地说不用麻烦。

结婚两年，白杨就出轨了。李薇本来是想睁只眼闭只眼，偏偏白杨还较真，他跑来和她摊牌，要离婚。李薇气不过，就在 29 岁这年让自己华丽转身为一个离婚女人。

离婚时，白杨屁颠屁颠地把房子双手奉送给李薇，收拾了几件衣服，开走了那辆二手的尼桑。临走时，他还掏心掏肺地告诉她，如果再婚，房产证上千万别写后任老公的名字，这样万一以后有什么变故，好歹能保住栖身之所。

李薇不知道是该笑还是该哭，她发觉自己越来越看不懂男人了。谈恋爱那会儿，白杨是爱她的，但他们没钱买房。离婚了，不爱了，他反而送了她一套房子。

朋友宁宁在电视台工作，怂恿李薇到电视台征婚。青年才俊那么多，她可以慢慢挑。李薇不去，她觉得自己还没跌到那份上，而且她也心虚。一个"二手"女人，就像开封过的精装书，不管有没有瑕疵，看起来价值已经缩水了。

没想到，宁宁瞒着李薇，偷偷为她报了名。电视台的相亲会设在风景秀丽的公园，征婚者的资料都写在粉色的卡片上，挂在绳子上。轻风微拂卡片，像是吹起一条条粉红的丝带。李薇别扭地想：自己变成菜市的大白菜了，任人挑选。

那天，李薇一共接见了近 30 位男士，她觉得自己受欢迎的程度比单身的时候更缤纷。李薇难掩惊喜之色，告诉宁宁："没想到'二手'女人这么吃香。"宁宁瞥了她一眼："在这个房价无比高昂的城市，你有房、没孩

第九章 放下会让你的心灵刹那间开满鲜花

子、年轻，当然抢手了。"

李薇的目光黯淡下去，心中的骄傲就像股市里的泡沫，被宁宁轻轻一挑，就破得无声无息。

单身女人最好的底牌

那次征婚见面会，李薇还是有收获的，她认识了张勋。

在公园散步，张勋和李薇聊天，说离婚时把房子留给前妻了，他只要了车子。虽然是前妻出轨，但他还是担心那个男人不会娶她，所以把房子留给她，让她在别的男人面前有底气。

李薇核桃一般坚硬的心，被张勋的话柔柔地敲出一小片空隙。然后，空隙越来越大，她那颗阴沉很久的心，忽然哗啦一下敞亮了。

是的，他解开了她的心结。

房子是单身女人最好的底牌，白杨把这个底牌给了她，虽然他不爱她了，但还是心疼她！她所有的骄傲，像一大群洄游的沙丁鱼，重新涌进她的心。

4个月后一个秋高气爽的日子，李薇和张勋结婚了。刚离婚那会儿，李薇特别想找一个比白杨有钱、比白杨帅、比白杨忠诚，反正就是样样都比白杨强的男人。可是碰到张勋后，她变了想法，她只想找个善良的男人。

张勋开的也是一辆尼桑，李薇觉得她的婚姻除了换了个男人，其他的什么都没变。

周末，李薇带着不想穿的衣服来到宁宁家，参加二手衣服派对。一帮女人聚在宁宁家，互相鼓捣换衣服。宁宁问李薇："张勋有没有提过在房产证上写他的名字？"李薇一愣，他们还真没讨论过这个问题。每月2500元的房贷，婚后一直都是张勋在还，但谁也没想过要联名拥有房产。还有，他们的积蓄都各自保存着。

李薇的婚姻，在别人不经意的一个问题下就露出了潜伏在平静生活下的暗流。婚前公主有房、王子有车，婚后在带来财产的同时，也带来了算计的小心眼。

所有的东西，都不是联名。李薇想，是不是在她和张勋的潜意识里，

SIMPLE LIFE ENDURES LONELINESS

淡定的人生耐得住寂寞

都觉得如果有一天他们离了婚，就可以立即各拿各的东西走人，干干净净，没有牵扯？

谁也没有做好共患难的准备

张勋到公司接李薇下班，李薇还在忙，他就和她的同事聊天。他们聊股票，同事兴奋地说赚了点钱，张勋也很起劲，说股市是只赚指数不赚钱，而且去年一直狂跌，像他们这样还能赚钱的股民，真该感谢上帝。

李薇耳尖，听见张勋说买了股票，脸上就挂不住了。

红灯亮了，尼桑停在十字路口。李薇一直忍着气，不说话。偏偏红灯特别长，李薇的火气噌地被点燃了，她一声不吭地拉开车门，冲下车。张勋不知所措，只能眼睁睁地看着李薇的身影消失在下班如织的人群中。

回到家，李薇忽然清醒了。她已经不是20岁刚出头的小姑娘了，脾气怎么还这么大。张勋也回来了，手里提着从餐厅买来的香辣蟹，这是李薇最爱吃的。李薇的气消了，她知道那家餐厅的生意一向很好，张勋一定等了很久，才等到这盘香辣蟹。李薇说："我介意的是，你的投资决定从来没和我说过。"张勋讪讪地说："我是怕买股票亏了钱，会被你说一顿。"

李薇想想，确实是这个道理。为了怕对方生气，就干脆不让对方知道。可是，为什么她又偏偏想起自己和白杨的第一段婚姻？那次白杨被小偷偷了几十块钱，然后跑回家告诉她，像受了委屈的孩子。两人一边诅咒该死的小偷，一边互相安慰，别有一番甜蜜。

现在，因为是再婚，李薇和张勋都是小心翼翼，生怕对方不开心。这样的彬彬有礼如踏雷区，谁也没有勇气彻底脱下礼貌的伪装，把七情六欲统统发泄出来。他们不敢生气，不敢大吵一架，不敢互揭伤疤，能妥协和不能妥协的都统统妥协。

其实，他们是没有做好和对方共患难的准备。

保险单的受益人

张勋和李薇商量，趁手头有客户，从单位辞职出来注册自己的公司。李薇没有反对，她想，张勋已经30多岁了，对于男人来说，这么好的创业机会可能一辈子只有一次。

第九章　放下会让你的心灵刹那间开满鲜花

张勋的笑容灿烂起来，他双手从背后环过来紧紧抱住李薇："老婆真好！那明天你到银行把房子抵押了吧，我需要启动资金。"李薇本能地反驳："动什么也别动我的房子，你该去找你的前妻，她住的房子才是你的财产。"

张勋的眼光越来越冷，冷得让李薇觉得整间屋子里都结了冰："我在你心里，难道还不值一套房子？"

两人谁都不再说话，以悲愤的姿势僵持着。李薇觉得张勋要是真爱她，就不该要她的底牌。张勋觉得，夫妻之间就该有福同享、有难同当。

吵过架，张勋走了。不是离家出走，是出差。到了第五天，李薇开始觉得受不了，思念像长了草似的一片荒芜。等到张勋回来，李薇的气全消了。张勋的脸色，也缓和下来。李薇特意做了张勋最爱吃的菜，小别重逢的喜悦冲淡了以前的矛盾。但是，李薇知道，问题依然悬在那里，像是等待判决。

张勋去洗澡，李薇给他洗衣服。把衣服扔进洗衣机前，李薇把各个口袋的东西都掏了出来，她掏出了机票和航空保险单。她瞥了一眼保险单，上面清清楚楚地写着：被保险人——张勋，受益人——李薇。

李薇把衣服塞进洗衣桶，机器转动，她才发现根本没有放洗衣粉。李薇心慌意乱，她一直以为，她和张勋都没有做好共患难的准备。其实，没有做好准备的，只是她一个人而已。李薇的眼濡湿了，她不知道，如果换了自己，面对拿命去换的保险单，她是否会毫不犹豫地写上张勋的名字。

他才是她最好的底牌

张勋下班回来，推开卧室门，发出惊呼。天呀，床上全是一张张百元纸币，李薇盘腿坐在床中央，像坐在一片片散落的玫瑰花瓣中间。

李薇一张张数着钱，对张勋说："我想抵押房子，银行说不行，因为房子的贷款没有还清，不能进行二次抵押。我向我妈借了10万元，然后取出了自己的存款，又找同事借了点钱，凑齐了20万元给你。"张勋缓缓走过去，忍着泪把钱拢在一起："老婆，其实我就是想知道你究竟爱不爱我，在不在乎我。我不该让你抵押房子，那是你的底牌。我可以再想别的办法。"

SIMPLE LIFE ENDURES LONELINESS
淡定的人生耐得住寂寞

李薇把头埋在张勋怀里,她的心,从来没有像现在那么踏实过。虽然他们的爱情伴着财产和小心眼而来,但只要他们是真心的,财产并不是婚姻的绊脚石。勇敢一点,她和他就是彼此的天堂。

李薇觉得,她和张勋,终于是婚姻这根绳子上的两只蚱蜢了。他们心贴着心,患难与共,谁也离不了谁。

李薇找到白杨,将钥匙还给他。这是刚离婚的时候,白杨租住的房子的钥匙,他说没有爱了,但他的家仍愿意为她留一扇门。钥匙就像是白杨给李薇的出口,李薇一直潜意识地抓住这个出口不放,她在为自己和张勋的婚姻留后路。现在,她不需要了,她终于知道,自己最好的底牌,是一个愿意掏心掏肺对她好的丈夫。

(羊成非鱼)

人生感悟

任何美好的将来都是以现在为基础的,如果你摆脱不掉以前的困扰,那么你就不可能顺顺利利地走下去。当你已经遇到了真正属于自己的幸福,那么就请全心全意地去爱吧,甩开心中的烦恼,深深地爱对方,才会幸福到白头。

第十章
Chapter10

——随心随缘,做一棵淡定从容的心安草——

　　人生在世不如意事十之八九,谁都难免被寂寞所困,若能够学会用淡定的心态去面对生命中的凡人琐事,你就会走出寂寞的泥沼!淡定就是你对名利荣辱的淡然,就是你对爱恨情仇的超脱,就是你对世态人情的看破。当一个人把寂寞当作人生常态的认知,怀着一份淡定从容的心态去面对一切,那么生命的绿洲就不会被寂寞的沙漠去吞噬了。

SIMPLE LIFE ENDURES LONELINESS
淡定的人生耐得住寂寞

1. 菩提树下的红尘恋

那样的一个女子，似哺育了她的富士山一般，有着宁静炽热的美。她温良谦恭，心性似她的名字纤尘不染——雪子，生于19世纪的扶桑女子，和所有二八年华的女儿一样，在豆蔻年华里，无数次地，于温暖的烛光中，许下最纯真的爱情梦想。

或许，真的是老天有眼啊，她的祈愿在那一年终于成真。慈悲的佛祖让她于千万人中，遇到了那个叫李叔同的中国男人。四目相对的一刹那，他那由丰富人生阅历积累下来的洞悉人生的睿智眼神，瞬间便捕获了她的芳心。他比她大许多，并且，在故国家园里有妻有子，然而，她依旧爱了，倾心掏肺。

那个男人简直是个天才，音乐、诗词歌赋、篆刻、书法、绘画、表演，几乎样样精通。像所有那个年代怀了一腔热忱却报国无门的热血青年一样，他追随他心中的领袖蔡元培，想闯出一条救亡兴邦的康庄大道。然而，不幸的是，蔡元培遭人迫害，被当局通缉，作为同党的他亦难逃劫数。于是，无奈之下，他东渡日本，学习西洋油画与剧本创作，将满腔的悲愤和一身的才情，赋予沉默的丹青与跳动的音符中。

彼时，他是她家的房客，她是他的画模，日夜在同一屋檐下相遇。久而久之，她入了他的画，他入了她的心。

她炽热的爱，温暖了一颗飘在异乡的孤独的心。她爱他，为了他，不惜赴汤蹈火，而她要的却不多，一份真实的感情，一掬茅檐低小的简单快乐，足以慰平生。然而她爱的这个男人，却不是那个乐不思归的蜀主刘禅。在他的世界里，家落国衰的痛像一块经年的伤骨，于每一个阴天提醒他，一次次地，将蚀骨的悲凉沁入一颗游子的爱国之心。

6年的相依相伴，让他们度过了一生中最静美的爱情时光。她多么希望就这样与他厮守到终老啊，然而她却不知，他的心无时不记挂着他的祖

第十章 随心随缘，做一棵淡定从容的心安草

国。辛亥革命的成功，让一心报国的他再也无法在异国他乡的温柔里销蚀大好的青春年华。他回来了，他填《满江红》的词，为共和欢呼；他主编《太平洋报》，倡导先进的思想和崭新的文化。他长久压抑的生命在这片心中的乐土上重新丰润开来。

有爱不觉天涯远。她随他，来了，告别了那满树的樱花，来到这陌生的国度。她不怨他，她爱他，尊重他的选择。她站在那个男人的身后，把头深深地低进了尘埃里。为了他，她甘愿在这异国他乡忍受寂寞与孤独，只为心中那一纸"执子之手，与子偕老"的爱情之约。

然而，他的热情与她无怨无悔的付出并未得到时局的认同，军阀割据的残酷现实，让他不得不在报社被关闭后移师江浙。

她又一次地跟了他，亦步亦趋。他就是她的家，有他在，她便是幸福快乐的。

他在学堂里教书育人，培养了一代名画家丰子恺与一代音乐家刘质平等文化名人。他仰慕佛法之宏大，终于在某一日，抛却红尘，至虎跑寺断食数日，身心灵化，遁入空门，法号弘一，从此一心向佛，普度众生。

当满头的青丝坠落，他从荣华富贵中抽身而去，俗世所有的绚烂都化作了脱俗后的平淡，而他对她的小爱，也必将从此转变成对天下苍生的大爱。

她爱他、敬他，可她的内心却还没有强大到可以静如止水地目送着爱情的离去。她流泪，百思却找不到答案。她不舍，她不服，追至他剃度修行的地方。于是，那一个早晨的西子湖畔，两舟相向时，便有了这样的一段对话。

她唤他："叔同——"

他驳她："请叫我弘一。"

她强忍着满眶的泪："弘一法师，请告诉我什么是爱？"

他回她："爱，就是慈悲。"

他不敢看她，想来，他也是怕了，怕她那双蒙眬的泪眼，勾起昨日的种种你侬我侬，扰了自己那颗皈依佛祖的净心。

她固执而绝望地看着他的眼睛，心底的疼痛像秋日的湖水，柔软绵长，凉意无限。她知道，不过是一个转身的距离，从此，便注定红尘相

SIMPLE LIFE ENDURES LONELINESS
淡定的人生耐得住寂寞

隔。她的爱，她的哀，她的悲，她的泪，从此都将成为这段爱情最后的华章。

一轮明月耀天心，无奈零落，西风依旧。

放弃了尘世之爱，菩提树下他的人生，注定将更为宏大丰厚：新文化运动的先驱、艺术家、教育家、思想家、律宗第十一代世祖……那个男人的生命达到了世人无法企及的高度，而我却在他圆寂前写下的"悲欣交集"的四个字里，分明听到了一个扶桑女子碎心的吟诵：

长亭外，古道边，芳草碧连天。晚风拂柳笛声残，夕阳山外山。

天之涯，地之角，知交半零落。一壶浊酒尽余欢，今宵别梦寒。

（朱砂）

人生感悟

"荣辱不惊，看庭前花开花落；去留无意，望天上云卷云舒。"如果我们每个人都能够用一种淡然处世的态度来看待周围的这个世界，那么就能真正地做到"我独醒"的境界了。往事一切如风，随心随缘，那么你就可以活得更加坦然潇洒。

2. 清茶女人

人们常说，品茶是一种心境，也是一种情调。品茶，如品人生。

行家都知道茶品三道，而三道茶，正代表了人生的三种境界。第一道茶味道醇苦，称为苦茶，代表的是人生的苦境；第二道茶味道甘甜，称为甜茶，代表的是人生的甘境；第三道茶清苦中略带甘香，称为香茶，因呈甜苦辣等味，故又称回味茶，代表的是人生的淡境。

清茶女人，就是第三道茶。

清茶女人，已经走过苦境，经历甜境，正处于人生淡境。"疏香皓齿有余味"、"此物清高世莫知"形容的正是清茶女人。

第十章　随心随缘，做一棵淡定从容的心安草

清茶女人，没有了少女的天真，洗尽了岁月的浮躁与虚荣，沉淀的是青山绿水的空灵与幽远。

清茶女人也有梦想，但是梦想不再是天马行空、遥不可及的幻想，而是通过智慧与汗水、坚持与努力后可期待的日子。清茶女人也有浪漫，但是浪漫不再是少女心中的白马王子，而是一种于平凡中营造的情怀，于琐碎中提炼的心境，伸手可得，随时可见。清茶女人也有忧愁与孤寂，但是不再任忧愁与孤寂随处泛滥，而是懂得巧妙地收藏，让岁月酿制成茶，任人品尝与回味苦中余香。清茶女人，是风雨过后变得更现实、更坚强的女人。

清茶女人，不妖艳，不招摇，不因名利沉溺，不被琐碎掩埋。无论身在何处，总是淡淡的、静静的，保持平和的心境、从容的姿态、优雅的风韵。清茶女人常常被那些惹眼的花花草草掩盖，被那些浮躁的男男女女所忽略，但是，清茶女人淡然以对，微笑安然，依然默默地散发着持久的清香。什么地方有清茶女人的身影，什么地方就在静悄悄中变得更有品位。清茶女人，是追求内涵并具有丰富底蕴的女人。

清茶女人，洞察世界不完美，人生有缺憾，所以不再去追求完美，也不再去苛求圆满，而是学会了欣赏。于庸俗中发现、欣赏纯真，于平凡中发现、欣赏深邃，于苦难中发现、欣赏美好，于琐碎中发现、欣赏幸福。清茶女人，是懂得提炼并享受生活的女人。

清茶女人，或许并没有读多少诗书，或许也并不喜欢诗书。但是，清茶女人早已把生活读成了诗书，并且，每时每刻，用自己的心笔，轻描淡写，用自己的心声低吟轻唱。"碾雕白玉，罗织红纱"，夜后邀陪明月，晨前面对朝霞。清茶女人，是充满诗情画意的女人；清茶女人的生活，是充满诗情画意的生活。

清茶女人，本身就是一首委婉的宋词，一幅幽静的水墨丹青。当处于喧嚣闹市、看惯了浮躁繁华的人们与清茶女人相遇之时，顿觉眼前一亮。是啊，不管身在何处，清茶女人都如那尘世的清莲，那么纤尘不染，那么纯净心灵，能不让人为之心动，能不让人眷恋不舍吗？改用古人一句诗，便是"寻常一样窗前月，才有清茶便不同"。

清茶女人，恬淡悠远，清香怡人。品味清茶女人，需要用眼，更需要用心，有清茶女人做老婆，是你前世修来的福分；得清茶女人做朋友，是

SIMPLE LIFE ENDURES LONELINESS
淡定的人生耐得住寂寞

你一生的幸运。

（云鬓）

> **人生感悟**
>
> 正如《诗经·邶风·谷风》中所说："谁谓荼苦？其甘如荠！"女人如茶，甘醇而恬淡。成熟的女人会随着岁月的流逝，慢慢将那茶味中的最后一道精华——苦中有甜便真切展现出来。这个时候的女人，不仅成熟而且优雅恬淡，气质如华。

3. 一切都是最好的安排

　　从前有一个国家，地不大，人不多，但是人民过着悠闲快乐的生活，因为他们有一位不喜欢做事的国王和一位不喜欢做官的宰相。

　　国王没有什么不良嗜好，除了打猎以外，最喜欢与宰相微服私访民隐。宰相除了处理国务以外，就是陪着国王下乡巡视。如果是他一个人的话，他最喜欢研究宇宙人生的真理，他最常挂在嘴边的一句话就是"一切都是最好的安排"。

　　有一次，国王兴高采烈又到大草原打猎，随从们带着数十条猎犬，声势浩荡。国王的身体保养得非常好，筋骨结实，而且肌肤泛光，看起来很有一国之君的气派。随从看见国王骑在马上，威风凛凛地追逐一头花豹，都不禁赞叹国王勇武过人！花豹奋力逃命，国王紧追不舍，一直追到花豹的速度减慢时，国王才从容不迫弯弓搭箭，瞄准花豹，嗖的一声，利箭像闪电似的，一眨眼就飞过草原，不偏不倚钻入花豹的颈子，花豹惨嘶一声，仆倒在地。

　　国王很开心，他眼看花豹躺在地上许久都毫无动静，一时失去戒心，居然在随从尚未赶上时，就下马检视花豹。

　　谁想到，花豹就是在等待这一瞬间，使出最后的力气突然跳起来向国王扑过来。国王一愣，看见花豹张开血盆大口咬来，他下意识地闪了一

第十章 随心随缘，做一棵淡定从容的心安草

下,心想:"完了!"还好,随从及时赶上,立刻发箭射入花豹的咽喉。国王觉得小指一凉,花豹就不吭声跌在地上,这次真的死了。

随从忐忑不安走上来询问国王是否无恙,国王看看手,小指头被花豹咬掉小半截,血流不止,随行的御医立刻上前包扎。虽然伤势不算严重,但国王的兴致已被破坏光了,本来国王还想找人来责骂一番,可是想想这次只怪自己冒失,还能怪谁?所以闷不吭声,大伙儿就黯然回宫去了。

回宫以后,国王越想越不痛快,就找了宰相来饮酒解愁。宰相知道了这事后,一边举酒敬国王,一边微笑说:"大王啊!少了一小块肉总比少了一条命来得好吧!想开一点,一切都是最好的安排!"

国王一听,闷了半天的不快终于找到宣泄的机会。他凝视宰相说:"嘿!你真是大胆!你真的认为一切都是最好的安排吗?"

宰相发觉国王十分愤怒,却也毫不在意地说:"大王,真的,如果我们能放大眼界,确确实实,一切都是最好的安排!"

国王说:"如果寡人把你关进监狱,这也是最好的安排?"

宰相微笑说:"如果是这样,我也深信这是最好的安排。"

国王说:"如果寡人吩咐侍卫把你拖出去砍了,这也是最好的安排?"

宰相依然微笑,仿佛国王在说一件与他毫不相干的事:"如果是这样,我也深信这是最好的安排。"

国王勃然大怒,大手用力一拍,两名侍卫立刻近前,他们听见国王说:"你们马上把宰相抓出去斩了!"

侍卫愣住,一时不知如何反应。国王说:"还不快点,等什么?"侍卫如梦初醒,上前架起宰相,就往门外走去。

国王忽然有点后悔,他大叫一声说:"慢着,先抓去关起来!"

宰相回头对他一笑,说:"这也是最好的安排!"

国王大手一挥,两名侍卫就架着宰相走出去了。

过了一个月,国王养好伤,打算像以前一样找宰相一块儿微服私巡,可是想到是自己亲口把他关入监狱里,一时也放不下身段释放宰相,叹了口气,就自己独自出游了。

走着走着,来到一处偏远的山林,忽然从山上冲下一队脸上涂着红黄油彩的蛮人,三两下就把他五花大绑,带回高山上。

Simple Life Endures Loneliness

淡定的人生耐得住寂寞

国王这时联想到今天正是满月,这一带有一支原始部落每逢月圆之日就会下山寻找祭祀满月女神的牲品。

他唉叹一声,这下子真的是没救了。心里很想跟蛮人说:我乃这里的国王,放了我,我就赏赐你们金山银海!可是嘴巴被破布塞住,连话都说不出口。

当他看见自己被带到一口比人还高的大锅炉前,柴火正熊熊燃烧,更是脸色惨白。

大祭司现身,当众脱光国王的衣服,露出他细皮嫩肉的龙体。大祭司啧啧称奇,想不到现在还能找到这么完美无瑕的牲品!

原来,今天要祭祀的满月女神,正是"完美"的象征。所以,祭祀的牲品丑一点、黑一点、矮一点都没有关系,就是不能残缺。

就在这时,大祭司终于发现国王的左手小指头少了小半截,他忍不住咬牙切齿咒骂了半天,忍痛下令说:"把这个废物赶走,另外再找一个!"

脱困的国王大喜若狂,飞奔回宫,立刻叫人释放宰相,在御花园设宴,为自己保住一命,也为宰相重获自由而庆祝。

国王一边向宰相敬酒一边说:"爱卿啊!你说的真是一点也不错,果然,一切都是最好的安排!如果不是被花豹咬一口,今天连命都没了。"

宰相回敬国王,微笑说:"贺喜大王对人生的体验又更上一层楼了。"

过了一会儿,国王忽然问宰相说:"寡人救回一命,固然是'一切都是最好的安排',可是你无缘无故在监狱里蹲了一个月,这又怎么说呢?"

宰相慢条斯理喝下一口酒,才说:"大王!您将我关在监狱里,确实也是最好的安排啊!"

他饶富深意看了国王一眼,举杯说:"您想想看,如果我不是在监狱里,那么陪伴您微服私巡的人,不是我,还会有谁呢?等到蛮人发现国王不适合拿来祭祀满月女神时,那么,谁会被丢进大锅炉中烹煮呢?不是我,还会有谁呢?所以,我要为大王将我关进监狱而向您敬酒,您也救了我一命啊!"

国王忍不住哈哈大笑,朗声说:"干杯吧!果然没错,一切都是最好的安排!"

(佚名)

第十章 随心随缘，做一棵淡定从容的心安草

人生感悟

许多时候我们因为一点小小的挫折便心灰意冷。但更多的时候我们因为生活上一点小小的不如意就指天骂地，仿佛自己是全世界最不幸可怜的人。其实，只要我们看开点儿，不要事事都计较，那么必然会寻找到心灵的宁静之道。

4. 修剪欲望

曼谷的西郊有一座寺院，因为地处偏远，香火一直不盛。

原来的住持圆寂后，索提那克法师来到寺院做新住持。初来乍到，他绕着寺院四周巡视，发现寺院周围的山坡上到处长着灌木。那些灌木呈原生态生长，树形恣肆而张扬，看上去随心所欲，杂乱无章。索提那克找来一把园林修剪用的剪子，不时去修剪一棵灌木。半年过去了，那棵灌木被修剪成一个半球形状。

僧侣们不知住持意欲何为。问索提那克，法师却笑而不答。

这天，寺院来了一个不速之客。来人衣衫光鲜，气宇不凡。法师接待了他。寒暄，让座，奉茶。对方说自己路过此地，汽车抛锚了，司机现在修车，他进寺院来看看。

法师陪来客四处转悠。行走间，客人向法师请教了一个问题："人怎样才能清除掉自己的欲望？"

索提那克法师微微一笑，折身进内室拿来那把剪子，对客人说："施主，请随我来！"

他把来客带到寺院外的山坡。客人看到了满山的灌木，也看到了法师修剪成型的那棵。

法师把剪子交给客人，说道："您只要能经常像我这样反复修剪一棵树，您的欲望就会消除。"

客人疑惑地接过剪子，走向一丛灌木，咔嚓咔嚓地剪了起来。

Simple Life Endures Loneliness

淡定的人生耐得住寂寞

一壶茶的工夫过去了，法师问他感觉如何。客人笑笑："感觉身体倒是舒展轻松了许多，可是日常堵塞心头的那些欲望好像并没有放下。"

法师颔首说道："刚开始是这样的。经常修剪，就好了。"

来客走的时候，跟法师约定他10天后再来。

法师不知道，来客是曼谷最享有盛名的娱乐大亨，近来他遇到了以前从未经历过的生意上的难题。

10天后，大亨来了；16天后，大亨又来了……3个月过去了，大亨已经将那棵灌木修剪成了一只初具规模的鸟。法师问他，现在是否懂得如何消除欲望。大亨面带愧色地回答说，可能是我太愚钝，眼下每次修剪的时候，能够气定神闲，心无挂碍。可是，从您这里离开，回到我的生活圈子之后，我的所有欲望依然像往常那样冒出来。

法师笑而不言。

当大亨的鸟完全成型之后，索提那克法师又向他问了同样的问题，他的回答依旧。

这次，法师对大亨说："施主，你知道为什么当初我建议你来修剪树木吗？我只是希望你每次修剪前，都能发现，原来剪去的部分，又会重新长出来。这就像我们的欲望，你别指望完全消除。我们能做的，就是尽力把它修剪得更美观。放任欲望，它就会像这满坡疯长的灌木，丑恶不堪。但是，经常修剪，就能成为一道悦目的风景。对于名利，只要取之有道，用之有道，利己惠人，它就不应该被看做是心灵的枷锁。"

大亨恍然大悟。

此后，随着越来越多的香客的到来，寺院周围的灌木也一棵棵被修剪成各种形状。这里香火渐盛，日益闻名。

（赵功强）

人生感悟

人心浮动，皆因欲望过盛。生命之船本就载不动许多的欲望，如果我们不能够及时地修剪，那么到最后只会落得船翻的境地。世上一切事情都随缘而适，给自己的心灵一片祥和的归宁之地，这样我们才能做一棵淡定从容的心安草。

5. 简单生活

在一则广告中，一个看着十分乐天的胖子说过一句话：别把简单的事情弄复杂了！

看来他所宣传的产品是让人们把复杂的事情弄简单一些。是的，在节奏日益加快的现代生活里，一个革新的产品真正能为人们带来的实惠就是化繁为简，使生活更加快捷高效。其实简单的意义远不止这些。简单就是简单，是一种随意，一种心态，是一种积极向上的生活态度，是一种返朴归真。它并非主观真正存在的东西，人简单了，生活就简单了；生活简单了，人就快乐了。

刚踏入社会时，我很想过一种简单的生活，但一直都做不到。那时是我太过简单，而社会过于复杂，于是我依然不快乐。那时我想简单就是一种境界，需要经历和阅历来充实灵魂的答案。

于是，我把简单的生活继续往下排。我说，快乐是等来的，简单的生活就在快乐里。

爱情来了，每个人都会觉得复杂。热恋时忘记了自己，一心扑在那个人身上，爱我所爱，无怨无悔，累！可是失恋了呢？痛哭流涕，把曾经给予那人的爱全部化为了仇恨，还是累！其实，爱情也可以很简单的。无论多么深爱对方，都不要全身心地投入。爱，只爱一点点就够了，没有必要整天挂念着对方，更不要傻到为那个人付出全部的时间和精力，因为你还有自己的生活。只有这样，你才能洒脱地做到进退自如，不至于最后把自己陷入复杂的情感怪圈而不能自拔。

事业也是如此。有事业的人，无论男人还是女人，都无法脱离一个梦，就是要做到最好，要坐到一定的位置，要拥有若干财富，好像只有这样才能凸现自己的价值。成功了，固然欣慰。但是真正能做到成功的人又有几个呢？这个世界只有一个比尔·盖茨，一个索罗斯，一个李嘉诚。所

SIMPLE LIFE ENDURES LONELINESS
淡定的人生耐得住寂寞

以要用一种什么样的心态来面对自己事业上的落败这很重要，就是用简单的眼光对待出现的问题。这里所说的简单并不是消极的，而是指在你付出努力后的那种淡然。不是每个人都能成功，但无论怎样你还得好好工作，因为家里还有几张嘴在等着你的工资吃饭，这才是你真正的简单生活。

简单生活并不是放弃生活中的所有追求。生活的本相是简单的，但要掌握这真正的本相却总要在经过无数的人生历练后，所以我们所说的简单并不是如婴孩般的无知傻乐，不思进取。更多的时候，只有在人们看惯那种种人生险境、领略过各种绮丽风景后才会明白一个最简单的道理：远方的景色走近了，就是自己现在的生活。现在的生活放远了，就是别人眼中的风景。所以智慧的人们总是发现：自己苦苦追求的幸福也许就是身边那平常的风景，那一粥一茶，那你做饭我洗衣的平常时刻，那看到孩子"语出惊人"时的相视一笑，还有父母为你生日那天端出的长寿面，朋友们在你接近成功快要倒下时暗暗为你翘起的拇指。

对于家庭来说，简单同样能使你过得幸福快乐。永远都不要把在外面劳累的苦脸带到家里，家对我们来说是最安全、最温馨的地方，你应该相当知足。在家里吃饭、睡觉，在院子里享受阳光。生活得简简单单、快快乐乐，别让烦恼一直困扰着你。没有过不去的事，也没有蹚不过的河。把烦恼当做一块石头用力扔出去，把简单的快乐留给自己和家人，享受平淡或许能赛过醇香的美酒。

朋友是人生不可或缺的，朋友间不要在意谁付出的多或少，简单地相处，简单地信任，用心去待对方远比互相猜疑要轻松很多。很喜欢一句话：君子之交淡如水。相传唐贞观年间，薛仁贵还未得志前，他与妻子生活清苦。后来薛仁贵随唐太宗征辽有功，被封为"平辽王"。后来送礼的人络绎不绝，可都被薛仁贵推辞了。但他却收下了普通老百姓王茂生送来的两坛水，在场的文武百官不解。薛仁贵喝下三碗清水后告诉大家："在我落难时，就是这个王茂生资助的我。今天我虽美酒不沾，厚礼不收，却偏偏要收下王兄弟送来的清水。是因为我知道王兄弟贫寒，送清水也是王兄的一番美意，这就叫君子之交淡如水。"从此他与王茂生如手足般亲密。现在很难看到这样的朋友了，人情淡薄、世态炎凉把原本简单的朋友关系弄得过于复杂，以至于那份简单也离我们越来越远了。

第十章　随心随缘，做一棵淡定从容的心安草

简单不是零，但却与零有着很多相似之处。在数字中零是代表虚无的，但在数字后加上若干个零就会使一个数字以数十倍、数百倍的速度增长，零的作用真是非同一般！在生活中简单，就是学会在收获后适当加上一个零，化繁为简，将喧嚣的生活沉淀出真正的人生黄金，但结果是快乐或者幸福却会成倍增长。很多成功人士用"淡泊以明志，宁静以致远"来作为人生追求，并不是真正的消极或者故作姿态，而是一种无为中的有为！所谓"大象无形，大音希声，大巧若拙，大智若愚"是也！

简单也不是简陋。记得在小说《安娜·卡列尼娜》中有一段关于安娜服装的描写，相当经典：晚会上佳丽如云，女宾们身着色彩艳丽的服装争着想成为这晚会令人注目的焦点，而当安娜一身黑衣出现时，还是让所有的人有了惊艳之感。她成为美丽焦点固然有天生丽质的原因，但更重要的是她的那种质朴的美是一种褪却了修饰的天然的美，当然是活色生香！在色彩中，黑白能够成为永远的流行色，也许就源于人们对简单的追求吧。如今简单成为时尚，就是人们出于一种在喧嚣的尘世中留一点自己的空间的渴望吧。

英国前首相丘吉尔爱好丹青，一次作画时被记者发现。记者问："画画是你从政之外的业余爱好吗？"丘吉尔的答案是："不，画画是我的职业，而从政则是业余的爱好。"这种胸襟气度唯有这等伟人才会拥有。人们的物质追求不外两种：名或者利。当有的人可以置名利于身外时，他就是一个已经摆脱了物欲控制的自由的人。天地之中活得简单的人才是自由的人。

简单的生活需要一种快乐的心情作陪衬，有时很羡慕小猪的快乐生活。感觉小猪也蛮幸福，吃了睡，睡了吃。我想每个人都应该像小猪一样地快乐，遇事坦然面对，更重要的是还要有一份从容在里面，这样你才会是一个幸福的人。

换句话说，简单生活就是回归于自然，是城市之外的那份宁静。是一个人背着旅行包独自走在旷野，任春风拂面，观日出日落，聆听天籁之音的那份超然。回归自然就是找回自己。

简单生活就是躺在床上，卸掉伪装，摘下领带，懒懒地听收音机里传出的悠扬歌声。

SIMPLE LIFE ENDURES LONELINESS
淡定的人生耐得住寂寞

简单生活就是在你夜深人静的时候收到的一条短信，看着朋友发来的祝福，一个人躲进被窝偷着乐。

简单生活就是海子的愿望：从明天起，做一个幸福的人。喂马，劈柴，周游世界。从明天起，关心粮食和蔬菜。我有一所房子，面朝大海，春暖花开。

简单生活就是盲人眼中的花朵，虽看不到花的色彩，望不见花的绽放，但他能嗅到花香，或浓或淡，沁人心脾。

我想这就是简单生活：快乐就这么简单，简单就这么快乐！

（佚名）

> **人生感悟**
>
> 梁咏琪曾经唱道："我想要过种平平淡淡的生活，没人来唠叨，没有人操心，说走就走，随我流行就是种快乐……"如果我们能够摒除杂念，将自己的生活归属于简单，那么我们就会活得更加快乐随意。

6. 低调的爱

她跟随他的14年光阴，是她生命中最美好的季节。他上了台，她谢了幕。她始终低调的人生，令很多世人不知道她曾经来过，不知道她曾经如火如荼地与他恋过一场。

世人很少提到她，她如雪地里的鸿痕，悄然无息地被掩盖。人们提起她的男人、她的至爱，那是一个中华民族史书中熠熠生辉的名字。当那个男人永离人世时，她的痛并不少于在男人最后岁月里常伴在他身边的女人。

1891年，年方19岁的她遇到了他。她出身贫寒，被他的才华和革命理想打动，立志与他共赴中华革命的水深火热中。之后，她跟随男人，足

第十章　随心随缘，做一棵淡定从容的心安草

迹遍及日本、新马一带，无怨无悔。男人的朋友曾题诗咏她："望门投宿宅能之，亡命何曾见细儿。只有香菱贤国妪，能飘白发说微时。"

那时，他的长子出世，他已有了名分上的妻。那时，还未出现后世人们赞颂的另一段他和别家女子的爱情。那段峥嵘岁月或许是她最耀眼的日子，她与他为革命奔走，相濡以沫。他流亡到日本时，她是他的联络员，为他洗衣做饭、传递密函、运送军火。她对他的感情，是乱世里坚韧的磐石。

跟随生命中的这个男人辗转10余年后，她患了肺结核，担心会传染给他，她选择了默默地离开。这一离别，让两人的关系再也没有亲密过。男人成为中华民国第一任大总统了，世人猜测她的隐退，她道："我跟中山反清，建立中华民国，救国救民的愿望已达到。我自知出身贫苦，知识有限，自愿分离，并非中山弃我，他待我不薄，也不负我。"她告别亲友只身前往南洋，隐居于马来西亚的槟榔屿。椰风棕影，可会探听到她的忧伤。她的躬身谢幕，是生命里低缓而有力的留白，她已经走过了他的人生。

她一直做孙中山身后无名分的女人，原名香菱，又叫瑞芬，排行第四，人称"陈四姑"。他的家族后人，始终尊敬她。她在南洋的岁月，当地侨界人士称她"孙夫人"。名分和富贵在她眼里如过眼繁花，在男人的第二次婚礼隆重上演时，她静静地说："中山娶了宋夫人，以后有了贤内助，诸事顺利了，应当为他们祝福。"

她云淡风轻的表情和话语里，沉匿了多少烽火岁月里累积的真情。她对他，始终无怨。她跟随他的14年光阴，是她最美好的季节。是甘愿，就不怕难；不甘愿，才会放声哭喊。他的一只珍贵怀表，上面有他的名字"Mr. Sun"，只赠予她。岁月将爱情洗去光华的影子，爱情的信物藏下了她一生的情感。

他是伟人，她只是平凡女子。他需要被人仰望；于是，她选择被人遗忘。人间世俗的情感与革命的理想本无冲突，伦常之理却将她的感情深深掩埋。岁月将她嬗变成沧桑老妇，她在世人的遗忘里更显安详。

1960年，在瑟瑟秋风中，她的生命安静地画了一个句号。这个淡泊宽容的女子，葬于香港荃湾华人永远坟场，享年87岁。

SIMPLE LIFE ENDURES LONELINESS
淡定的人生耐得住寂寞

　　人生需要记取与遗忘的东西，一样多。她与他曾经一起走过的日子，仿佛黑暗的天幕抖落一地的碎钻，镶嵌于她荣枯的岁月，让她一世珍藏。他告别人世后，她是他不经意散落人世的遗物。她低调的人生，令很多世人不知道她曾经来过，不知道她曾经如火如荼地与他恋过一场。

（七月香水）

人生感悟

　　"淡然"是处世的一种学问。在这个世界上，凡事不可能会一帆风顺。但如果你能够将一切都深埋心底，演化为云淡风轻，那么你定当能够活得洒脱。当那些不顺心的事萦绕着我们的时候，我们该如何面对呢？"随缘自适，烦恼即去"。

第十章 随心随缘，做一棵淡定从容的心安草

后 记

本书从不同的情感角度着手，记录了近100个不一样的心灵故事。亲爱的读者朋友，当你在阅读本书时如果发掘出了心灵最深处的那份感动，也希望你能将这份动容带给更多的朋友。

法国的狄德罗曾经说过："忍受孤寂或者比忍受贫困需要更大的毅力，贫困不过是降低人的身价，但是孤寂却可能败坏人的性格。"张爱玲亦感叹："化一道苍凉的手势，无言轻叹，弦乐影婆娑，慕尘世，繁华似锦多，笑痴人才说寂寞。"古龙曾说："真正的寂寞是一种深入骨髓的空虚，一种令你发狂的空虚。纵然在欢呼声中，也会感到内心的空虚、惆怅与沮丧。"

寂寞乃是人生常态，更是人们在成长中所无法回避的一道门槛。可是如果我们能够用一颗淡然的心来看待周遭的一切，那么你就会成为自己命运的主导，把这种寂寞化为心中一场淋漓痛快的细雨，你就能真正地跨越这扇阻挡你、让你踯躅不前的门。

寂寞是一种思绪，一种情致，一种意韵。寂寞无须是情人离去后的孤独，为了坚守爱情，使自己忧伤；无须是官场失意时的痛苦，为了争名夺利，使自己对世界产生种种无奈。寂寞，只是流过的光阴岁月中一个深深的剪影。但是只要我们用一种淡然的心境来看待它，那么我们就一定能跨过人生的这道门槛儿。

淡定的人能够随着时代的脚步来不断调整自己生活的节奏，他们通常都能够尽快地适应节奏轻快的社会变迁。不管外面如何风卷云涌，不管沧海桑田如何变幻，他们内心深处总是一派处变不惊、安详宁静的意境。

当然，不论如何陈述，终究是抵不过自己从实际行动中获知的多。就像上面的小故事，有很多都是确切发生在我们身边的。故事来源于生活，也来源于我们自身的体会。多多地走向社会，寄宿一份闲情雅致，或许你

SIMPLE LIFE ENDURES LONELINESS
淡定的人生耐得住寂寞

也能真正地做到淡然于世。

在此，要衷心感谢那些将这份激动人心的故事所描绘下来的作者们，他们对本书的结集问世起了奠基的作用，也感谢正在阅读本书的你。

由于时间仓促，我们无法与本书内文的作者一一取得联系，在此谨致深深的歉意。敬请原作者见到本书后，能及时与我们取得联系，以便我们按照国家有关规定支付稿酬和样书，联系邮箱 dandingtushu@163.com。书中有不足之处，愿广大读者提出宝贵的意见和建议，以便我们再版时得以修正和完善。

编者